旧軍用地と戦後復興

今村洋一

旧横須賀海軍軍港逸見門衛兵詰所

旧佐世保海軍工廠第三船渠

名古屋第三師団司令部（明治 30 年代撮影）
（げんぞうアーカイブス提供）

中央公論美術出版

目次

第二部　各都市で展開された旧軍用地転用と都市形成

第六章　旧軍用地の学校への転用と文教市街地の形成

旧軍用地と戦後復興

本書は、独立行政法人日本学術振興会平成二八年度科学研究費補助金（研究成果公開促進費）の交付を受けた出版である。

序章

第一節 「旧軍用地」とは

第一項 「旧軍用地」の定義

本書で取り上げる「旧軍用地」とは、我が国において、先の第二次世界大戦時中には軍事目的に使用され、終戦後に大蔵省に引き継がれた土地のことである。

「戦争終結ニ伴フ国有財産ノ処理ニ関スル件」(一九四五年八月二八日閣議決定)によって、「陸海軍所属ノ土地兵舎其他ノ施設等ノ国有財産ハ速ニ大蔵省ニ引継」がれることとなった。最後の帝国議会である第九二回帝国議会(一九四六年一二月〜一九四七年三月)に提出された資料によれば、陸軍省及び海軍省の用地、逓信省航空局の用地(逓信省の飛行場用地)、兵器等製造事業特別助成法(一九四二年制定)により取得した用地(官設民営の軍需工場用地)、総計二六九九平方キロメートルが旧軍用地として大蔵省に移管された(表序―1参照)。しかし、一九七二〜七四年度にかけて各財務局が行なった追跡調査では、陸軍省、海軍省などから大蔵省が引き継いだ旧軍用地は、総計三二七六平方キロメートルとされてお

表序-1　終戦に伴い大蔵省に移管された旧軍用地

移管前	面積（㎢）	備考
陸軍省及び海軍省	2,669	
逓信省航空局	9	逓信省所管の飛行場
兵器等製造事業特別助成法によるもの	21	官設民営の軍需工場
合　　計	2,699	

［注］（原典）大蔵省国有財産部『第92回帝国議会参考書』
［資料］大蔵省大臣官房地方課『大蔵省財務局五十年史』（p.10、大蔵省大臣官房地方課、2000年）

表序-2　軍事施設の種類と特質

立地類型	立地場所	種類	規模	集積状況	地形	建物
都市立地型	城郭部（但し、城下町であっても城郭部が利用できない場合、あるいは城下町以外の都市の場合は、既成市街地の縁辺部に立地）	官衙	大	集積	平坦地	多い
		兵営	大	集積	平坦地	多い
		学校	大	集積	平坦地	多い
		病院	大	集積	平坦地	多い
		練兵場	特大	集積	平坦地	少ない
	既成市街地の縁辺部	工場	特大	独立	平坦地	多い
		倉庫	大	集積	平坦地	多い
		作業場	特大	独立	平坦地・丘陵地	少ない
		射撃場	大	独立	平坦地・丘陵地	少ない
		埋葬地	大	独立	丘陵地	少ない
非都市立地型	郊外部 農村部	演習場	極めて大	独立	丘陵地	少ない
		飛行場	極めて大	独立	平坦地	少ない
		牧場	極めて大	独立	丘陵地	少ない

［注］「立地類型」及び「立地場所」については、松山薫『第二次世界大戦後の日本における旧軍用地の転用に関する地理学的研究』（pp.16-21、東京大学学位論文、2001年）を参考にした。

り、帝国議会資料の総計よりも五七平方キロメートルも多い[1]。このように統計によって、大蔵省に引き継がれたとされる旧軍用地の面積は異なるが、全国で莫大な量の旧軍用地が、終戦によって遊休地化したことが窺える。

本書では、陸軍省、海軍省、逓信省航空局が所管していた用地と、軍需省の飛行場及び兵器等製造事業特別助成法により取得した用地を「旧軍用地」として扱うこととするが、この「旧軍用地」に類似の用語として、「旧軍建物」「旧軍施設」も使用している。「旧軍建物」は「旧軍用地」に建てられていた建物で、終戦後に大蔵省に引き継がれた建物と定義したい。また、「旧軍施設」は「旧軍用地」と「旧軍建物」を一体のものとして括る用語として使用する。

第二項　軍事施設の種類と特質

ここでは、軍事施設にはどういった種類のものがあり、それぞれどういった特質を有していたのか、大まかに整理しておこう。陸軍省の分類に従えば、軍事施設は一四種類に分類できるが、ここでは「その他」を除く一三種類について、一般的な特質を整理しておく（表序―2参照）。

(1) 立地における特質

軍事施設の立地については、既に松山（二〇〇二）[2]によって整理されている。軍事施設は立地場所の傾向から、都市部に立地する「都市立地型」と、農村部に立地する「非都市立地型」に大別できる。「都市立地型」の軍事施設の中でも、官衙、兵営、学校、病院といった軍の中枢施設と練兵場は、城郭部に設けられる傾向があった。しかし、城下町以外の都市や、城下町であっても城郭部を利用できない（軍の設置が決まった時点で既に他用途が利用していた）場合には、既成市街地の縁辺部に設けられた。なお、「都市立地型」の軍事施設であっても、工場、倉庫、作業場、射撃場、埋葬地は、設置当初から市街地の縁辺部に設けられることが多かった。一方、「非都市立地型」の軍事施設である演習場、飛行場、牧場は、広大な用地を確保することが容易な郊外部や農村部に設けられた。

(2) 規模における特質

軍事施設の種類に限らず、民有地の一般的な土地利用と比べれば、軍用地の規模は大きいが、必要とされる機能上、特に規模が大きい種類がある。「都市立地型」の軍事施設の中では、練兵場、工場、作業場の規模が特に大きく、数一〇ヘクタール規模である。さらに大規模なのが、「非都市立地型」の軍事施設である演習場、飛行場、牧場で、一般に一〇〇ヘクタール以上の規模を有する。

(3) 集積状況における特質

官衙、兵営、学校、病院といった軍の中枢施設は、城郭部に立地していた場合でも、既成市街地の縁辺部に立地していた場合でも、複数の施設が集積して数一〇ヘクタール規模の地区を形成することが一般的であった。なお、これら中枢施設が集積する一帯には、練兵場や倉庫が含まれることも多かった。一方、それ以外の軍事施設、即ち、工場、作業場、射撃場、埋葬地、演習場、飛行場、牧場は、独立して設けられるのが一般的であり、他の軍事施設とまとめて設けられることは稀であった。

(4) 地形における特質

主として、平坦地に設けられていたのは、官衙、兵営、学校、病院といった軍の中枢施設、工場、倉庫といった兵站施設、それに練兵場と飛行場であった。中枢施設、兵站施設は、多くの建物を建築するため、練兵場は操練のため、飛行場は滑走路を有するため、平坦地である必要があった。

平坦地と丘陵地の双方に設けられることがあったのは、作業場、射撃場である。射撃場の場合は、平坦地では射撃方向の終端部が山の斜面となるように、丘陵地では射撃方向と一致する谷合の細長い窪地そのものを活かして設けられていた。

また、埋葬地、演習場、牧場は、主に丘陵地に設けられていた。

⑸ 建物における特質

既に触れたが、官衙、兵営、学校、病院といった軍の中枢施設、工場、倉庫といった兵站施設は、建物が多い軍事施設であった。練兵場、作業場、射撃場、演習場、飛行場にも、簡易な構造の廠舎が建てられることはあったが、建築面積の比率は非常に低く、建物の少ない軍事施設と言える。

第二節　本書の目的と構成

第一項　都市計画と旧軍用地

⑴ 都市計画にとっての旧軍用地

都市計画にとって、旧軍用地とは、どのような存在なのであろうか。

旧軍用地は、終戦によって陸海軍が解体されたことで、全国各地で一斉に出現した遊休国有地であった。この大量の遊休国有地をどうするか。旧軍用地の転用は、所管する大蔵省にとっては、国有財産の管理政策上の問題であったが、旧軍用地の存する地域にとっては、戦争の痛手から回復し、新たな都市を築くための一つの手段であり、全国共通の都市計画的課題であった。

さて、旧軍用地と同様に、遊休国有地の出現とその転用が問題になったことがある。明治維新に伴う旧武家地の転用問題である。いずれも大きな社会変革に伴って発生した遊休国有地の転用がドラスティックに行われた出来事であり、我が国の都市計画史上、例のないスケールで展開された遊休国有地の土地利用転換の経験である。

旧軍用地の転用が具体的に検討され、進められたのは、主に戦災復興期から高度経済成長期であり、都市への人口流入が続くとともに戦後の制度改革が進められる中で、様々な都市施設が新たに必要となった時期であった。そして、こういった都市施設需要に対し、旧軍用地がその受け皿として活用されていったのであるが、戦後の都市計画は、どのような対応をしていったのであろうか。後述するように、国や公共団体では、旧軍用地の転用に関する具体的な方針や計画を作成し、どういった旧軍用地を何に利用するか、どういった方法で転用するかについて、検討していた。また、旧軍用地をどうするか、戦災復興計画においても検討されていたし、旧軍港市四都市に適用された旧軍港市転換計画においては、旧軍用地を転用して都市基盤を整備し、経済復興を図ることが企図されていた。

我が国の戦後都市計画にとって、旧軍用地は、転用可能な単なる種地ということでなく、戦後復興のキーファクターの一つではなかったのか――。本書の眼差しは、この点に向けられている。

(2) 都市計画史のなかの旧軍用地

旧軍用地は戦災復興のキーファクターの一つとして、戦後都市計画に大きな影響を与えていたかもしれない。しかし、例えば、石田頼房『日本近代都市計画の百年』[3]（一九八七）、同『日本近現代都市計画の展開』[4]（二〇〇四）といった都市計画の通史をみても、旧軍用地については、まったく触れられておらず、都市計画史研究の大きな流れの中では殆ど認識されていない。

但し、公園緑地計画や復興計画といった個別分野の計画史においては、しばしば、旧軍用地に関する記述が見られる。例えば、日本の公園緑地の計画・整備の歴史をまとめた、佐藤昌『日本公園緑地発達史　上巻』[5]（一九七七）では、旧軍用地の公園への転用に触れている。佐藤は、国有財産法の改正によって旧軍用地をはじめとした国有地（普通財産）を公共団体が公園緑地として使用する場合に無償貸付が適用できることになったこと対し、「戦後における公園行政史上特筆に価する出来事」と評した。さらに、「今日、全国で大面積の公園として利用されているものは、軍用跡地であるものが甚だ多い。この意味で軍の消滅は公園行政上からはプラスであった」と述べ、旧軍用地が戦後の公園緑地整備に貢献したことを評価した。また、幕末以降の近現代の我が国における「復興」に関する都市計画の歴史をまとめた、越沢明『復興計画』[6]（二〇〇五）は、旧軍用地の公園への転用に加え、特別都市建設法の一つである旧軍港市転換法に基づき、横須賀市などで旧軍用財産の転換によって都市づくりや産業立地が進められた点にも触れている。

このように旧軍用地の転用は、公園緑地という特定の都市施設や、特定の都市にのみ適用される特別都市建設法との関連において、一定の評価が与えられている。しかし、その全体像は不明であるし、総論的な都市計画史の中にも位置づけられておらず、我が国の都市計画史上重要な、戦後復興に関わる遊休国有地の転用問題として十分に認識されていないと言ってよい。

第二項　旧軍用地転用に関する既往研究

(1) 都市計画学分野における既往研究

問題意識や研究内容から、本書に最も近いと思われるのは、三宅醇・西澤泰彦・大塚毅彦『旧軍用地および軍施設ストックが都市形成に果たした役割に関する研究』(7)（一九九七）であろう。三宅らは、東海地方の諸都市（名古屋、浜松、豊橋、豊川）を事例として、軍事施設の立地経緯や施設内容、転用結果を概観している。その上で、軍事施設の種類と転用用途、都市規模と転用用途の間には、関係性が認められないとしている。そうであるならば、転用用途の決定要因は何か。三宅らは、「軍用地・軍施設の用途転換は、（中略）戦災復興計画をはじめとした戦後の都市計画のなかで求められた用途に転換されるものであった(8)」と指摘している。しかし、この研究において、旧軍用地と戦災復興計画との関係性を具体的に検証するようなことはなされていない。「旧軍用地の土地利用転換は「結果的」に慢性的な公有地ストック難に悩んでいた戦後のわが国の都市計画に「公有地の供給」という大きな福音をもたらした。旧軍用地という膨大なストックは、戦後の都市計画、特に官庁施設、教育施設、公園などの整備に大きな影響をもたらした(9)」。三宅らは、旧軍用地の活用に対して、こういった大局的な評価を下すに留まった。

各都市において旧軍用地がどう位置づけられ、実際にどういった転用がなされ、その結果として都市形成にどのような影響を及ぼしたのか――。私が知りたいのは、戦後都市計画が、眼前に現れた旧軍用地を如何に活用しようとし、そして如何に活用したのかという、旧軍用地と戦後復興の都市計画史である。三宅らの研究は、この点について十分応えるものではなく、研究課題として残されていた。

また、これに先立つ研究として、紺野昭・目山直樹「地方都市における大規模用地の変容に関する研究――旧軍用施設用地の転用について――」[10]（一九八七）が挙げられる。豊橋市を事例として、豊橋市が独自に作成した「豊橋市払下貸下申請軍用土地建物利用案」という旧軍用地の転用計画との比較を交えて、旧軍用地が実際に何に転用されたかを明らかにした研究である。しかし、この研究においても、旧軍用地の転用と都市計画との関係がどうであったかについて、具体的な記述はない。

また、旧軍用地の公園への転用を論じた研究として、永野聡・有賀隆「旧軍用地の都市公園への転用が公園緑地系統の計画に与えた影響について――仙台市を事例として――」[11]（二〇一二）がある。仙台市における戦災復興公園計画と旧軍用地との関係に着目した研究であり、旧軍用地を公園へ転用し、既存の公園や緑地と連担した公園緑地系統が構築されたことが指摘されている。

この他には、旧軍用地の転用に部分的に言及した研究もある。例えば、松浦健治郎・二之湯裕久・浦山益郎「戦災復興事業前後における官庁街の立地と空間構成の変容――近世城下町を基盤とする府県庁所在都市の場合――」[12]（二〇〇六）では、戦災復興事業後に官庁街が移転あるいは新設されるにあたり、開放された城郭部の旧軍用地が新たな官公庁施設用地として活用されたことが指摘されている。

⑵　地理学分野における既往研究

地理学分野において、旧軍用地の転用に関する研究に先鞭を付けたのは、宮木貞夫「関東地方における旧軍用地の工場地への転用について」[13]（一九六四）であった。これにより、関東地方の大規模な旧軍用地（一〇ヘクタール以上）が何に転用されたかが明らかにされたとともに、旧軍用地の工場への転用状況（旧軍用地の種類別、都県別、転用年次別、業種別、規模別）や転用過程（パターン）、地域への影響などが整理された。

これに続いたのが、松山薫「関東地方における旧軍用飛行場跡地の土地利用変化」[14]（一九九七）、同『第二次世界大戦後の日本における旧軍用地の転用に関する地理学的研究』[15]（二〇〇一）であった。松山（一九九七）は、前述の宮木（一九六四）を部分的に継承した研究であり、帝都東京の防空のために設置された関東地方の飛行場跡地の土地利用が、国有地管理処分政策、国土利用開発政策（開拓事業、産業再配置、大都市圏計画）、占領政策・安保構想を背景として、どのように変容したかを考察し、戦後の開拓事業、工業団地の造成、自衛隊基地化の三点から研究を深化させている。尚、松山（二〇〇一）は、松山（一九九七）の研究内容を含む松山の学位論文であり、都市計画の対象となる都市部の旧軍用地にも目が向けられたことが特筆される。松山（二〇〇一）は、師団司令部あるいは歩兵旅団司令部の設置されていた全国二六都市を対象として、旧軍用地の一九七〇年代の土地利用用途の分析を定量的に行い、城址にあった旧軍用地を中心に大規模土地利用が出現したこと、転用用途として公的土地利用が極めて多いことを指摘している。

しかし、地理学的研究ということもあって、旧軍用地の転用と都市計画との関係についての具体的な考察は殆ど見当たらない。松山（二〇〇一）の視線は、あくまでも「旧軍用地を軸とした大規模な公的土地利用の系譜の一類型を提示」[16]することに注がれていたと言ってよい。

この他、個別の都市については、横須賀を対象とした沢田（一九七三）[17]、舞鶴を対象とした杉野（一九八一）[18]などもある。

(3) 経済学分野における既往研究

経済学分野、とりわけ戦後の経済史研究においては、旧軍用地転用に関する大著が、近年、刊行されている。杉野圀明『旧軍用地転用史論　上巻』[19]（二〇一五）である。地域開発の史的研究として、「特に旧軍用地の転活用による工業用地の確保について焦点をあて[20]」たもので、旧軍用財産処分の諸問題や旧軍用地の処理状況を整理したうえで、「昭和47年度、昭和48年度にわたって、大蔵省の昭和財政史室が、全国の各財務局に依頼して、旧軍用財産の転活用状況をまとめた[21]」未公刊の「旧軍用財産資料」（大蔵省官財局文書）を主たる資料として計量的な分析がおこなわれている。なお、「旧軍用地の工業用地への転用が個々の地域でどのように展開されたのか[22]」を論じた下巻が、今後、刊行される予定である。

旧軍用地の転用状況を把握し得る史料が殆どない中で、大蔵省の内部資料を入手し、分析しているという点で、非常に価値の高い研究である。しかし、大規模な旧軍用地（製造業三〇〇〇平方メートル以上、その他一万平方メートル以上）を対象とし、転用先ごと（各業種、各省庁、各自治体）の集計・分析が中心であるため、全国的な転用傾向の把握に注力されていると言ってよい。各都市において、旧軍用地がどこに存在し、転用によって都市構造にどのような影響を与えたかという空間的な分析はなく、都市計画との関連性についても触れられていない。

第三項　本書の目的と構成

(1) 本書の目的

旧軍用地の転用を扱った都市計画学分野、地理学分野、経済学分野の既往研究からは、旧軍用地と都市計画との関係についての考察が不足しているという研究上の課題が指摘できる。国や公共団体は、旧軍用地の転用に関して、どのような方針や計画を立てて臨もうとしていたのか。そして実際に、どのような経緯で旧軍用地が転用され、どのような都市空間が形成されたのか。本書では、こういった都市計画史的な研究課題に対して、全国的な動向の把握と事例研究を組み合わせ、旧軍用地と戦後復興の関係性を都市計画史研究の立場から明らかにすることを目的としている。

また、以下の点に留意して、考察を進めている。

一つは、旧軍用地の転用主体は誰か、という点である。大別すれば、国や公共団体のような「公」的な主体と、民間事業者や個人といった「民」間の主体がある。また、旧軍用地の転用方針や都市計画上の位置づけの考え方は、同じ公的主体であっても国と公共団体では異なると考えられるし、さらに言えば、同じ公共団体であっても各都市の状況によって異なるであろう。

二つ目は、転用される側、客体と言ってもよいと思うが、旧軍施設がどのような状態か、という点も転用を考える上で重要である。既に述べたように、旧軍施設の種類によって、その規模や立地場所の地形、付随する建物や設備などは異なる。また、その建物や設備が利用可能な状況かどうかも問題であり、これは空襲被害の有無などによる。

三つ目は、旧軍用地の立地場所である。旧軍用地を如何なる用途に転用するか検討するにあたり、立地場所は極めて重要な要因とある。そのため、国家的見地からは、国土全体を見渡した地方単位での立地場所が問題になると思われるし、都市計画的見地からは、都市内における立地場所が問題になるであろう。

四つ目は、旧軍用地転用の背景にある社会経済情勢の変化である。旧軍用地は終戦によって突如出現した遊休国有地であるが、それが転用されていくには長い時間がかかっている。その間、旧軍用地転用の背景として、終戦直後の食糧不足や住宅不足、あるいは戦後の制度改革や高度経済成長期の産業政策など、時代の移り変わりとともに変化する社会経済情勢があった。

五つ目は、旧軍用地転用が、短期的視点によるものか長期的視点によるものか、という点である。終戦直後の罹災対応や高度経済成長に伴う急速な市街化への対応など、短期的視点に基づく旧軍用地の転用が求められた。一方で、戦災復興計画や旧軍港市転換計画など、長期的視点に基づいた都市計画においても旧軍用地は位置づけられた。

⑵ 本書の構成

本書は、二部構成である。

第一部では、終戦から高度経済成長期にかけて、全国で同時に進められた旧軍用地の転用について、その全体像を包括的に捉えようと試みている。この点において、旧軍用地転用の全体像を論じた部分とも言える。そのため、できる限り全国的視野をもつとともに、中央（国）に視座を置いて考察する。

まず、第一章において、旧軍用地の立地状況について、全国的な統計量を整理するとともに、主要な軍事都市として陸軍師団司令部の置かれた地方一三都市を例に、都市内のどのような場所にどのような旧軍施設が立地していたのかを明らかにしている。

第二章と第三章は、いずれも終戦直後から戦災復興期にかけての旧軍用地の転用を扱っている。第二章においては、終戦直後に国から出された旧軍用地の転用方針や転用計画について、供給サイド、需要サイドの双方から明らかにしている。そして、続く第三章においては、旧軍用地に対する都市計画サイドの対応として、戦災復興計画における旧軍用地の位置づけ（公園・緑地としての決定）と、その後の計画変更、公園・緑地の整備状況を明らかにしている。

第四章と第五章では、全国における旧軍用地の転用傾向を明らかにしているが、第四章においては、高度経済成長前半一〇年間の全国動向を、第五章においては、旧軍港市四都市での一九五〇〜一九七五年までの動向を整理している。

第二部では、個別の都市を対象とした考察を通して、旧軍用地の転用と都市計画との関係を明らかにしようと試みている。つまり、各都市で展開された旧軍用地を活用した都市づくりについて論じた部分である。そのため、全国的視野をもちつつ個別の都市に着目するとともに、地方（各都市、各公共団体）に視座を置いて考察する。

第六章から第八章は、陸軍師団司令部の置かれた都市を対象として考察をおこなっている。まず、第六章において、名古屋市を対象として旧軍用地の学校への転用パターンを詳細に整理するとともに、陸軍師団司令部の置かれた地方一三都市の中から、旧軍用地転用によって文教市街地が形成された経緯を明らかにしている。第七章においては、東京における戦災復興緑地と旧軍用地の関係性について、戦前の帝都復興計画や東京緑地計画との関係も含めて、明らかにしている。そして第八章では、名古屋市を例に、旧軍用地と戦後都市計画との関係を整理したうえで、都市構造再編への影響を明らかにしている。

第九章と第一〇章は、海軍艦隊司令部の置かれた都市を対象として考察をおこなっている。第九章においては、横須賀市における終戦直後の旧軍用地転用計画や旧軍港市転換計画、さらに実際の転用状況を明らかにしている。続く第一〇章においては、佐世保市を例に、戦災復興計画と旧軍港市転換計画における旧軍用地の位置づけを比較考察するとともに、実際の転用状況を明らかにしている。

以上を踏まえ、結章では、旧軍用地と戦後復興の関係性を都市計画史研究の立場から包括的に論じて結論付ける。また、旧軍用地が遊休国有地であることに鑑み、現代的な国公有地の活用問題を見据えた上で、本論文から得られる示唆を整理する。

注

1 大蔵省財政史室編『昭和財政史―終戦から講和まで―第一九巻(統計)』(三三八頁、東洋経済新報社、一九七八年)
2 松山薫『第二次世界大戦後の日本における旧軍用地の転用に関する地理学的研究』(東京大学学位論文、一六〜二一頁、二〇〇一年)
3 石田頼房『日本近代都市計画の百年』(自治体研究社、一九八七年)
4 石田頼房『日本近現代都市計画の展開』(自治体研究社、二〇〇四年)
5 佐藤昌『日本公園緑地発達史　上巻』(都市計画研究所、一九七七年)
6 越沢明『復興計画』(中央公論新社、二〇〇五年)
7 三宅醇・西澤泰彦・大塚毅彦『旧軍用地および軍施設ストックが都市形成に果たした役割に関する研究』(第一住宅建設協会・地域社会研究所、一九九七年)
8 前掲注7の四四頁
9 前掲注7の八三頁
10 紺野昭・目山直樹「地方都市における大規模用地の変容に関する研究―旧軍用施設用地の転用について―」(『一九八七年度日本建築学会大会学術講演梗概集』、一三一〜一三二頁、一九八七年)
11 永野聡・有賀隆「旧軍用地の都市公園への転用が公園緑地系統の計画に与えた影響について―仙台市を事例として―」(『日本建築学会計画系論文集』No.675、一〇七七〜一〇八六頁、二〇一二年)

12　松浦健治郎・二之湯裕久・浦山益郎「戦災復興事業前後における官庁街の立地と空間構成の変容——近世城下町を基盤とする府県庁所在都市の場合——」（『日本建築学会計画系論文集』No.608、八九〜九六頁、二〇〇六年）
13　宮木貞夫「関東地方における旧軍用地の工場地への転用について」（『地理学評論』37巻9号、五〇七〜五二〇頁、一九六四年）
14　松山薫「関東地方における旧軍用飛行場跡地の土地利用変化」（『地学雑誌』106巻3号、三三一〜三五五頁、一九九七年）
15　前掲注2
16　前掲注2の一五一頁
17　沢田裕之「横須賀市の地域構造の変容に関する予備的考察」（『地域研究』14巻2号、二六〜三五頁、一九七三年）
18　杉野圀明「舞鶴市における旧軍用地と工業立地」（『立命館大学人文科学研究所紀要』34号、三九〜六二頁、一九八一年）
19　杉野圀明『旧軍用地転用史論　上巻』（文理閣、二〇一五年）
20　前掲注19の緒言ⅰ
21　前掲注19の緒言ⅳ
22　前掲注19の九三一頁

第一部　旧軍用地転用の全体像

第一章　旧軍用地の立地

はじめに

まず、旧軍用地の立地状況を把握することから始めたい。終戦時、どこにどのような旧軍用地が存在したのか、というのは最も基本的な情報である。しかし、旧軍施設に関する史料は散逸してしまっており、これを正確に把握することは案外難しい。どのような史料を用いたかは後述するが、残された僅かな統計史料や地図史料などによっているため、この後に示す旧軍用地の立地状況（範囲）が、必ずしも正確なものとは言い切れない点をあらかじめ断っておきたい。

さて本章では、まず、終戦時点において、全国にどれくらいの旧軍用地があったのか、残されているいくつかの統計から整理し、全国における旧軍用地の分布状況の定量的な把握を試みた。また、全国にどのような軍事都市があったのかを整理したうえで、陸軍師団司令部の置かれた都市（以下、陸軍師団設置都市）において、それぞれどういった旧軍施設が、どこに立地していたのかを把握し、都市内での旧軍施設の立地傾向を明らかにした。

ここで、なぜ陸軍師団設置都市を考察対象としたのか、簡単に触れておきたい。後述するように、陸軍師団設置都市には、歩兵旅団司令部も置かれ、歩兵連隊、その他の部隊が駐屯していたほか、師団直属の施設も設置されており、種類、数とも非常に多くの旧軍施設が存在していた。そのため、立地していた旧軍施設の種類や数の面において、歩兵旅団司令部のみが設置されていた都市や、歩兵連隊などの陸軍部隊のみが設置されていた都市の状況を包含していたと言える。即ち、陸軍師団設置都市を対象とした考察は、何らかの陸軍部隊が駐屯していた全国七一都市について敷衍できるのではないかと考えられる。なお、陸軍師団設置都市では、共通の師団編制に基づいて軍事施設が配置されていたため、各都市の有していた旧軍施設の種類はほぼ同じである。

なお、陸軍師団設置都市でありながら、陸海軍の枢軸でもあった帝都東京における旧軍用地の立地状況は第七章で、また、海軍艦隊の母港であった旧軍港市における旧軍用地の立地状況は、横須賀については第九章で、佐世保については第一〇章で整理しているので、これらの都市については、当該章を参照していただきたい。

第一節　全国における旧軍用地の分布と軍事都市

第一項　旧軍用地の分布

(1) 陸軍省所管の旧軍用地

陸軍省所管の軍用地の面積については、一九三七年まで『陸軍省統計年報』によって師団管区別（図1－2参照）、種類別に把握できる（表1－1参照）。これ以降の軍用地の面積変化については、統計がなく把握できないが、第二次世界大戦を迎えて航空戦力や防空の重要性が認識され、各地で急造された飛行場の面積が大幅に増加したはずである。また、兵器需要に対応するために、陸軍造兵廠の拡張や新設がなされたので、造兵廠の面積も増加したことが予想される。これらの点で不備はあろうが、軍用地の地域分布を定量的に把握できる、最も終戦時に近い統計である。

この陸軍省統計によると、一九三七年三月末の時点で、陸軍省所管の土地面積（内地）は約一七万八二四五ヘクタールであった。種類別にみると、都市立地型の軍用地面積九四五〇ヘクタールに対し、非都市立地型の軍用地面積は一六倍超の一五万三八七七ヘクタールであった。すなわち、定量的には演習場、飛行場、牧場といった非都市立地型の軍用地の占める割合が極めて高く、全面積の約八六％にもなっていた。師団管区別にみても、広大な牧場、演習場を抱える第7師団管区の軍用地面積が群を抜いていた(1)。また、第8師団管区、第2師団管区がこれに続き、非都市立地型の軍用地は、北海道、東北に偏在していた。

一方、都市立地型の軍用地面積は、近衛・第1師団管区が一七一一ヘクタールで最も多く、一四師団管区で集計された都市立地型の軍用地面積八七〇四ヘクタールの約二〇％を占める。陸軍の枢軸であった東京には、陸軍の様々な重要施設が置かれていたため、特に近衛・第1師団管区における官衙、兵営、学校、練兵場の面積は、他の師団管区と比べて格段に大きくなっていた。即ち、陸軍省統計から、都市立地型の軍用地は、東京を中心とした近衛・第1師団管区へ偏在していたことが定量的に認められるのである。

(2) 海軍省所管の旧軍用地

海軍省の軍用地の面積については、一九四二年まで『海軍省統計年報』によって鎮守府・警備府管区別（図1－4参照）に把握できる（表1－2参照）。しかし、陸軍省の統計のような種類別の記載はなく、総面積しか分からない。また、こ

地型						非都市立地型				その他	合計
工場	倉庫	作業場	射撃場	埋葬地	(小計)	演習場	飛行場	牧場	(小計)		
0	48	40	58	5	1,711	5,026	1,099		6,125	74	7,910
	12	16	91	4	512	6,126		12,527	18,653	5	19,170
	185	31	194	4	903	2,099	1,889		3,988	1,043	5,934
	92	24	32	3	434	746	29		774	55	1,263
6	80	7	84	7	521	1,532			1,532	71	2,124
	10	2	53	4	402	4,243		6,540	10,783	6	11,190
	14	10	39	5	445	21,845		50,945	72,790	162	73,398
	27	31	197	4	964	5,602		17,044	22,646	22	23,633
	16	43	72	4	346	765			765	36	1,147
	50	102	73	9	497	5,184	117		5,301	13	5,810
	15	104	88	4	465	1,170			1,170	24	1,659
0	58	36	81	7	710	6,693	155		6,848	76	7,635
	19	54	49	3	359	705	25		731	6	1,095
	39	67	56	5	434	1,612	158		1,771	146	2,351
7	665	566	1,166	67	8,704	63,348	3,473	87,056	153,877	1,740	164,320
										11	11
										13,122	13,122
717	18				735					46	781
11					11					0	11
										0	0
735	682	566	1,166	67	9,450	63,348	3,473	87,056	153,877	14,919	178,245

［注 3］第13師団、第15師団、第17師団、第18師団は、軍縮によって1925年に廃止されている。
［注 4］築城部は要塞地帯を所有。築城部所管の面積は外地を含む。

［資料］『陸軍省統計年報（第49回）』（pp.168-169、陸軍省、1937年）

れ以降の軍用地の面積変化については、統計がなく把握できないが、陸軍省同様に、飛行場と海軍工廠の新増設分の増加が考えられる。この点で若干の不備はあろうが、軍用地の地域分布を定量的に把握できる、最も終戦時に近い統計である。

この海軍省統計によると、一九四二年三月末の時点で、海軍省所管の土地面積（内地）は約一万六八四二ヘクタールであった。既に見たように、一九三七年三月末の陸軍省所管の土地面積（内地）は約一七万八二四五

表 1-1　陸軍省所管土地面積
（1937 年 3 月末）

師団管区（司令部所在都市）	都市立				
	官衙	兵営	学校	病院	練兵場
近衛・第 1 師団（東京）	204	354	305	47	652
第 2 師団（仙台）	71	110	7	13	189
第 3 師団（名古屋）	73	176	30	15	195
第 4 師団（大阪）	30	88		8	157
第 5 師団（広島）	75	103	8	12	138
第 6 師団（熊本）	28	91	11	8	195
第 7 師団（旭川）	32	114		20	213
第 8 師団（弘前）	7	139		10	550
第 9 師団（金沢）	6	83		9	114
第 10 師団（姫路）	11	101		11	139
第 11 師団（善通寺）	14	97		9	135
第 12 師団（久留米）	63	179		15	271
第 14 師団（宇都宮）	5	119		10	100
第 16 師団（京都）	7	118		12	130
（小計）	626	1,871	361	197	3,179
大臣官房					
築城部					
造兵廠					
千住製絨所					
陸地測量部					
（合計）	626	1,871	361	197	3,179

［注 1］単位：ha　原史料の坪表記を 1 坪＝3.3㎡で換算。
［注 2］端数処理のため、合計が合わない場合や表記上 0 となる場合あり。

表 1-2　海軍省所管土地面積
（1942 年 3 月末）

所　管	面　積（ha）
横須賀鎮守府	4,177
呉鎮守府	2,902
佐世保鎮守府	1,975
舞鶴鎮守府	512
大湊警備府	5,545
小計	15,111
施設本部	221
火薬廠	625
燃料廠	885
合計	16,842

［注］単位：ha　原史料の坪表記を 1 坪＝3.3㎡で換算。
［資料］『海軍省統計年報（第 67 回）』（pp. 76-77、海軍大臣官房、1943 年）

ヘクタールであるから、海軍省所管の土地面積は、陸軍省所管の一〇分の一以下であったことが分かる。しかし、海軍省所管の軍用地には、陸軍省所管の土地面積の大半を占めていた演習場や牧場、あるいは築城部所管の要塞地帯はないため、その殆どは都市立地型の軍事施設か飛行場であったと考えられる。飛行場は全国に分散配置されていたが、都市立地型の軍事施設は、限られた軍港都市[2]などに集中的に配置されており、戦後の大蔵省の調査によれば、例えば軍港四都市では、計六五二口座[3]、約一万〇二二七ヘクタールもの旧軍用地（但し、陸海軍双方の所管分）が、各財務局に引き継がれたという[4]。

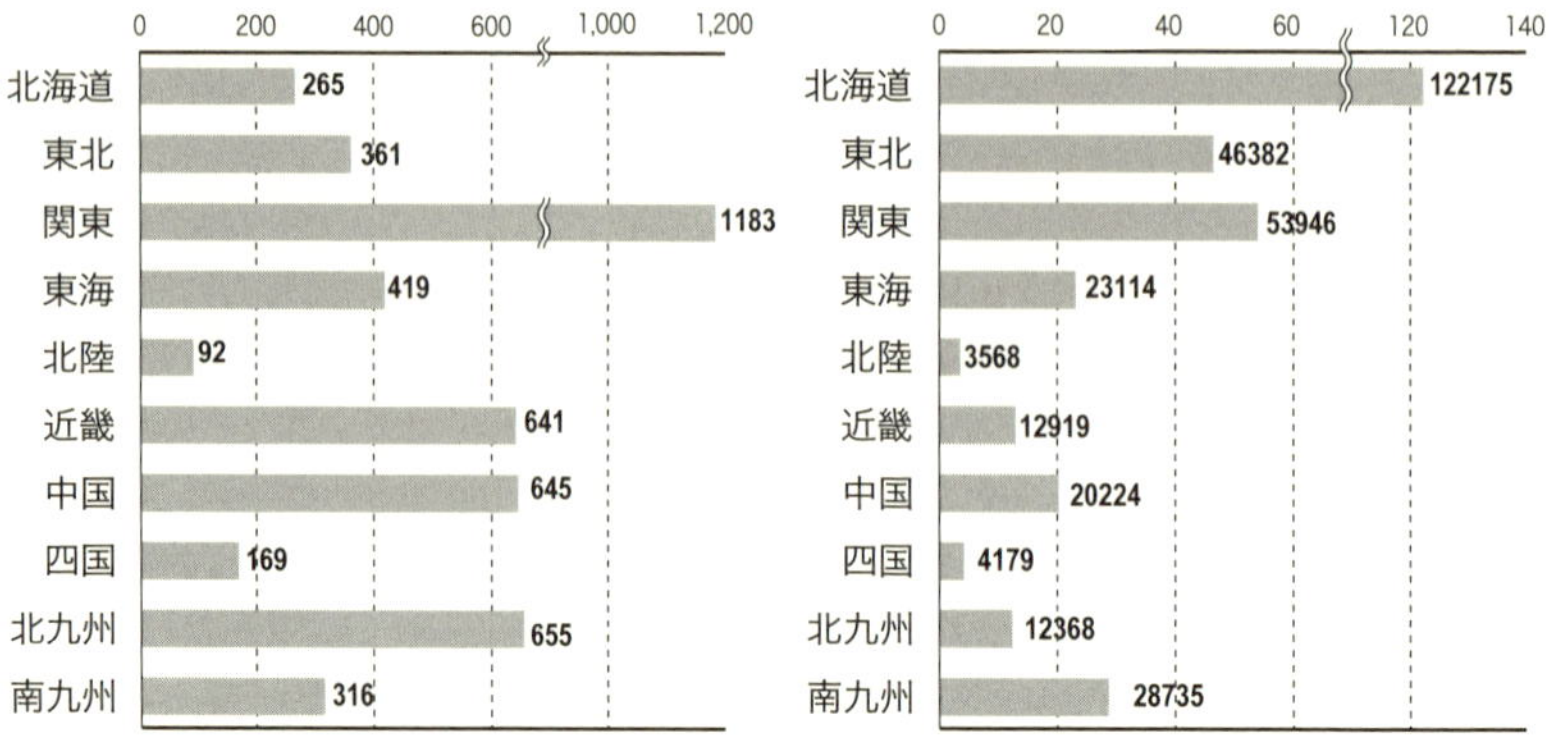

【面積】　【件数】

図1-1　終戦後に各財務局が引き継いだ旧軍用地

［資料］大蔵省財政史室編『昭和財政史――終戦から講和まで――第19巻』（p.338、東洋経済新報社、1978年）より筆者作成。

⑶ 終戦後に各財務局が引き継いだ旧軍用地

結局、戦前の統計では、陸軍省所管の場合は一九三七年三月末時点、海軍省所管の場合は一九四二年三月末時点までしか把握し得ず、戦時中に拡張あるいは新設された多くの陸海軍飛行場や陸軍造兵廠、海軍工廠などが欠けている。終戦後、旧軍用地は全て大蔵省（財務局）に引き継がれているので、大蔵省の旧軍用地関係の統計を見てみたい。

大蔵省では一九七二〜七四年度にかけて、各財務局[5]が終戦後に引き継いだ旧軍用地を追跡調査している。これによると、全国で計四七四六口座、約三二七六平方キロメートルもの旧軍用地が、陸軍省、海軍省、軍需省などから大蔵省へ引き継がれている。尚、陸軍省所管であったのか、海軍省所管であったのかという、元の所管別の内訳は不明である。図1―1に財務局別の口座数と面積を示したが、口座数では約四分の一の一一八三口座が、陸海軍の枢軸であった帝都東京を含む関東に集中していた。この他、北九州（六五五口座）、中国（六四五口座）、近畿（六四一口座）も多い。また、面積では三七・三％を占める一二万二一七五ヘクタールが、演習場や牧場の多い北海道に集中していた[6]。これに関東（五万三九四六ヘクタール）、東北（四万六三八二ヘクタール）が続いた。関東は口座数が多かったためであり、東北は北海道と同様に演習場や牧場が多かったためであろう[7]。一方、北陸や四国は、口座数、面積とも少なく、財務局によって引き継がれた旧軍用地の口座数と面積には大きな差があった。

第二項　全国における軍事都市の展開

旧軍用地の全国的な分布状況に続いて、全国にどのような軍事都市が展開していたのかを明らかにしておきたい。陸海軍の軍事施設が集中的に設置されていた都市を軍事都市と呼ぶことにすると、軍事都市は、概ね次の三つに分類できる。

⑴　陸軍部隊が駐屯した都市

一八七三年、治安維持のために、東京、仙台、名古屋、大阪、広島、熊本の六都市に鎮台が置かれた。一八八八年に鎮台が廃止されると、上記の都市には順に第1から第6までの師団が置かれた。そして一八九八年には、新たに旭川、弘前、金沢、姫路、善通寺、小倉の六都市に、第7から第12までの師団が置かれた。さらに日露戦争後の軍拡に伴って師団が増設されることとなり、一九〇七～一九〇八年に、高田、宇都宮、豊橋、京都、岡山、久留米に第13から第18までの師団が置かれた。こうして明治末期から大正末期まで、全国（内地）一八都市に師団が設置されていた。しかし、財政難を背景に、いわゆる宇垣軍縮（一九二五年）によって、高田（第13師団）、豊橋（第15師団）、岡山（第17師団）、久留米（第

18師団）が廃止され、第12師団が小倉から久留米へと移駐し、内地一四師団体制となり、これが終戦までの基本となった。つまり、陸軍では、全国を一四ブロックに分けて師団を設置していたということになる（図1－2参照）。

各師団の平時編制は図1－3のようになっており、各師団配下に二個の歩兵旅団を置き、さらに歩兵旅団の下に二個の歩兵連隊を置くという編制を基本とし、この他に歩兵連隊以外――騎兵連隊、輜重兵連隊、野砲兵連隊、工兵連隊など――の各種陸軍部隊を付属させていた（一九二五年の軍令陸軍第1号による陸軍常備団隊配備）。

師団司令部が置かれていた都市（以下、師団設置都市）には、一個の歩兵旅団とその配下の一個の歩兵連隊、さらに歩兵連隊以外の全ての陸軍部隊が駐屯していたのが一般的であり、平時の標準兵士数では、一個師団あたり一万一八五八人のうちの約半分に当たる五八六五人が駐屯していた計算になる。師団司令部や歩兵旅団司令部に加え、各駐屯部隊のために多くの兵営、練兵場、作業場が設置されていが、これに加え、師団直属の施設、――兵器支廠（師団兵器庫）、陸軍病院、陸軍刑務所、陸軍幼年学校など――も集中的に設置されていた。そのため、陸軍部隊駐屯都市の中でも、師団設置都市には、圧倒的に多くの軍事施設が集中していた。

各師団管区においては、師団設置都市以外に、歩兵旅団司令部が設置された上で一個の歩兵連隊が駐屯していた都市（以下、歩兵旅団設置都市。各師団管区に一都市）、一個の歩兵連隊が駐屯していた都市（以下、歩兵連隊駐屯都市。各師団管区に二都市）があったのが通常で、この他に、本来は師団設置都市に置かれるはずの騎兵連隊などの他の陸軍部隊が駐屯していた都市（以下、その他部隊駐屯都市）がある場合もあった。しかし、これらの都市は、師団設置都市に比べれば、置かれていた軍事施設の種類も量も少なかった(8)。

そして、これら陸軍部隊が駐屯していた都市は、師団設置都市、歩兵旅団設置都市、歩兵連隊駐屯都市を合わせると

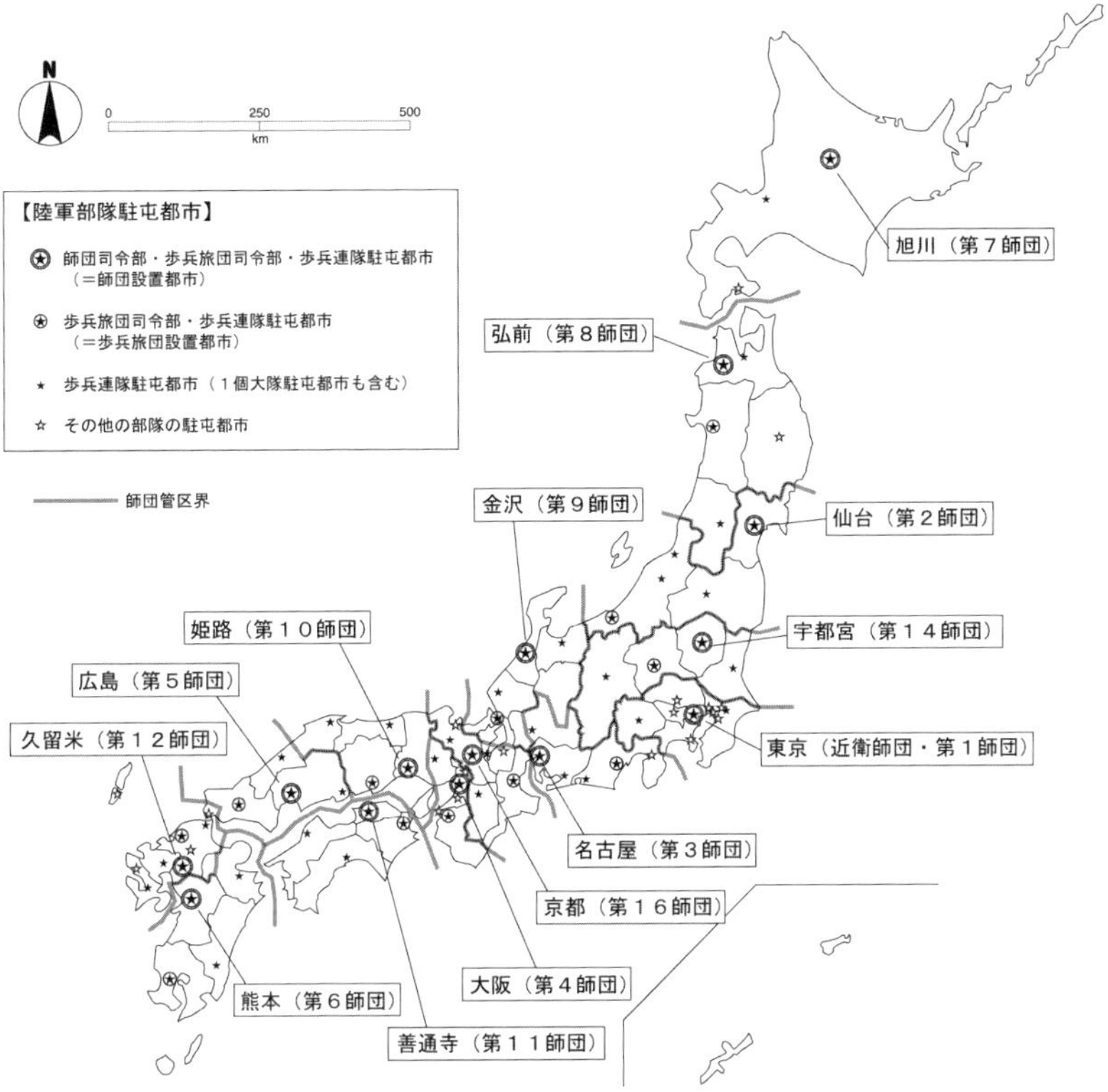

図1-2　陸軍部隊駐屯都市（内地のみ）

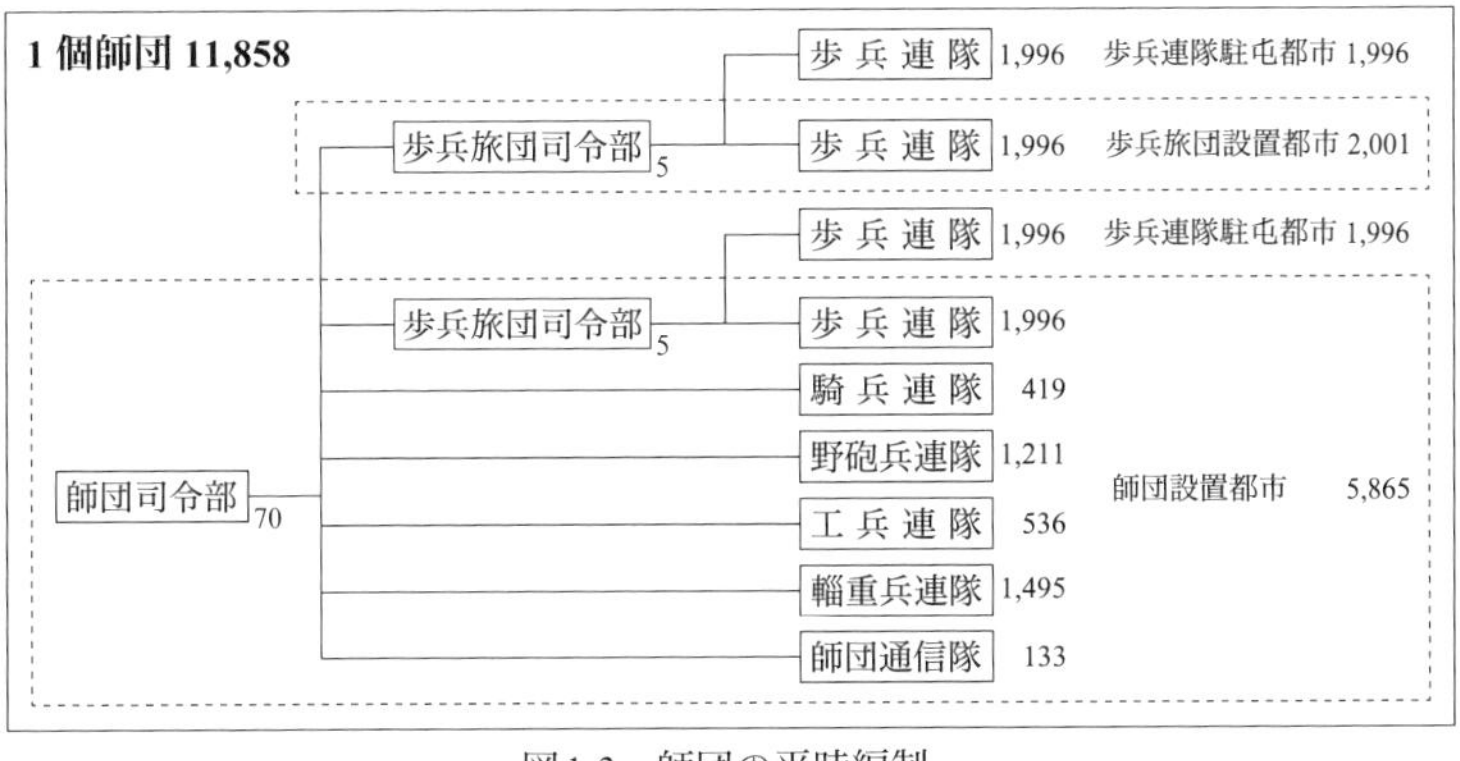

図1-3　師団の平時編制

［注］1936年改定時の陸軍平時編制。図中の数字は、標準の兵士数。

［資料］赤松俊夫『図説陸軍史』（p.174、建帛社、1991年）より筆者作成。

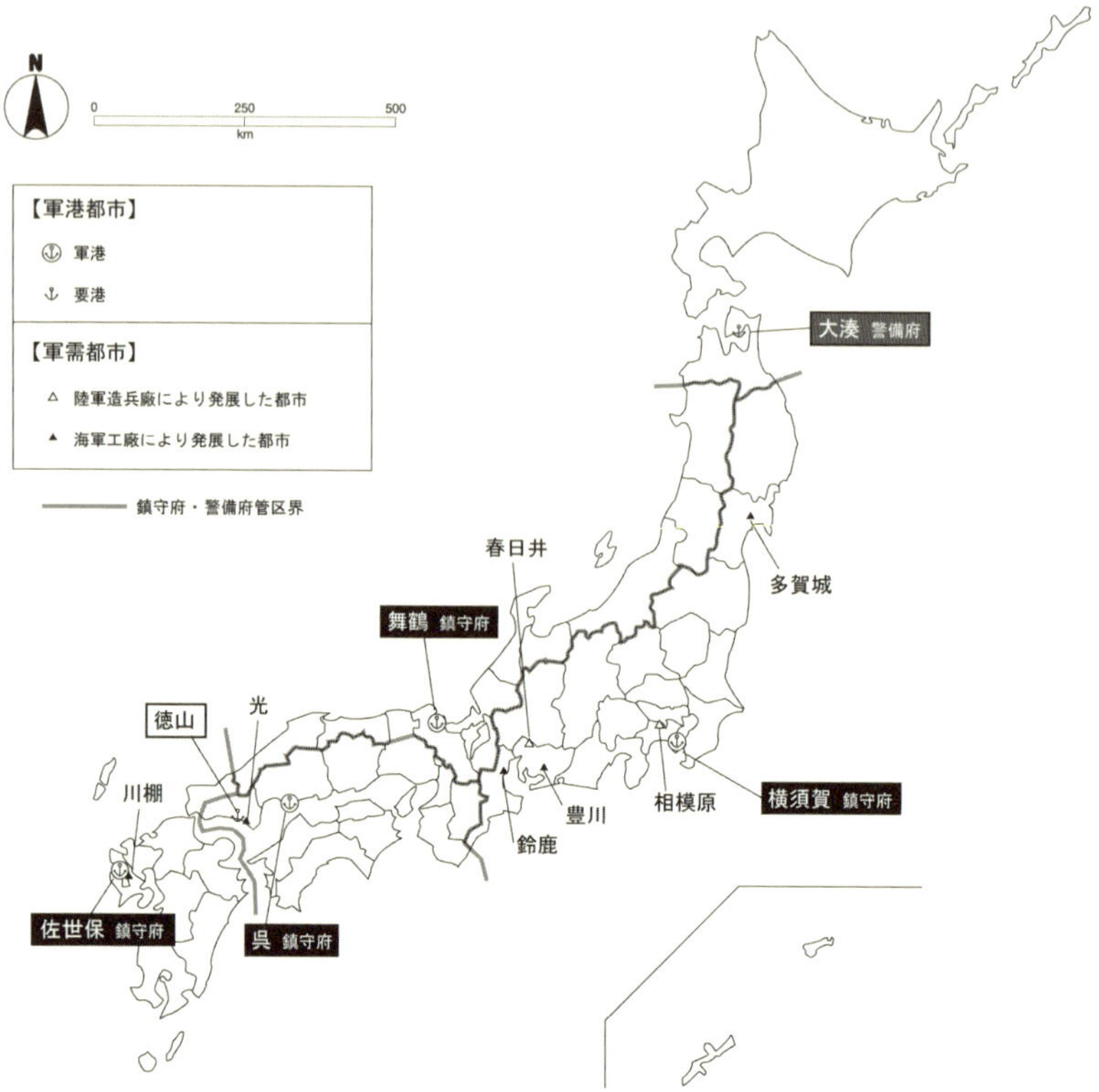

図1-4　軍港都市及び軍需都市（内地のみ）

［注１］徳山は燃料廠管轄下に置かれた特異な要港。
［注２］軍需都市のうち、多賀城、相模原、春日井、豊川、光、川棚は、新興工業都市。

全国五二都市にも上り、それ以外の陸軍部隊の駐屯都市も含めると全国七一都市にもなった（図１－２参照）。しかも、例えば都道府県庁所在都市のうち三二都市に何らかの陸軍部隊が駐屯していたように、全国の主要都市の多くは陸軍部隊の駐屯都市であった。即ち、陸軍部隊が残した旧軍用地の転用問題は、全国の主要都市を含め、多くの都市に共通の問題であった。

⑵ 海軍艦隊が母港とした都市

図１－４に示したように、海軍では、全国を五ブロックに分けて鎮守府と警備府を設置していた。このうち、鎮守府の置かれていた横須賀、呉、佐世保、舞鶴の四都市が軍港、

警備府の置かれていた大湊が要港である。尚、警備府は設置されなかったが徳山も要港の指定を受けていた。これら軍港、要港が、⑵海軍艦隊が母港とした都市（以下、軍港都市）であり、全国（内地）では六都市に限られていた。軍港都市の場合、臨海部に港湾施設と艦船の建造・修理にあたる工場（海軍工廠など）が集中して設置され、その後背部に軍港で働く労働者が住まう市街地が広がるというのが一般的であった。

海軍では、天然の良港である入り江に港湾施設を整備し、艦隊の母港とした。つまり、元来、小さな漁村であったような場所に、軍港あるいは要港が建設されたのであった。そのため、既に市街地の形成されていた既存の都市に陸軍部隊が配置されることによって成立した⑴の陸軍部隊駐屯都市に対し、⑵海軍艦隊が母港とした都市は、軍港や要港の建設によって急速に市街化の進んだ都市であった。そして、これら軍港都市にとって、海軍の存在は都市の存立基盤そのものであったため、終戦による経済的な沈滞は避けられず、唯一の財産とも言える旧軍施設を都市の存続のために如何に活用していくかが、戦災復興期における市政の最大の課題であった。

⑶ 陸軍造兵廠や海軍工廠により発展した都市

従来、陸軍造兵廠や海軍工廠（及び海軍工作部）は、師団設置都市や軍港都市に付随して設置されていたが、一九三一年の柳条湖事件をきっかけに満州事変が勃発して臨戦態勢に入ると、増大する兵器需要に対応するために新たな軍需工場の設置が必要となった。一九三六年には海軍工廠令、一九四〇年には陸軍兵器廠令（但し一九二三年の陸軍造兵廠令の後継法令）が制定され、全国に新たな陸軍造兵廠、海軍工廠が建設されることとなり、広大な用地の取得が可能であった農村部の農地が工場用地に転用された。そして、この時に建設された陸軍造兵廠や海軍工廠の周辺に工員住宅などが集積することによって、急速に都市化していった都市を⑶の陸軍造兵廠や海軍工廠により発展した都市（以下、軍需都市）とする。軍需都市は、軍需工場の存在が都市の存立基盤であったため、⑵の軍港都市と同様、終戦後はこの軍需工場の残存施設や跡地を如何に活用するかが、大きな課題となった。

しかも、陸軍造兵廠や海軍工廠が複数の町村に跨る区域に建設され、陸軍省あるいは海軍省の要望によって合併し、新たに市制を施行した都市もあった。[9] こういった都市においては、終戦によって軍需工場という存立基盤を失ったことで、市制解体論が出ることさえあった。[10] 市制の存続も含め、軍需都市の戦後の方向性は、旧軍施設を如何に活用するかにかかっていた。

以上のように、全国には大別して三種類の軍事都市が存在していた。この中で、陸軍部隊駐屯都市は都市数が非常に多く、全国各地に広く展開しており、最も一般的に見られた軍事都市であった。しかも、都道府県庁所在都市の主要都市も多い。そのため、陸軍部隊駐屯都市を対象とした考察は、主要都市をはじめ、多くの一般的な軍事都市における旧軍用地と戦後復興との関係を明らかにすることに他ならない。一方、軍港都市や軍需都市は、都市数や立地地域が限られており、少数の特殊な都市の例と言えなくもない。しかし、軍港都市や軍需都市では、軍の存在自体が都市の存立基盤となっていたため、軍消滅の影響は大きく、旧軍施設を如何に活用して戦後復興を図るかという問題に関しては、陸軍部隊駐屯都市よりも切実であり、より鮮明にその実態を明らかにすることが可能と思われる。

第二節　陸軍師団設置都市における旧軍用地の立地

第一項　旧軍用地の立地類型

(1) 旧軍用地の特定方法

終戦直後に陸軍省、海軍省から大蔵省（各財務局）に移管された旧軍財産の口座ごとの台帳（旧軍財産引受台帳）が存在したはずだが、発見できていないため、戦前に発行された都市地図や地形図などを主史料として用い、旧軍用地の特定を行った（表1－3参照）。しかし、射撃場、演習場、陸軍造兵廠の工員宿舎などでは境界が判然としない場合があり、こういった旧軍用地の境界は推定によらざるを得なかった。

尚、戦時中にも飛行場（逓信省航空局管轄の飛行場も含む）、陸軍造兵廠、兵器等製造事業特別助成法に基づく官設民営軍需工場などの軍事施設が建設されたが、戦時中に発行された地図において、軍事施設は軍事機密上の秘匿施設として記されていないため、地図史料から特定することができない。そこで本書では、戦前の地図史料で特定できた旧軍用地のほか、郷土史や戦争遺跡関連といった周辺的な文献によって断片的に確認できた旧軍用地について、米軍撮影航空写真や戦後の地図史料を用いて位置を特定するという方法で補完した(11)。文献中に存在が確認されながらも、どうしても位置を特定できない旧軍用地は割愛せざるを得なかったが、上記のような方法で、終戦時における旧軍用地を可能な限り特定するよう努めた。そのため、この作業により特定できた旧軍用地には、既往研究においては考察対象とされていな

表1-3　旧軍用地の特定に用いた地図史料

都市名	史料名	編者・発行者	発行年	備考
仙台	大正14年仙臺市街圖		1925	仙臺市史2本篇2
	地形図（仙台西北部【昭5鉄補】）	陸地測量部	1931	1/25000
	地形図（仙台西南部【昭3測図】）	陸地測量部	1930	1/25000
	地形図（仙台東北部【昭8部修】）	陸地測量部	1935	1/25000
	地形図（仙台東南部【昭8部修】）	陸地測量部	1935	1/25000
名古屋	名古屋市全図	廣瀬俊幸	1940	昭和前期日本都市地図集成
	名城郭内第3師団司令部周辺旧軍施設図	東海財務局	1970	国有財産の推移　旧軍財産転用のあと
	地形図（名古屋北部【昭7修正】）	陸地測量部	1933	1/25000
	地形図（名古屋南部【昭7修正】）	陸地測量部	1933	1/25000
大阪	最新番地入大大阪市地図	箕島正夫	1934	昭和前期日本都市地図集成
	地形図（大阪東北部【昭7部修】）	陸地測量部	1934	1/25000
	地形図（大阪西南部【昭7部修】）	陸地測量部	1934	1/25000
広島	最新大広島市街地図	丸岡才吉	1940	昭和前期日本都市地図集成
	第二次世界大戦時軍用施設配置図	広島市	1984	広島新史資料編Ⅲ（地図編）
	地形図（広島【昭7部修】）	陸地測量部	1933	1/25000
熊本	最近実測熊本市街地図	浜田辰次郎	1927	昭和前期日本都市地図集成
	熊本市街地図		1941	新熊本市史資料編第7巻近代II
	地形図（熊本【昭6部修】）	陸地測量部	1931	1/25000
	地形図（木山【大15測図】）	陸地測量部	1929	1/25000
旭川	旭川市全図	旭川市役所	1929	昭和前期日本都市地図集成
	地形図（旭川【昭6鉄補】）	陸地測量部	1932	1/25000
	地形図（永山【昭6鉄補】）	陸地測量部	1932	1/25000
弘前	弘前市地図	今泉道次郎	1915	新編弘前市史通史編4（近・現代1）
	地形図（弘前【昭4鉄補】）	陸地測量部	1931	1/25000
	地形図（久渡寺【大1測図】）	陸地測量部	1915	1/25000
金沢	金沢市街図	池亮吉	1937	昭和前期日本都市地図集成
	金沢市附近一万分之一図	金沢偕行社	1921	近代日本の地方都市－金沢
	地形図（金沢【昭5測図】）	陸地測量部	1933	1/25000
姫路	姫路市全図	平田幾治	1930	昭和前期日本都市地図集成
	地形図（姫路北部【昭7鉄補】）	陸地測量部	1933	1/25000
	地形図（姫路南部【昭7鉄補】）	陸地測量部	1933	1/25000
善通寺	最新善通寺市街圖		大正後期	善通寺市史第3巻
	地形図（善通寺【昭3測図】）	陸地測量部	1931	1/25000
久留米	旧兵舎・軍用地の位置図	久留米市	1996	久留米市史第11巻資料編（現代）
	地形図（久留米【昭6部修】）	陸地測量部	1932	1/25000
宇都宮	宇都宮市街付近図	内田浜吉	1939	昭和前期日本都市地図集成
	地形図（大谷【昭4修正】）	陸地測量部	1932	1/25000
	地形図（宇都宮西部【昭8鉄補】）	陸地測量部	1934	1/25000
京都	地図にみる京都の歴史　付図	森図房	1976	地図にみる京都の歴史
	地形図（京都東南部【昭6部修】）	陸地測量部	1932	1/25000

[注] 一部、戦後発行の二次史料を含む。

いと思われるものも多く含まれる[12]。

(2) 立地場所の類型化

松山（二〇〇一）[13]は、軍事施設を立地の志向性に着目して、官衙、兵営、練兵場、学校、病院などの都市立地型と、広大な敷地を必要とする飛行場、演習場などの非都市立地型に大別した。そして、軍事施設は大局的にみれば地政学的・軍事的な立地要因に従うものの、都市立地型の軍事施設は、その機能上、一般的な公共施設に近い人口中心地志向の立地傾向を有し、非都市立地型の軍事施設は、まとまった広大な土地が安価に手に入る農村部を志向すると述べている。その上で、一九三〇年代に歩兵旅団司令部の設置されていた二六都市（うち師団司令部設置都市は一四都市）を対象とした考察を通し、都市立地型の軍事施設は、大別すると「城址」（本書でいう城郭部）、「郊外」（本書でいう既成市街地の縁辺部と郊外部）のどちらかに立地し、都市内部における都市立地型の軍事施設の分布状況から、各都市を「城址型（または城址＋郊外型）」あるいは「郊外型」に分類した。

しかし、実際には松山が考察の対象としなかった飛行場や演習場などの非都市立地型の軍事施設も、都市の近郊に設置された場合があった。そして、非都市立地型の軍事施設も、戦後の都市化に伴う市街地拡大の中で、都市立地型の軍事施設と同じように、様々な都市施設として転用されていった。そのため、都市部における旧軍施設の立地や転用傾向についての考察を行う場合、都市立地型か非都市立地型かを問わず、全ての旧軍施設を考察対象とする必要がある。

さらに、旧軍施設が都市部のどこに立地しているかという立地場所の類型化も、松山の「城址」か「郊外」か、という二分類ではやや大雑把である。「郊外」と言っても、終戦時には既成市街地となっているのか、その外側に近隣接しているのか、市街地から独立した離れた場所なのかによって、転用傾向に差異が見られるのではないか。また、事例は限られるが、松山が考察対象としなかった港湾部にも旧軍施設は立地しており、港湾部も考察対象とする必要がある。

以上のような観点から、都市部における旧軍施設の立地場所を図1－5のような四類型で把握し、考察を進めることとした（但し、市街地縁辺部はさらに二分類した）。

第二項　旧軍用地の立地傾向

(1) 各都市における旧軍施設の立地

師団設置一三都市において、総数三一一の軍事施設を特定することができた。具体的な範囲については、章末の資料1～13に示しているので、適宜、参照されたい。これを表1－4のように、「中枢施設」「兵站施設」「訓練施設」「飛行場」「その他の軍事施設」に分類し、立地類型と対応させた上で整理した（表1－5参照）。尚、旧軍施設は数施設が集積して、面的な広がりを有している場合が多いため、便宜上、旧軍施設のまとまりごとに地区名を付けた[14]。

①城址型八都市における旧軍用地の立地

城下町を起源とし、城郭部に旧軍施設が立地していた都市を「城址型」とすると、仙台、名古屋、大阪、広島、熊本、弘前、金沢、姫路の八都市が城址型の都市に該当する[15]。ここでは、これら城址型の都市における旧軍施設二〇七施設を対象に考察を進めていく。

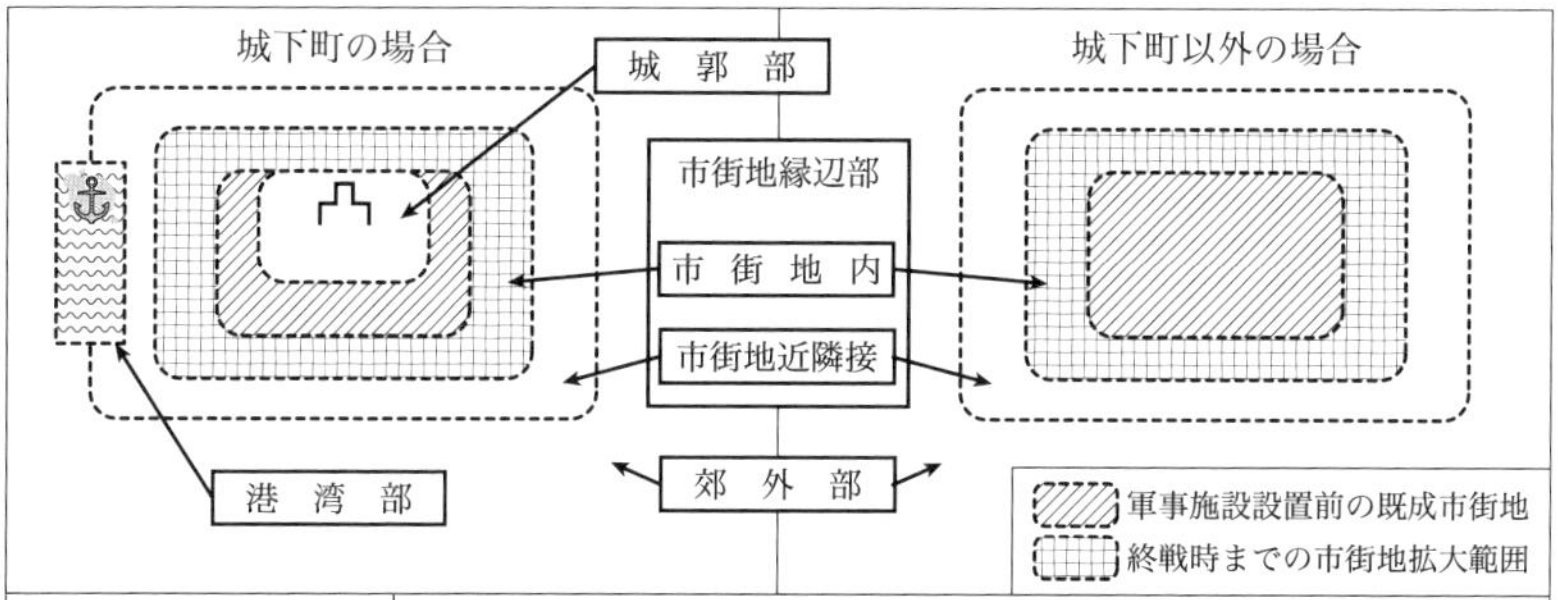

城郭部		城郭内及び城郭に隣接する区域。城郭周辺の旧武家地を含む。
市街地縁辺部	市街地内	軍事施設の設置時は既成市街地の縁辺部（外側）で、終戦までに周辺が市街化した区域。
	市街地近隣接	軍事施設の設置時は既成市街地の縁辺部（外側）で、終戦時に周辺が市街化していない区域。
郊外部		市街地から離れた郊外区域（都市の近郊）。
港湾部		港湾区域内及び港湾に隣接する後背地。埋立地を含む。

図1-5　立地場所の類型化

［注 1］「市街地縁辺部」における「市街地内」と「市街地近隣接」は、終戦直後に発行された地形図などで判定。
［注 2］上記分類のほか、稀に「軍事施設設置前の既成市街地」内の場合もある。

表1-4　考察のための旧軍施設の分類

分類	該当する旧軍施設
中枢施設	官衙（師団司令部、歩兵旅団司令部、連隊区司令部、憲兵隊本部）、兵営、学校（幼年学校、予備士官学校）、陸軍病院、陸軍刑務所、偕行社、官舎（師団長官舎、副官官舎）
兵站施設	工場（陸軍造兵廠、被服廠、糧秣廠、官設民営の軍需工場）、倉庫（兵器補給廠、兵器支廠、兵器部倉庫、被服庫、火薬庫など）
訓練施設	練兵場、射撃場、作業場、演習場、その他訓練施設（訓練所、渡河訓練場、馬場）
飛行場	飛行場（陸軍飛行場、逓信省航空局所管の飛行場）
その他の軍事施設	埋葬地（陸軍墓地）、その他施設（工員住宅、兵隊宿舎、兵隊集合所、教化隊、軍用水道、その他陸軍用地）

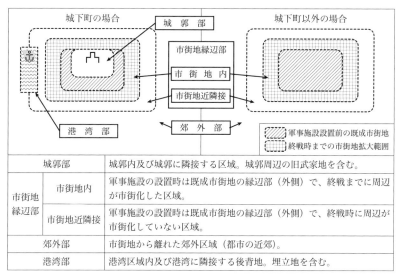

表1-5　師団設置13都市における立地類型別の旧軍施設立地

類型	都市名	城郭部	市街地縁辺部（市街地内）	市街地縁辺部（市街地近隣接）	郊外部	港湾部
城址型の都市	仙台	[官][官][官][兵] [兵][兵][学][偕] [練][練][射] 仙台城地区	[兵] 榴岡地区	[兵][病][練] 宮城野地区 [工](他)(他) 幸町地区 [工] 苦竹地区	[射] 台原地区 (葬) [演] 青葉山地区 [飛] 霞目地区	
	名古屋	[官][官][官][官][兵] [兵][兵][病][偕][舎] [練][練][庫][庫][庫] 名古屋城地区	[工][庫] 千種地区 [工][工] 熱田地区 (葬)		[演] 猫ヶ洞地区	[飛] 名古屋港地区
	大阪	[官][官][官][官][兵][兵] [兵][病][刑][偕][舎][工] [工][庫][庫][庫][射] 大阪城地区	[兵](葬) 真田山地区			[工] 天保山地区 [庫][飛] 船町地区 [庫][庫]
	広島	[官][官][官][官][兵][兵] [兵][学][病][病][偕][舎] [庫][庫][庫][庫][練] 広島城地区		[兵][作](他) 牛田地区 [兵][練][他] 二葉地区 [兵][工][庫][作][他](葬) 比治山地区	[射] 江波地区 [作] 尾長地区 (他) 州崎地区	[飛] 吉島地区 [工][庫][庫] (他)(他) 宇品地区
	熊本	[官][官][官][官][官] [兵][学][学][病][病] [偕][舎][庫] 熊本城地区	[兵][兵][兵] [兵][練] 渡鹿地区	[病][練] 帯山地区 [工] 健軍地区 (他)(他) 湖東地区	[射] 花園地区 [射] 小峰地区 [射] 春日地区 [学] 八景水谷地区 [飛] 長峰地区 (葬)(葬)	
	弘前	[庫][庫] 弘前城地区	[官][官][官][官] [兵][兵][病][刑] [偕][庫] 堀越地区	[兵] 桔梗野地区 [兵][兵] 松原地区 [兵][練] 清水地区	[射][射](葬)(他) 笹森地区	／
	金沢	[官][官][官][官][兵] [病][刑][偕][舎][庫] [庫][庫][練] 金沢城地区		[兵][兵][兵][兵] [兵][庫][練][射] 野村地区 [射] 上野地区	[演] 三小牛地区 (葬)	
	姫路	[官][官][官][兵][兵][病] [偕][庫][庫][庫][庫][庫] [練][練][他](他) 姫路城地区		[兵][兵] [兵][練] 城北地区	[射](葬) 名古山地区	[工] 白浜地区
郊外型の都市	旭川	／		[官][官][官][官][官][兵][兵][兵] [兵][兵][兵][兵][病][刑][偕][舎] [庫][練][射](他) 春光地区	[演](葬) 近文台地区	
	善通寺	／		[官][官][官][兵][兵] [兵][兵][病][刑][偕] [庫][庫][作] 生野地区 [庫][練] 仙遊地区	[作] 大麻山地区 [射] 吉原地区 (葬)	
	久留米		[官][官][偕] [舎][庫][庫] 諏訪野地区	[兵][兵][兵] [兵][練] 上津地区 [兵][作] (葬) 御井地区 [他] [官][兵][兵] [学][病][刑] [射](他) 国分地区	[射] 藤山地区 [他] 太郎原地区 [演] 高良台地区	
	宇都宮			[官][官][兵] [病][練][作] 宝木地区 [兵][兵][庫] 一の沢地区 [兵][庫] 鶴田地区 [官] [刑] [偕]	[射](葬) 駒生地区	
	京都	／	[官][官][官] [兵][兵][病] [刑][偕] 深草地区 [兵][練] 桃山地区 [官]	[兵][兵] [庫][練] 竹田地区 [練][射] 大亀谷地区 [工] 木幡地区	[射] 谷口地区 (葬)	

凡　例

【中枢施設】
[官]官衙　[兵]兵営
[学]学校　[病]病院
[刑]刑務所　[偕]偕行社
[舎]官舎

【兵站施設】
[工]工場　[庫]倉庫

【訓練施設】
[練]練兵場　[作]作業場
[射]射撃場　[演]演習場
[他]その他訓練施設

【飛行場】
[飛]飛行場

【その他】
(葬)埋葬地
(他)その他施設

［注１］「市街地縁辺部」の左欄は「市街地内」、右欄は「市街地近隣接」に該当。

［注２］他に、官衙三施設（大阪、久留米、宇都宮）、病院一施設（仙台）が「軍事施設設置前の既成市街地」内に立地しており、分析に含めている。

全ての城址型の都市において、城郭部と市街地縁辺部には旧軍施設が立地していた。郊外部については、大阪を除く七都市において旧軍施設が立地していた。施設数では城郭部が最も多い一〇四施設で、城址型の都市における旧軍施設の五〇・二％を占めた。市街地縁辺部は六五施設（同三一・四％）、郊外部は二三施設（同一一・一％）であるから、城址型の都市においては、城郭部に多くの旧軍施設が集積していたと言える。

また、一般的に城址型の都市においては、城郭部では中枢施設、市街地縁辺部では中枢施設、兵站施設、訓練施設、郊外部では訓練施設が、主たる旧軍施設の種類であった（表1―5参照）。尚、同じ中枢施設であっても、官衙、学校、病院、刑務所、偕行社、官舎は城郭部に置かれた一方で、兵営は城郭部と市街地縁辺部の双方に置かれていたという違いがあった。こういった立地傾向が一般的に見られる中で、弘前だけは、城郭部には兵站施設が置かれ、市街地縁辺部に中枢施設が置かれていたという点で、例外であった。

城址型の都市においては、港湾部に旧軍施設が立地していた都市も見られた。しかし、名古屋、大阪、広島、姫路の四都市の一三施設に限られた。港湾部の場合、師団配下の旧軍施設ではなく、陸軍省直轄の兵站施設（造兵廠、糧秣廠、運輸部倉庫など）や飛行場などが置かれていた。師団設置都市において共通に見られる師団ごとの旧軍施設の配置とは別に、全国土的な兵站戦略や都市防空の観点から配置された旧軍施設が立地していたのであった。

②郊外型五都市における旧軍施設の立地

城下町以外の都市の場合、旧軍施設は市街地の外側に立地していた。また、城下町でありながら城郭部ではなく市街地の外側に旧軍施設が立地していた都市もあった。こういった都市を「郊外型」とすると、旭川、善通寺、久留米、宇都宮、京都の五都市が郊外型の都市に該当する。いずれも旧鎮台ではなく追加的に師団の設置された都市である。城下町であっても、久留米（一九〇七年設置）や宇都宮（一九〇八年設置）のように、城郭部が既に他用途に使用されていたために、軍事施設は市街地の外側に配置せざるを得なかった。ここでは、これら郊外型の都市における旧軍施設一〇四施設を対象に考察を進めていく。

郊外型の都市では、八六・五％を占める九〇施設もの旧軍施設が市街地縁辺部に立地し、残りの旧軍施設は郊外部に立地していた。そして、市街地縁辺部において、旭川や善通寺のように一つの広大な地区に集積していた場合と、久留米、宇都宮、京都のようにいくつかの地区に分散していた場合があった。

また、一般的に郊外型の都市においては、市街地縁辺部では中枢施設、兵站施設、訓練施設、郊外部では訓練施設が、主たる旧軍施設の種類であった。尚、城址型の都市と異なり、大規模な兵站施設（造兵廠や兵器補給廠など）や、飛行場などは見られなかった。

表1-6　城址型の都市と郊外型の都市の旧軍施設数の比較

軍事施設分類	城址型の都市（8都市）		郊外型の都市（5都市）	
	施設数	1都市あたり平均施設数	施設数	1都市あたり平均施設数
中枢施設	105	13.1	65	13.0
兵站施設	42	5.3	10	2.0
訓練施設	36	4.5	21	4.2
飛行場	5	0.6	−	−
その他	19	2.4	8	1.6
総計	207	25.9	104	20.8

③城址型の都市と郊外型の都市の旧軍施設の比較

城址型の都市では二〇七施設、郊外型の都市では一〇四施設の旧軍施設が確認できた（表1－6参照）。一都市あたりの平均旧軍施設数を比較すると、城址型の都市二五・九施設に対し、郊外型の都市二〇・八施設であり、城址型の都市のほうが多くの旧軍施設が立地していたことになる。特に兵站施設については、城址型の都市で四二施設、平均五・三施設に対し、郊外型の都市では一〇施設、平均二・〇施設に過ぎず、また、飛行場は全て城址型の都市における立地であった。即ち、城址型の都市と郊外型の都市の旧軍施設の平均施設数の差異は、陸軍省直轄の造兵廠、兵器補給廠、運輸部倉庫、あるいは飛行場などが置かれていたかどうかによるものと言える。例えば、旧軍施設数が三八施設で、師団設置一三都市の中で最も多かった広島においては、広島兵器補給廠、広島被服廠、広島糧秣支廠、陸軍運輸部・糧秣支廠宇品倉庫、広島陸軍飛行場など、陸軍省直轄の旧軍施設が多く見られた。

⑵ 旧軍施設の種類に着目した立地傾向

旧軍施設の種類によって、立地上の特質があることは序章で既に述べているが、ここでは師団設置一三都市における旧軍施設を対象に、本書で設定した立地類型に従って、旧軍施設の立地傾向を整理した（図1―6参照）。

①中枢施設の立地傾向

師団設置一三都市において、中枢施設は一七〇施設あり、そのうち一〇五施設が城址型の都市、六五施設が郊外型の都市において見られたものであった。

城址型の都市においては、中枢施設は城郭部に集中的に配置されており、城址型の都市における中枢施設の六五・七％を占める六九施設が城郭部に立地していた。特に、官衙、学校、病院、偕行社、官舎は、城郭部への立地傾向が強く、弘前を除く七都市においては、城郭部が師団の中枢となっていた[16]。また、市街地縁辺部に立地していた三三施設の中枢施設のうち二四施設は兵営であった。城郭部に立地していた兵営は一六施設であるので、兵営の場合は、城址型の都市においても、市街地縁辺部に置かれることのほうが多かったと言える。兵営は、一般に兵舎群とそれに囲まれる操

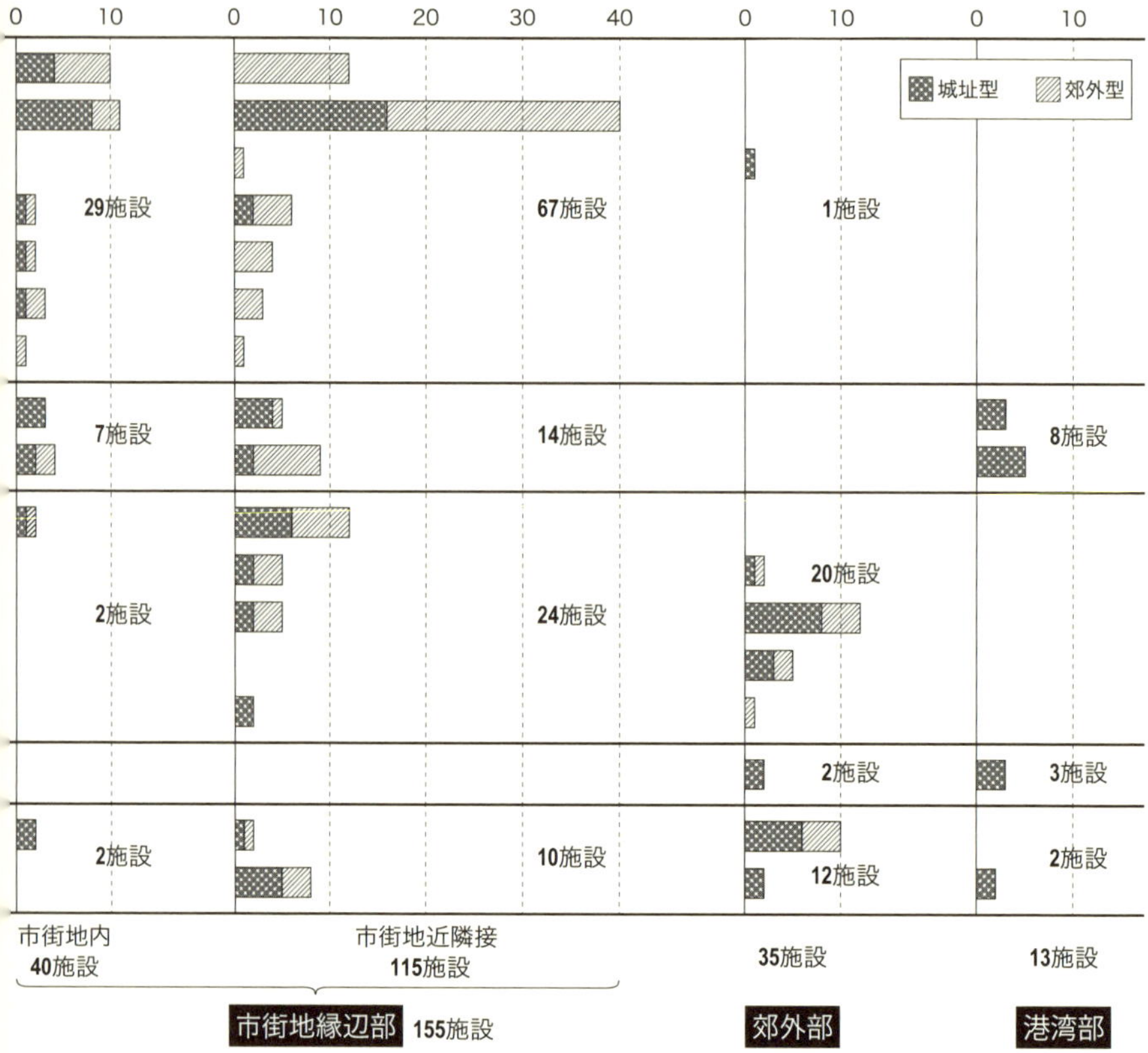

［注］上記のほか、「軍事施設設置前の既成市街地」内に、城址型の都市において、官衙1施設、病院1施設、郊外型の都市において、官衙2施設が立地していた。

練場によって構成されるため、一定の規模が必要であった。そのため城郭部だけでは用地が確保できず、市街地縁辺部の農地や入会地などを買い上げて兵営が設けられることも多かったのである。

一方、郊外型の都市においては、中枢施設のほぼ全て（六三施設：九六・九％）が市街地縁辺部に立地していた。

尚、城址型、郊外型双方の都市において、例外的に四施設（官衙三施設、病院一施設）が、軍事施設設置前の既成市街地内に立地していた。既成市街地内に軍事施設が置かれることは非常に稀であり、中枢施設以外では確認されなかった。

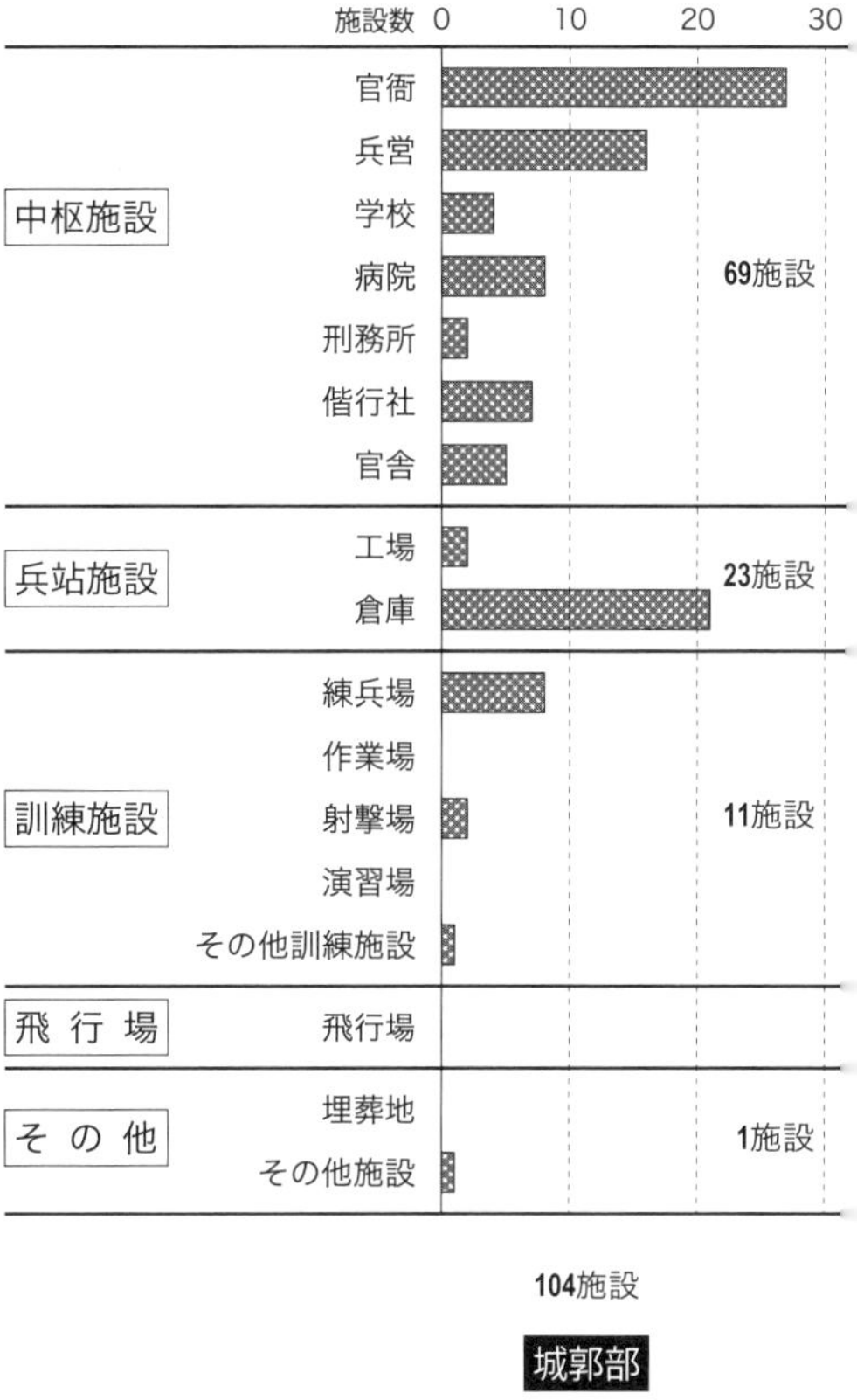

図1-6　旧軍施設の種類別・立地類型別の施設数

②兵站施設の立地傾向

師団設置一三都市において、兵站施設は五二施設あったが、そのうち工場は一三施設だけで、他の三九施設は倉庫であった。既に表1－6でみたように、兵站施設は城址型の都市に多く（四二施設）、郊外型の都市では一〇施設だけであった。しかも、工場は一二施設が城址型の都市におけるものであり、郊外型の都市において見られた兵站施設は殆どが倉庫であった。

城址型の都市においては、兵站施設を工場と倉庫に分けて考察する必要があろう。まず、工場であるが、一二施設のうち七施設が市街地縁辺部に立地していた。一方、倉庫の場合は、三〇施設のうち二一施設が城郭部に立地していた。このように城郭部において倉庫が多かったのは、城郭部に置かれた中枢施設に隣接して、師団倉庫（被服庫、兵器庫、火薬庫など）が付設されたためであった。また、港湾部の旧軍施設一三施設のうち八施設が兵站施設（工場三施設、倉庫五施設）であることから、兵站施設は港湾部において最も主要な旧軍施設と言えよう。

一方、郊外型の都市においては、倉庫九施設は、全て中枢施設に付設された師団倉庫であったため、中枢施設と同様に市街地縁辺部に立地していた。また、一施設のみの工場も、市街地縁辺部に立地していたものであった。

③訓練施設の立地傾向

師団設置一三都市において、訓練施設は五七施設あり、そのうち三六施設が城址型の都市、二一施設が郊外型の都市において見られたものであった。

城址型の都市においては、三六施設の訓練施設のうち、一一施設が城郭部、一三施設が市街地縁辺部、一二施設が郊外部に立地していたことから、各立地場所に分散していたと言える。但し、練兵場、作業場及び射撃場、演習場では、立地傾向は異なっていた。練兵場は一五施設のうち、八施設が城郭部、七施設が市街地縁辺部に立地していた一方で、郊外部では練兵場は見られなかった。作業場及び射撃場は一五施設のうち、四施設が市街地縁辺部、九施設が郊外部に立地しており、城郭部では二施設のみであった。演習場は三施設全てが郊外部であった。

また、郊外型の都市においては、二一施設の訓練施設のうち、一三施設が市街地縁辺部、八施設が郊外部に立地していたが、練兵場は七施設全てが市街地縁辺部、作業場及び射撃場は一一施設のうち、六施設が市街地縁辺部、五施設が郊外部、演習場は二施設とも郊外部で見られた。

以上から訓練施設の立地傾向は、次のように整理されよう。練兵場は、城址型の都市では、城郭部や市街地縁辺部に設置され、郊外型の都市では市街地縁辺部に設置された。練兵場は兵営に近隣接して設置されることが多かったため、兵営と同じような立地傾向を示したのであった。そして、城址型の都市か、郊外型の都市かに関わらず、作業場や射撃場は市街地縁辺部や郊外部に設置され、広大な面積を必要とした演習場は郊外部に設置されたのであった。

④飛行場の立地傾向

広大かつ平坦な土地を必要とする飛行場は、一般に、用地確保の問題から都市遠郊の農村部に設置されたことが多かった。そのため、都市部において飛行場の立地が確認できたものは少なく、城址型の都市のうちの五都市の五施設に限られた[17]。そして、このうち二施設が郊外部、三施設が港湾部（埋立地）に立地していた。

⑤その他の軍事施設（埋葬地）の立地傾向

ここでは、その他の軍事施設の中で、施設数の多い埋葬地について考察した。師団設置一三都市において、埋葬地は一四施設あり、そのうち四施設が市街地縁辺部、一〇施設が郊外部に立地していた。埋葬地は、市街地からやや離れた丘陵地などに、他の旧軍施設から離れて設置されたことが多かった[18]。

おわりに

大蔵省の調査に基づけば、終戦によって、全国で約三二七六平方キロメートルもの旧軍用地が遊休国有地として、その後の転用を待つこととなった。この面積は、東京都（二一九一平方キロメートル）や神奈川県（二四一六平方キロメートル）よりも大きく、埼玉県（三七九八平方キロメートル）や奈良県（三六九一平方キロメートル）の面積に近い程の相当な量である。この莫大な量の旧軍用地を戦後復興のために如何に活用していくか――。旧軍用地の転用は大きな課題であったと同時に、戦後復興に役立てることのできる財産（＝都市ストック）でもあった。

ただ、旧軍用地の分布には大きな偏りがあった、ということである。旧軍用地を戦後復興に役立てることのできる財産と言ったが、この財産が多い地域と少ない地域があった、ということである。各財務局が引き継いだ旧軍用地の面積は、北海道が突出して多く、関東や東北も比較的多かった一方で、北陸や四国は極端に少なかった。しかし、北海道や東北の旧軍用地が多いのは、農村部や山間部に設置された広大な演習場や牧場のためであり、旧軍用地面積が大きいからといって、戦後復興に有利だったというわけではない。空襲による罹災対応や低迷した経済再生といった戦後復興の主戦場は都市部であり、都市部やその近郊に設置されていた都市立地型の軍事施設の跡地（旧軍用地）こそが、戦後復興に役立てることのできる財産であった。この点で、帝都東京を中心に都市部やその近郊に都市立地型の軍事施設が多く設置されていた関東では、それらの旧軍用地が戦後復興に多いに役立てられたのではないかと思う。

旧軍用地と戦後復興との関係をみていくには、都市部とその近郊の旧軍用地に着目すればよいということになるが、陸軍師団司令部の置かれた地方一三都市を対象に、旧軍用地の立地傾向をみてみると、城郭部に旧軍施設が立地していたか、そうでないかで、旧軍施設の数や種類、立地場所の傾向が異なるし、軍事施設の種類によっても立地傾向が異なっていた。旧軍用地の転用を分析するにあたっては、このような旧軍用地の立地傾向を意識する必要がありそうである。ただ、本書を読み進めていただければ分かるように、実際にはこういった旧軍用地の立地傾向以外の要因で、旧軍用地の転用に関して共通点や相違点が見られることも多い。また、個別の都市の事情によるところも大きい。

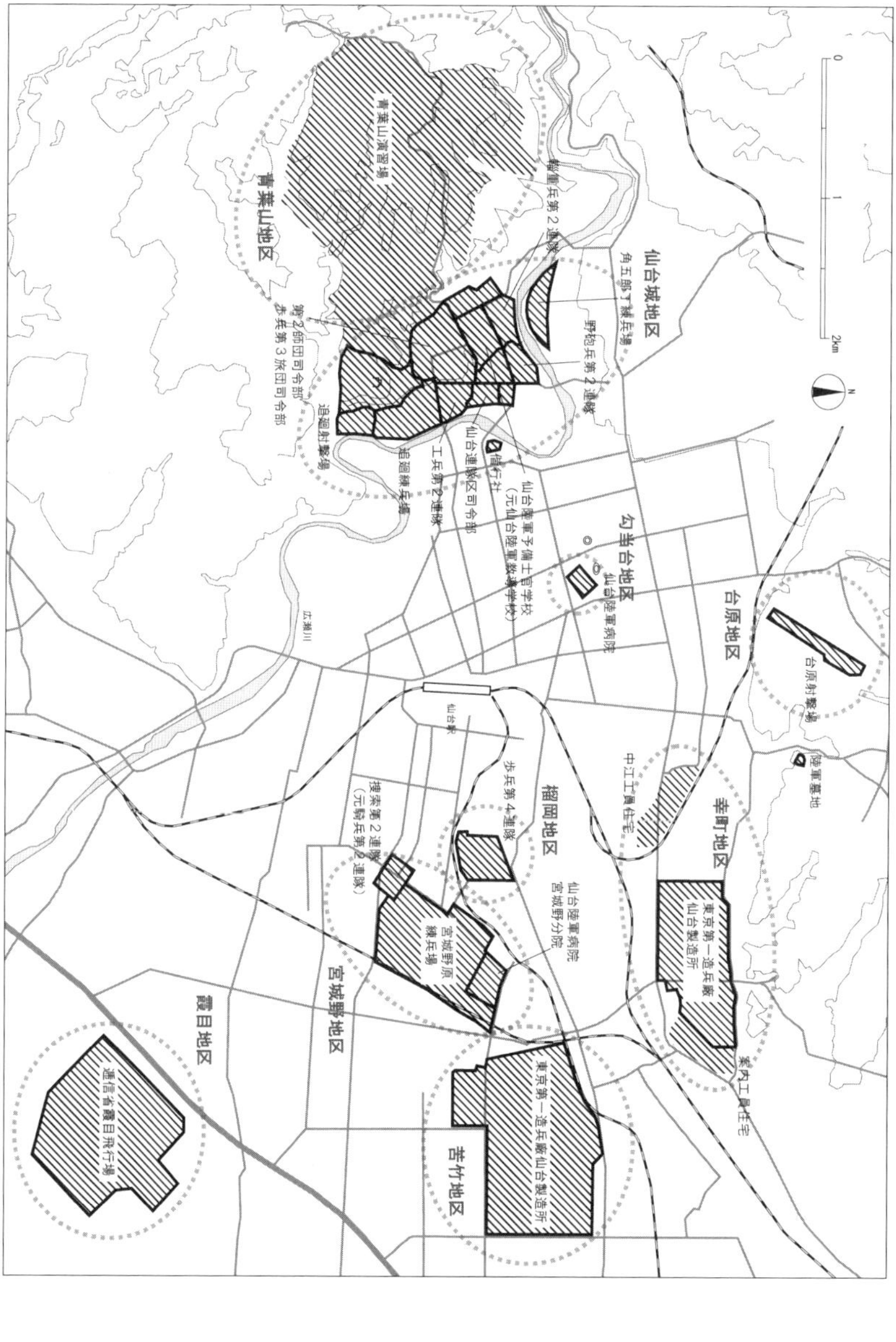

資料1　仙台の旧軍用地範囲

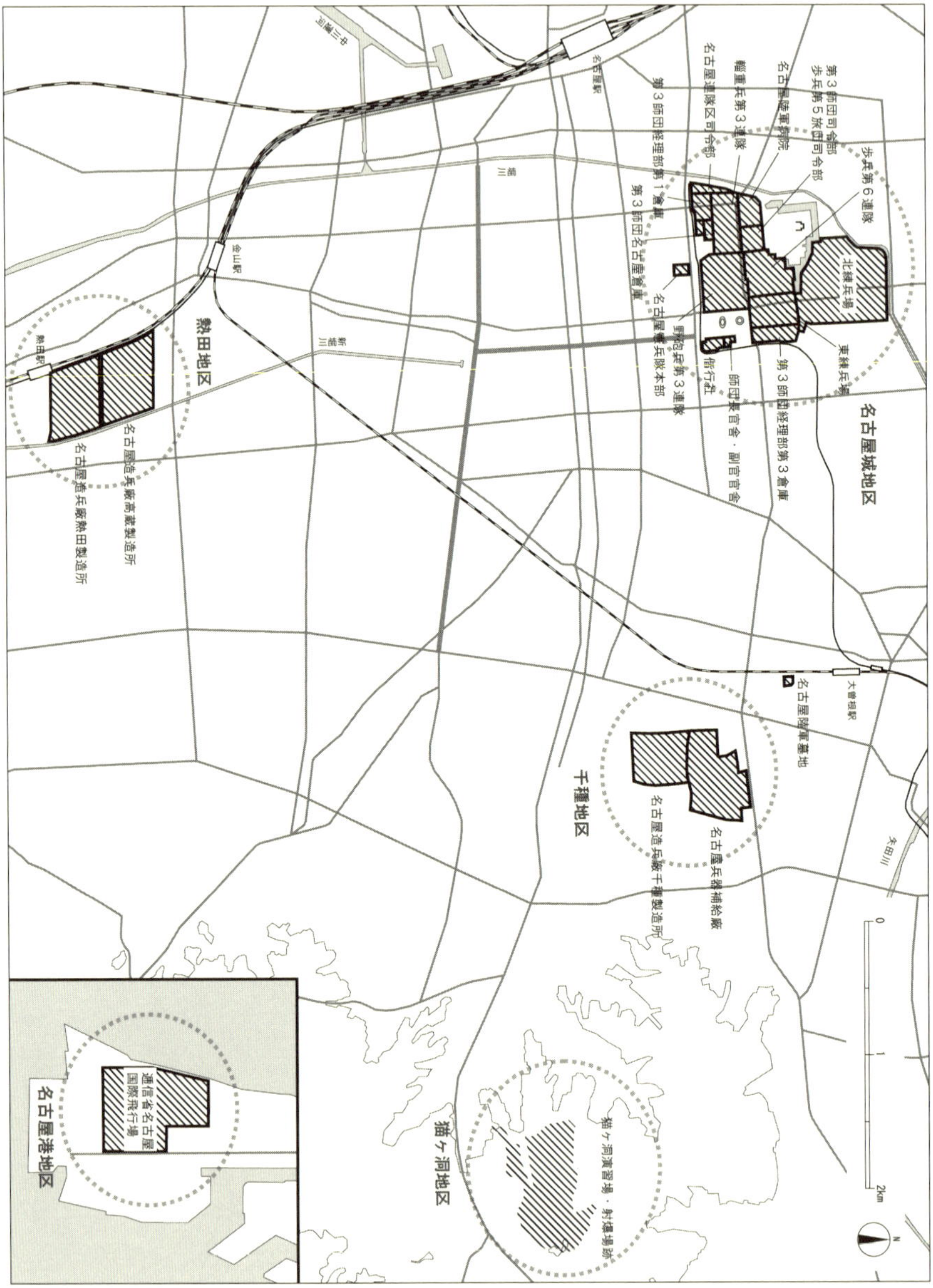

資料2　名古屋の旧軍用地範囲

資料3　大阪の旧軍用地範囲

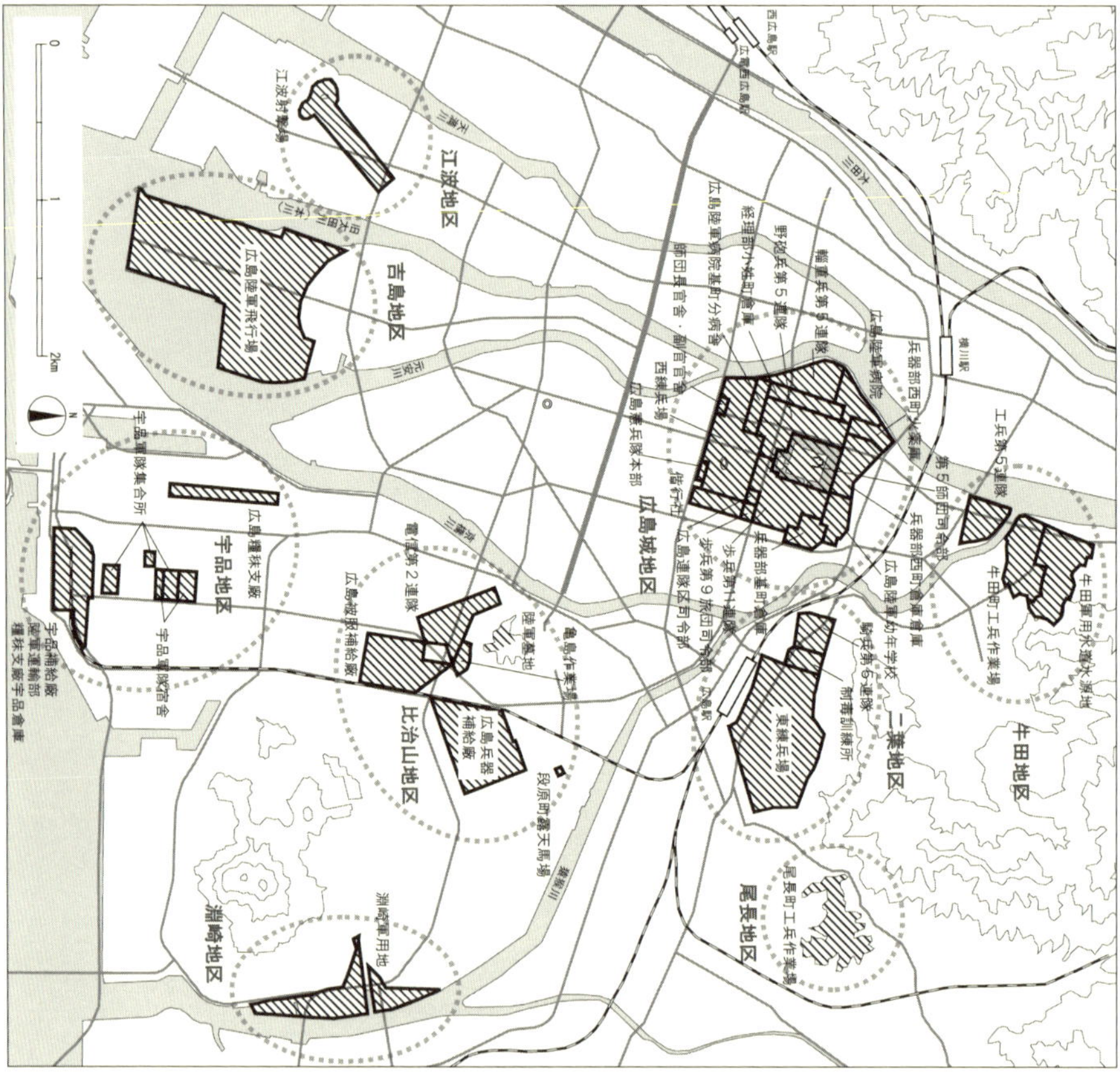

資料4　広島の旧軍用地範囲

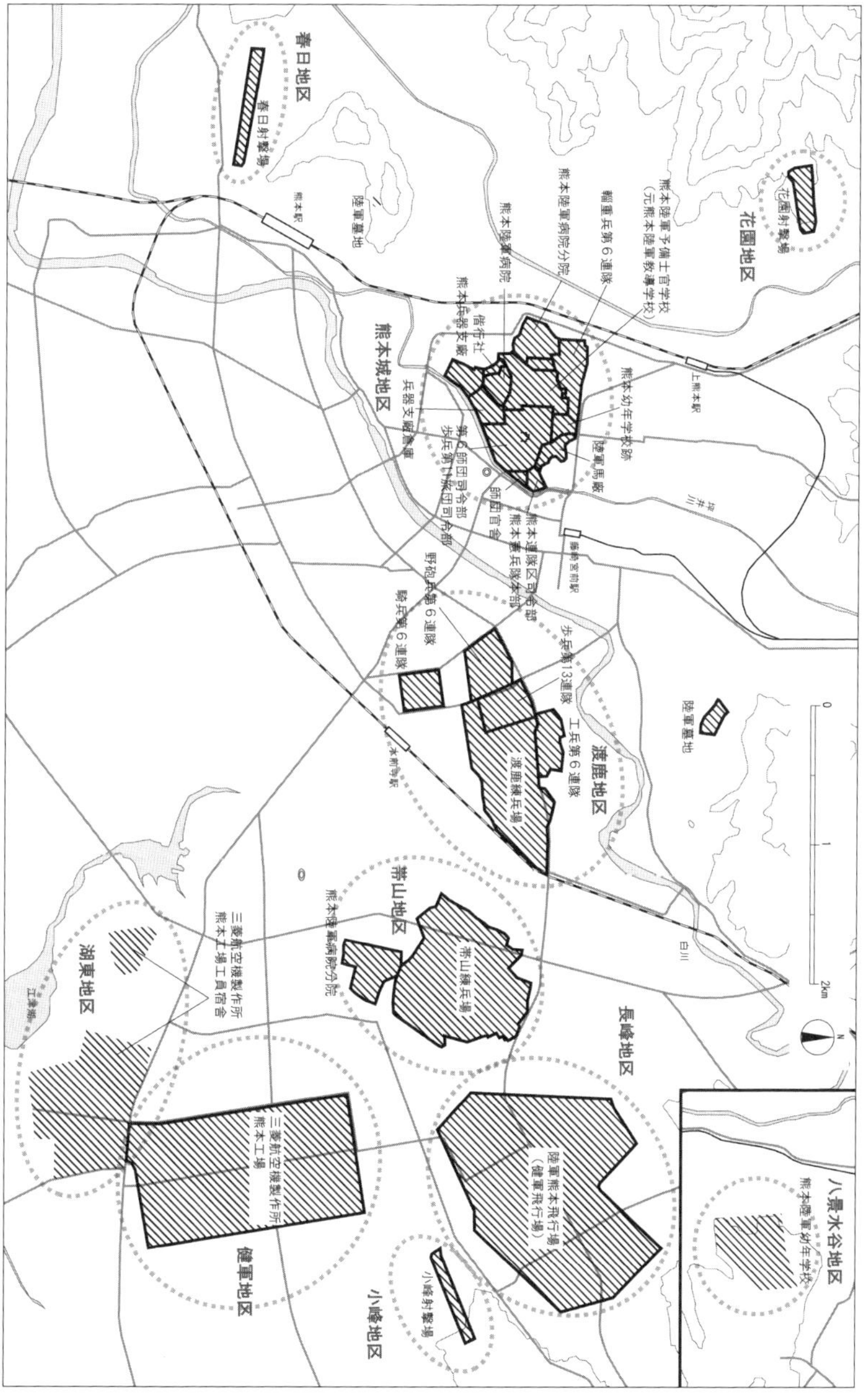

資料5　熊本の旧軍用地範囲

資料6　旭川の旧軍用地範囲

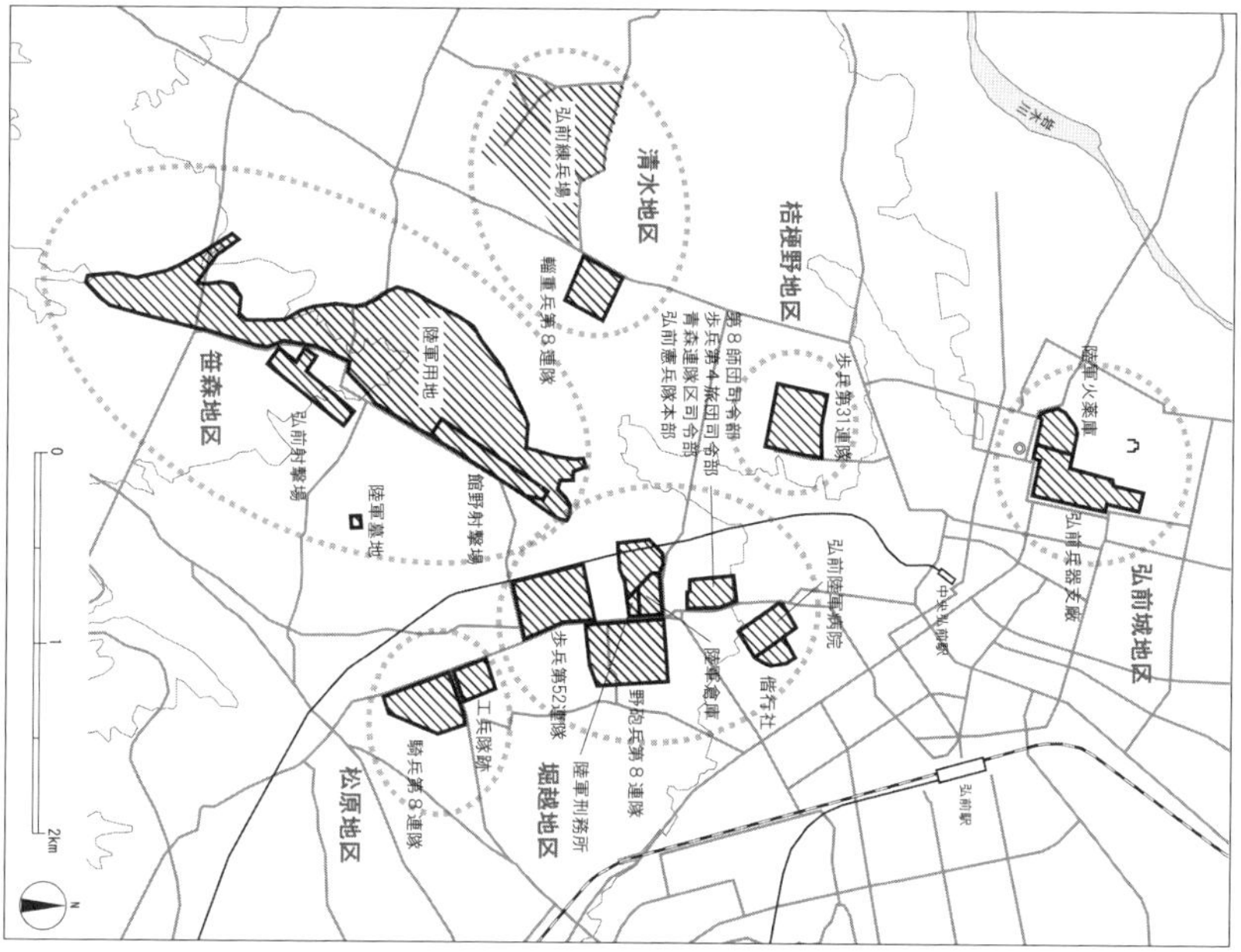

資料7　弘前の旧軍用地範囲

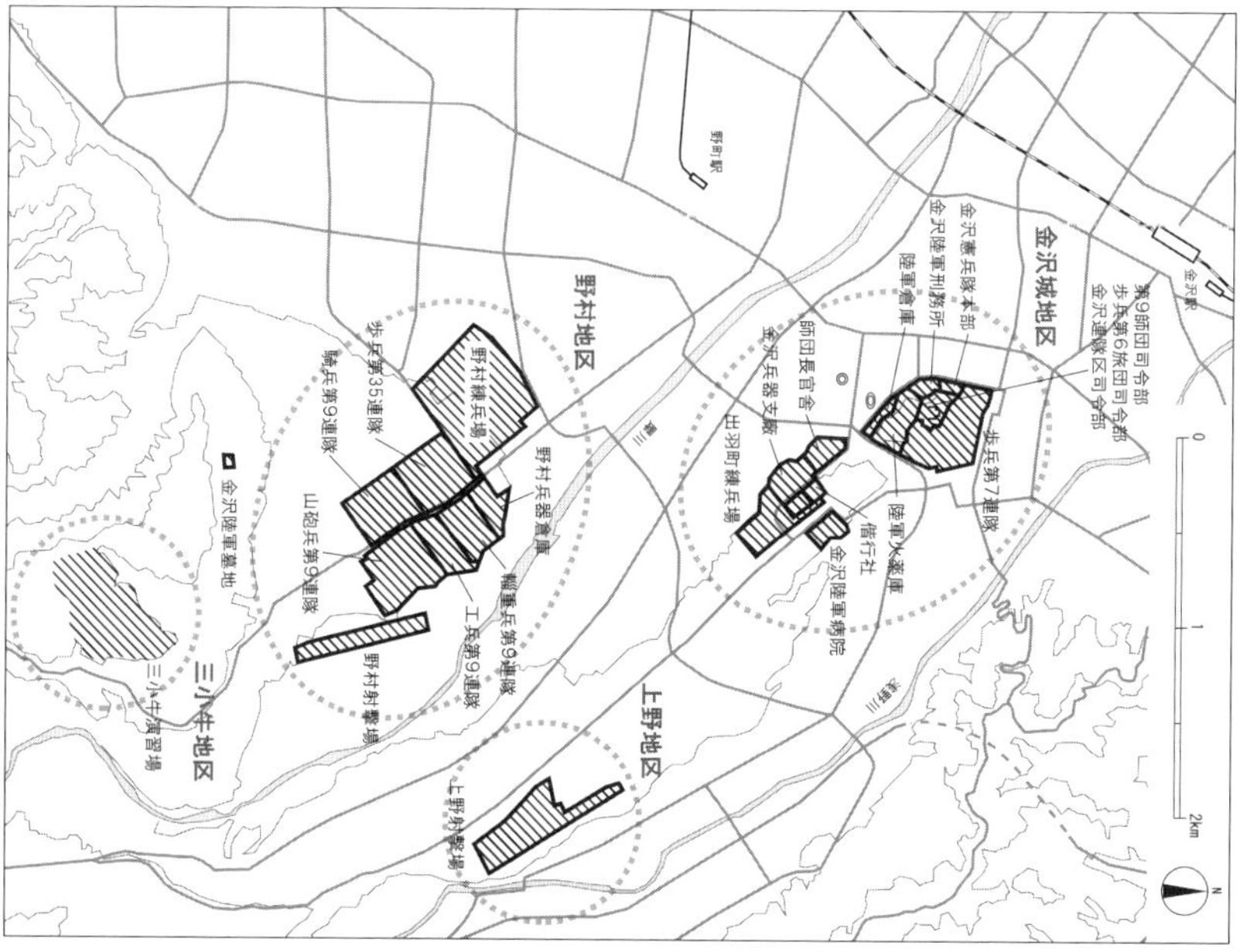

資料8　金沢の旧軍用地範囲

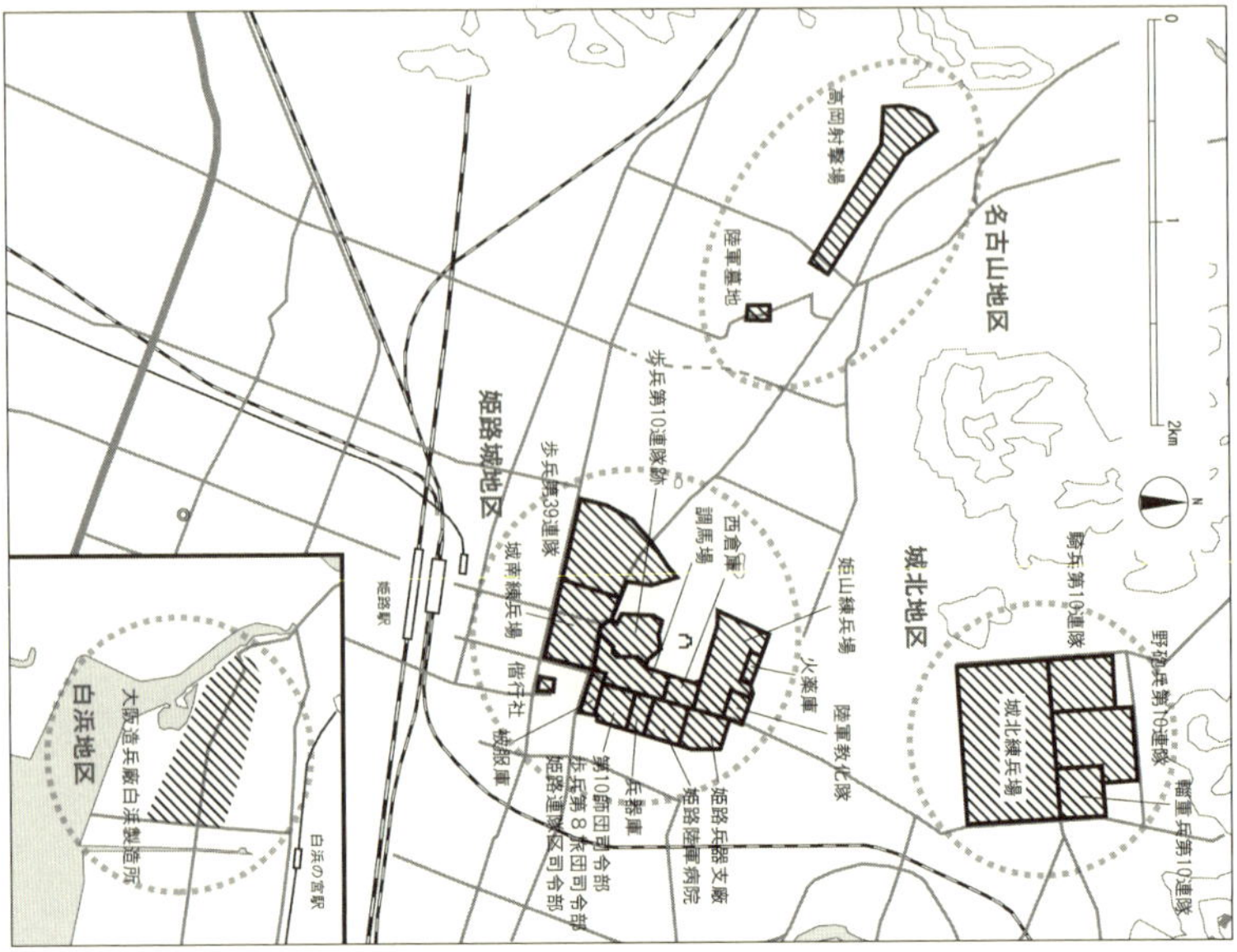

資料9　姫路の旧軍用地範囲

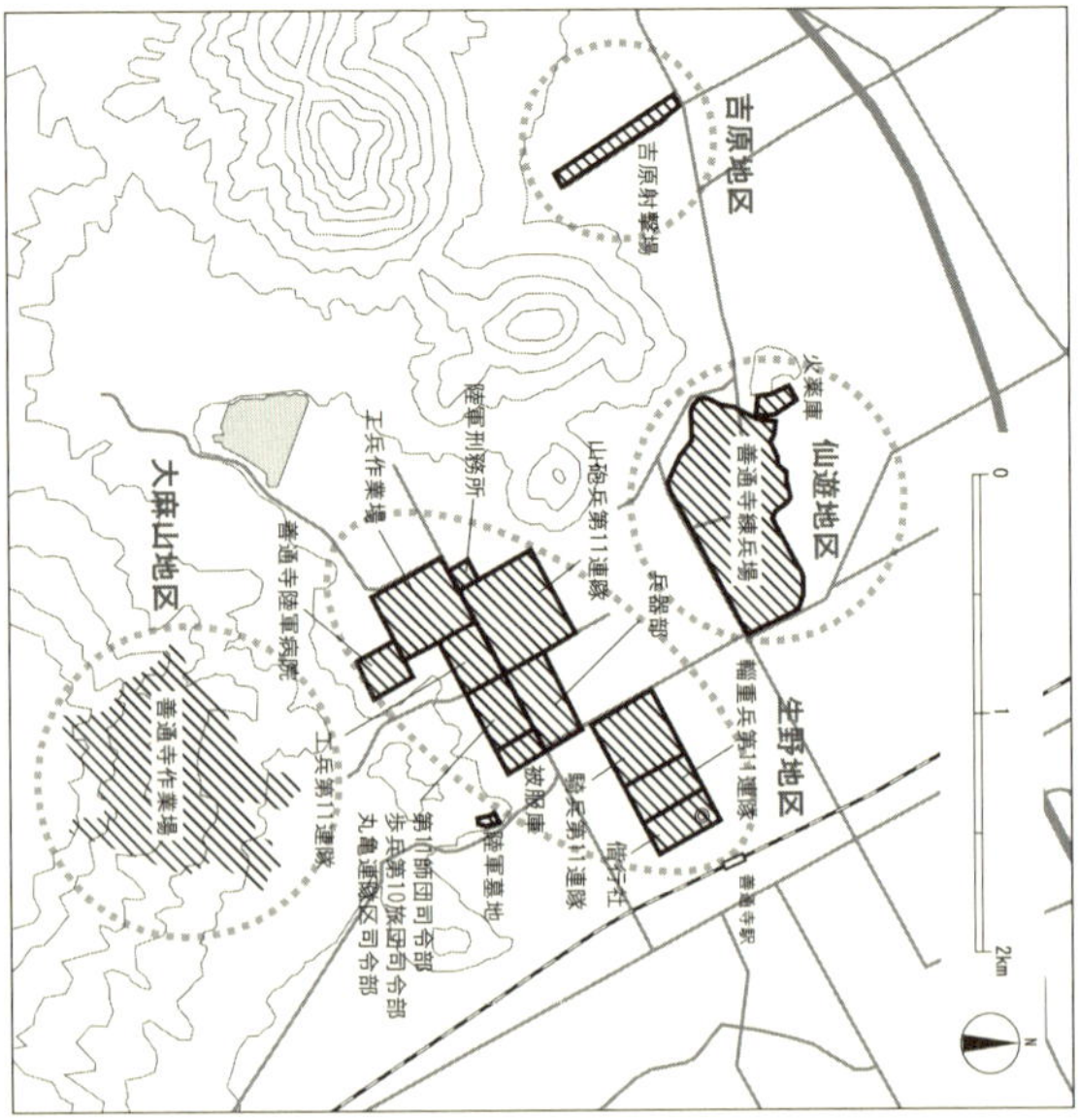

資料10　善通寺の旧軍用地範囲

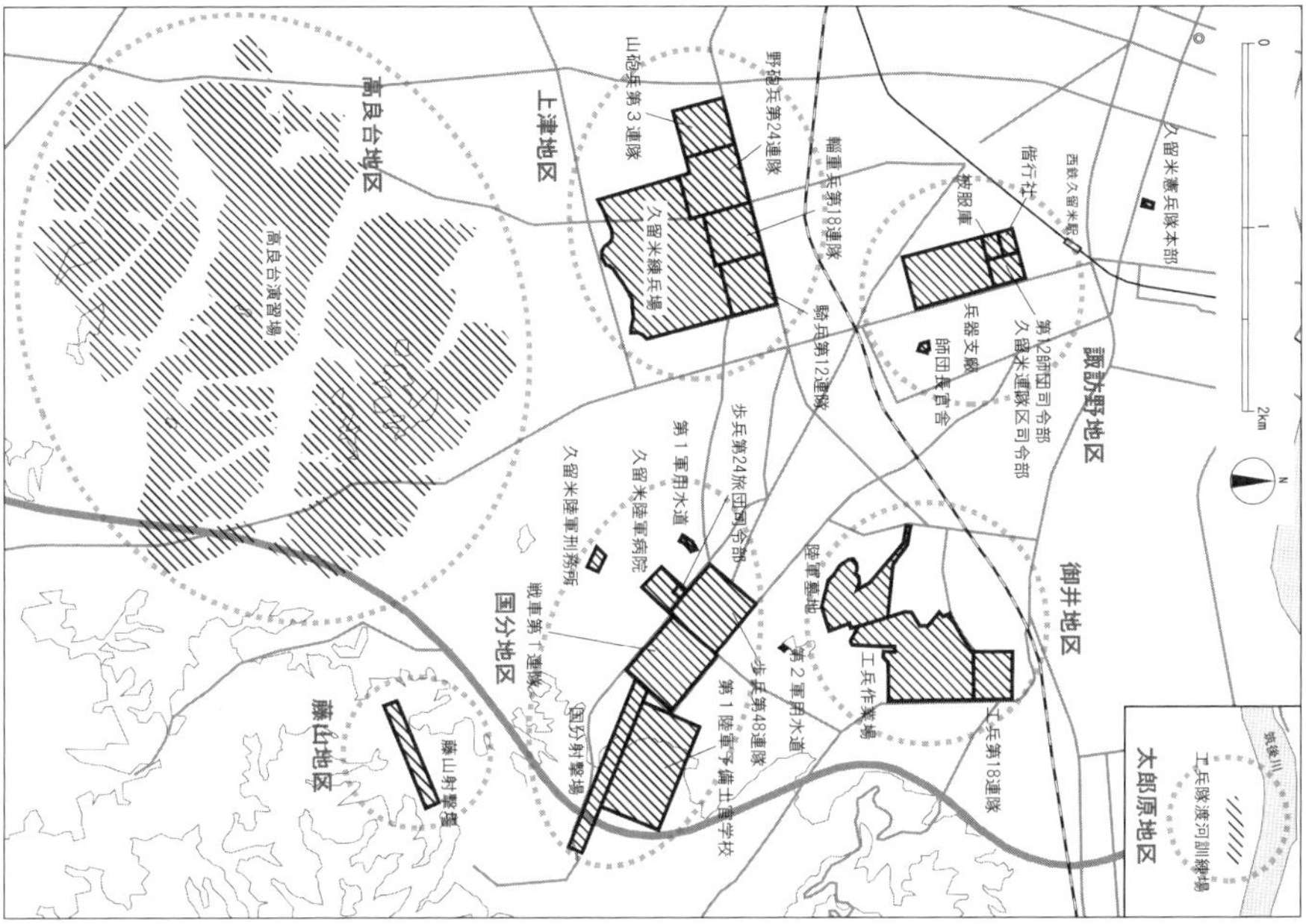

資料11　久留米の旧軍用地範囲

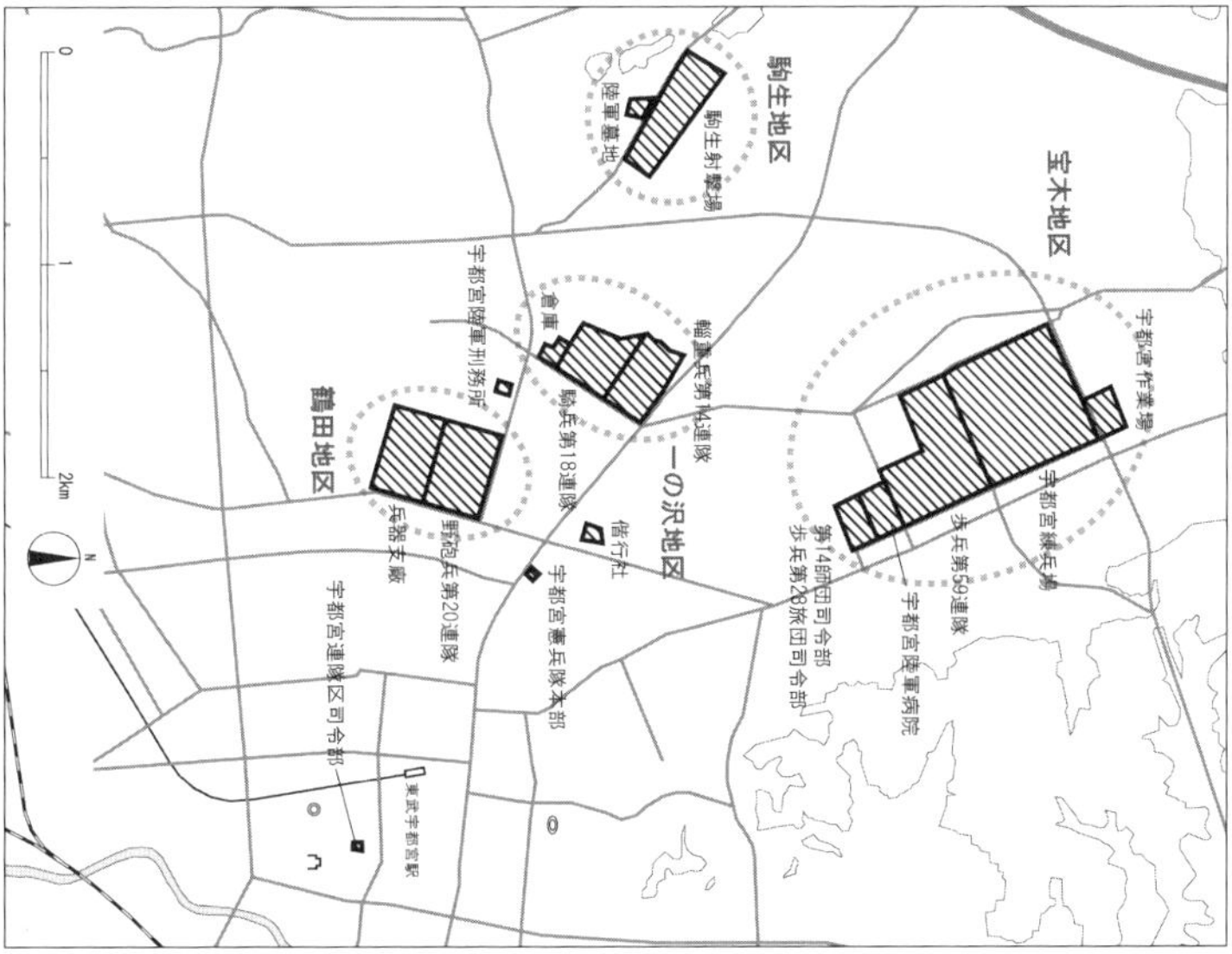

資料12　宇都宮の旧軍用地範囲

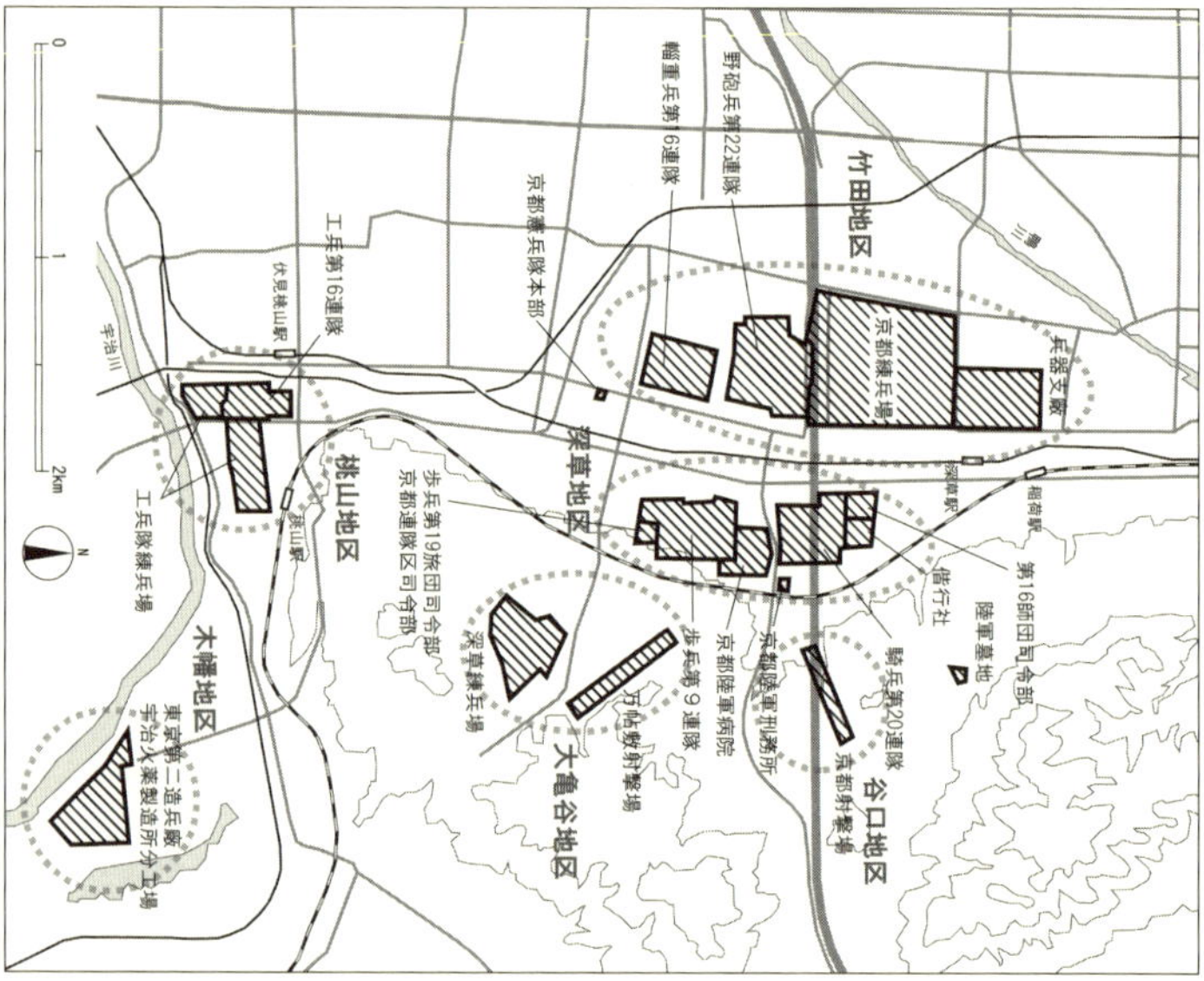

資料13　京都の旧軍用地範囲

注

1　築城部や造幣廠などの面積が別集計で、師団管区ごとの集計に含まれていないので、表中の師団管区ごとの集計面積は、各師団管区の軍用地面積を正確に表しているものではないが、第7師団管区の軍用地面積が群を抜いて大きいことは間違いない（仮に別集計の面積を二番目の第8師団管区の集計面積に加えたとしても、第7師団管区の面積にはまったく及ばない）。

2　「軍港都市」については、次項において改めて定義しているが、軍港四都市（横須賀、呉、佐世保、舞鶴）、要港二都市（大湊、徳山）を指す。

3　口座とは国有財産の単位で、個々に口座名が付されている。土地及び、その土地に付随する建物、立木、工作物などが同一口座として管理される。

4　大蔵省財政史室編『昭和財政史―終戦から講和まで―第一九巻（統計）』（三三八頁、東洋経済新報社、一九七八年）による。内訳は次の通り。横須賀一五一口座、一八八四ヘクタール、呉一八〇口座、二七三〇ヘクタール、佐世保一八八口座、三五六九ヘクタール、舞鶴一三三口座、二〇四五ヘクタール。

5　当時の各財務局の管轄区域は下図（図1－7）。

6　北海道は第7師団管区であり、表1－1では演習場二万一八四五ヘクタール、牧場五万〇九四五ヘクタールが確認できる。

7　東北は新潟県を除く第2師団管区と第8師団管区である。表1－1では、第2師団及び第8師団管区の合計で演習場一万一七二八ヘクタール、牧場二万九五七一ヘクタールが確認できる。ここから新潟県の分を差し引いて考える必要はあるものの、北海道と同様に演習場や牧場の面積が非常に大きかったことが窺える。

図1-7　財務局の管轄区域

8　松山薫「近代日本における軍事施設の立地に関する考察」(『東北公益文科大学総合研究論集』1号、一六四頁、二〇〇一年)によれば、師団司令部が設置されていた都市と歩兵旅団司令部のみが設置されていた都市では、旧軍施設の件数、旧軍用地面積に大きな差(一桁違う)がある。

9　例えば、鈴鹿市(一九四二年合併・市制施行)、豊川市(一九四三年合併・市制施行)、春日井市(一九四三年合併・市制施行)、光市(一九四三年合併・市制施行)など。

10　豊川市史編纂委員会編『豊川市史』(六九一頁、豊川市役所、一九七三年)

11　飛行場については、『飛行場記録』(防衛省防衛研究所図書館蔵)も参照した。

12　名古屋を例にとると、前掲注8の一六四頁では一〇件の軍事施設で約一二八ヘクタールとされているが、本書で特定した五地区では、合計で約三三三ヘクタールにもなる。尚、内訳と面積の記載されていた文献は次の通り。名古屋城地区:約一一三ヘクタール(第3師団司令部、歩兵第6連隊、輜重兵第3連隊、野砲兵第3連隊、名古屋陸軍病院、北練兵場、東練兵場など)、千種地区:約四五ヘクタール(名古屋造兵廠千種製造所、名古屋兵器補給廠)、熱田地区:約五三ヘクタール(名古屋造兵廠熱田製造所、高蔵製造所)は、東海財務局『国有財産の推移　旧軍財産転用のあと』(六～七頁、東海財務局、一九七〇年)による。猫ヶ洞地区:約四六ヘクタール(猫ヶ洞演習場・射爆場)は、名古屋市緑政部資料による。名古屋港地区:約七六ヘクタール(逓信省名古屋国際飛行場)は、中日新聞社会部編『あいちの航空史』(三一二頁、中日新聞本社、一九七八年)による。

13　前掲注8の一五七～一七一頁

14　但し、他の旧軍施設から大きく離れていた埋葬地など、単独立地の小規模なものには特に地区名を付さなかった。

15　明治初期に鎮台の設置された都市(仙台、名古屋、大阪、広島、熊本)は、全て城址型の都市に該当する。

16　弘前以外の七都市では、師団司令部が城郭部に置かれた。しかも大阪、広島、熊本、金沢では、城郭の階層性を利用して、師団司令部が本丸に置かれていた。

17　例えば名古屋では、港湾部において逓信省名古屋国際飛行場が見られたが、遠郊では、北郊に陸軍清洲飛行場（清洲町、甚目寺町など）や陸軍小牧飛行場（豊山村、小牧町など）などが設置されていた。

18　例外としては、大阪陸軍墓地と騎兵第四連隊跡、久留米陸軍墓地と工兵作業場、宇都宮陸軍墓地と駒生射撃場。

第二章　終戦直後に国から出された旧軍施設の転用方針

はじめに

国によって打ち出された終戦直後から戦災復興期における旧軍施設の転用方針は、供給サイドからの方針と需要サイドからの方針とに分けられる。供給サイドとは、陸海軍から旧軍用地を引き継いで管理処分に当たることになった大蔵省である。また、旧軍施設を接収し、その処分にあたって最終的な権限を有していた占領軍も該当しよう。国有財産法や国有財産特別措置法など、旧軍施設の処分に関する特別措置を定めた法制度も、供給サイドである大蔵省によって整備されたものである。

需要サイドには、大蔵省以外の省庁における各担当部局が該当する。終戦直後、特に旧軍施設の活用を必要としたのは、農地、学校、住宅、工場としての需要であった。いずれも、切迫した状況下での緊急的な需要であり、戦災復興に必要不可欠な需要でもあった。都市部を中心に旧軍用地と戦後復興との関係を論じる本書としては、この中で、学校、住宅、工場への転用方針や転用計画に焦点を当てることとしたい。それぞれの需要が発生した背景にも触れたうえで、各省庁の各担当部局から出された転用方針及び転用計画を考察していきたい。

尚、本章の補遺にて後述するように、農地への転用は、農村部の広大な旧軍用地が主たる対象であり、戦後開拓事業と旧軍用地との関係として、松山薫『第二次世界大戦後の日本における旧軍用地の転用に関する地理学的研究』(1)（二〇〇二）が詳しい。

第一節　供給サイドにおける旧軍施設の転用方針

第一項　大蔵省における転用方針

まず、一九四五年八月二八日の閣議決定「戦争終結ニ伴フ国有財産ノ処理ニ関スル件」によって、旧軍財産（土地、建物、工作物、立木竹、船舶、機械など）の処分に対する日本政府の基本的な考え方が、次のように定められた。

陸海軍所属ノ土地兵舎其他ノ施設等ノ国有財産ハ速ニ大蔵省ニ引継キ大蔵省ハ之ヲ戦後ニ於ケル食糧増産其ノ他民生安定及財政上ノ財源等トシテ活用スルコトヲ期シ之カ適実ナル管理運用及処分ニ当ルモノトス　但シ将来他省所管ニ引継クヲ適当トスルモノ及農耕厚生施設等ノ為急速措置スルヲ適当トスルモノハ右引継キ以前ニ於テ其措置ヲ採ルヲ妨ケス

即ち、旧軍施設は陸海軍より大蔵省が引継いだ上で、食糧増産、民生安定、財源確保のために活用するという国の基本姿勢が定められた。

尚、この閣議決定に先立つ八月二五日、大蔵省では「国有財産ニ関スル善後措置並ニ今後ノ活用方策」として、次のような方針、要領を定めていた。(2)

第一　方針

陸海軍所管国有財産及各省所管国有財産中戦争終結ニ伴ヒ本来ノ用途ヲ廃止セラルルモノハ極メテ莫大ナル額ニ達スルモノト認メラルル所、之ト右以外ノ国有財産（殊ニ雑種財産）ヲ併セ、国民経済ノ復興、国土計画等ノ綜合的見地ヨリ特別計画ヲ樹立シテ急速ニ適正ナル再分配ヲ断行シ以テ、戦災復興、国民経済及生活安定、確保等戦後ニ於ケル緊急諸政策ノ円滑ナル遂行ニ資スルト共ニ賠償、復員等ニ因リ膨張スルモノト認メラルル財政需要ニ対処シ、兼テ国民購買力ヲ吸収シインフレーション防遏ニ協力セントス

第二　要領

イ、（略）

ロ、活用方策の概要

一、現物賠償又ハ駐屯軍ノ使用等に充ツルモノ

賠償トシテ要求セラレタル施設及今後国内ニ於テ使用シ得ザルモノ又ハ使用スル見込ナキモノノ中賠償物件トスルヲ適当ト認メラルルモノハ現物賠償物件トスベキモノトス、尚駐屯軍ヨリ使用等ヲ要求セラレタル土地、施設等ハ之ニ充ツルモノトス

二、公共的施設ノ戦災復旧ノ見地ヨリ処分スベキモノ

官公衙、学校、官公立研究所其ノ他ノ公共的施設ニシテ戦災ノ復興ヲ要スルモノ極メテ多キヲ以テ、此ノ目的ニ充ツルヲ適当ナリト認メラルル土地、建物、器具、機械等ハ他官庁ニ管理換又ハ公共団体其ノ他ニ譲渡シ、以テ速ニ此等ノ施設ヲ復旧セシムモノトス、尚土地、立木等ニ付テハ必要ニ応ジ国土計画、都市計画其ノ他ノ作業ニ充当スルモノトス

三、国民生活ノ安定、確保ノ見地ヨリ処分スベキモノ

陸海軍病院、療養所等ノ医療施設ハ之ヲ廃止スルコトナク、戦後ニ於ケル国民健康保持ノ見地ヨリ医療施設トシテ又住宅トシテ使用シ得ル建物及其ノ敷地等ハ住宅トシテ使用セシムル為処分スルコトトシ、尚飛行場其ノ他ノ土地、森林等ハ最モ緊要ナル食糧、木材、薪炭等ノ増産ニ使用セシムル為譲渡スルヲ適当トス

四、産業ノ復旧及振興ノ見地ヨリ処分スベキモノ

戦後ニ於テ許容サルベキ産業ノ施設トシテ使用スルヲ適当ト認メラルル土地、建物、器具、機械等ニ付テハ速ニ譲渡其ノ他ノ処分ヲ行ヒ以テ国民経済ノ復興ニ資スルヲ要ス

このように、大蔵省では、経済復興や国土計画などの総合的見地から特別計画を樹立した上で、旧軍施設を再分配することによって、戦後の緊急諸政策を円滑に遂行するとともに、膨張する財政需要への対処、インフレ防止を図ろうとしていた。また、四つの観点から旧軍施設の具体的な活用方策を定めており、賠償や占領軍の使用に充てるもの以外は、公共的施設（庁舎、学校、官公立研究所）としての使用や国土計画及び都市計画などの事業への供出、陸海軍病院などの医療施設としての存続、住宅としての使用、飛行場などの農地化の他、産業の復興のための施設（即ち、工場）としての活用が検討されていた。

そして、結局、総合的見地に基づいた旧軍財産転用の特別計画が樹立されることはなかったものの、旧軍施設を農地、学校、住宅、工場として活用することについては、他省庁の担当部局から具体的な転用方針あるいは転用計画が出されることとなる。

さらに、一九四五年一〇月三日には「特殊物件処分大綱」が閣議決定され、旧軍施設の処分実施にあたっては、特殊物件処理委員会(3)が当たり、①戦災者遺族、外地引揚者、帰還将兵の救護、②食糧の確保及び増産、③医療救護、④交通通信の復旧、⑤職業補導及び教育施設に重点が置かれることとなった。つまり、終戦直後における旧軍施設の転用実施にあたっては、当時の緊要な社会的ニーズへの対応を優先させることが決められたのであった。

また、翌一九四六年一一月二一日には「雑種財産処理大綱」が各財務局長宛に通達され、旧軍施設などの処理に関する基本方針として、「現下喫緊の要請である国民生活の安定、産業経済の復興、教育文化の振興、公用公共用施設その他の緊急施策に即応して運用又は処分すると共に、これによって財政再建に資せしめる」ことが改めて確認された。(4)

第二項　占領政策における転用方針

上述したように、日本政府では大蔵省が旧軍施設を引き継ぎ、食糧増産、民生安定、財源確保のために活用しようと検討を始めており、転用実施にあたっての重点項目も決定していたが、旧軍施設はすべて連合軍によって接収されたため、転用は思うようにならなかった。しかし、ＧＨＱでは、接収中であっても連合軍が使用していない旧軍施設については、民生安定のための使用を早くから認めていた。そして、大蔵省訓令第一三号（一九四五年一二月一五日）により、連合軍の接収のまま（つまり、返還手続きのないまま）であっても、逼迫する国内諸情勢に即し応急的に活用を図るため、行政処分として旧軍施設の一時使用が認められることとなった[5]。

また、ＧＨＱ覚書「日本軍の建物、施設、土地に関する件」（一九四六年五月九日）により、最終処分決定権はＧＨＱが留保するという条件が付けられていたものの[6]、連合軍に当面必要のない旧軍施設は日本政府に返還されることとなった。こうして賠償物件に指定されていない旧軍施設については、少しずつではあるが接収解除が進められていくこととなった。

その一方で、ＧＨＱ覚書「日本航空機工場、工廠及び研究所の管理、統制、保守に関する件」（一九四六年一月二〇日）により、陸軍造兵廠や海軍工廠をはじめとした軍需工場は、賠償指定工場となり、その使用は著しく制限された。尚、旧軍施設で賠償指定されたのは、旧陸軍関係四九、旧海軍関係四五、研究所三三の計一二七施設であった[7]。賠償指定された軍需工場においては、賠償撤去が行なわれるまで、その対象である機械・設備を適切に管理せねばならず、原則として転用は認められなかった。しかし、占領軍は日本の経済復興を重視するようなり、一九四九年に賠償撤去の中止が決定されたことで、賠償指定工場となっていた旧陸海軍などの軍需工場にも転用の道が開かれることとなった。この点については、第四節で後述する。

一九五〇年に朝鮮戦争が勃発すると、米軍の軍事施設の拡張のために、再び旧軍施設が接収されることも起きた。また、サンフランシスコ講和条約締結（一九五一年）により、連合軍による接収が解除されることとなっても、一部は提供財産として米軍に継続使用されることとなった。そして、これが後年の返還跡地問題へと繋がっていった。

第三項　旧軍施設の活用を促す法制度の整備

このように終戦直後から、日本政府やＧＨＱによって旧軍施設の転用方針が出された一方で、旧軍施設の転用を促す規定の盛り込まれた法制度の整備も進められた（表２－１参照）。

まず、一九四八年に新「国有財産法」が制定され、第二二条によって、旧軍用地をはじめとした国有財産を公園緑地や墓地、生活困窮者の収容施設等として使用する場合に、公共団体に対して無償貸付ができることとなった。また、同時に制定された「旧軍用財産の貸付及譲渡の特例等に関する法律」では、公共団体に対して、水道施設や臨港施設として使用する場合には無償貸付が、医療施設、学校として使用する場合には減額譲渡（二割以内）及び延納（三年以内）が認められた。こうして、公共団体による旧軍施設の活用を促す特別措置が一応整えられた。

さらに「広島平和記念都市建設法」「長崎国際文化都市建設法」「旧軍港市転換法」「首都建設法」のような特別都市建設法を制定して、旧軍施設の活用に係る特別措置の拡大を狙う動きが各都市に広がった[8]。このように特定都市を対象とした特別都市建設法の制定が相次いだことは、財政難の中で戦災復興に取り組んでいた公共団体にとって、旧軍施設の活用に寄せる期待が非常に大きいこと、一九四八年に制定された二つの法律だけでは支援が不十分という認識の表れであった。

こういった状況を受けて、一九五一年に「旧軍用財産の貸付及譲渡の特例等に関する法律」が一部改正され、特別措置

表2-1　旧軍施設の転用を促す法制度（1952年まで）

制定年	法律名	対象都市	旧軍施設の転用促進に係る特別措置
1948	国有財産法	全国	【無償貸付】公共団体 ・対象：緑地、公園、ため池、火葬場、墓地、塵埃焼却場、生活困窮者の収容施設
	旧軍用財産の貸付及譲渡の特例等に関する法律（1951改正）	全国	【無償貸付】公共団体 ・対象：水道施設、防波堤、岸壁等の臨港施設 【減額譲渡】公共団体 ・対象：医療施設、学校 ・減額比率：2割以内 ・延納期間：3年以内
1949	広島平和記念都市建設法	広島	【譲与】公共団体 ・対象：平和記念都市建設事業の用に供するために必要があると認める場合
	長崎国際文化都市建設法	長崎	【譲与】公共団体 ・対象：国際文化都市建設事業の用に供するために必要があると認める場合
1950	旧軍港市転換法	横須賀 呉 佐世保 舞鶴	【減額譲渡】公共団体 ・対象：医療施設、社会事業施設、引揚者寮、学校 ・減額比率：5割以内 ・延納期間：10年以内 【譲与】公共団体 ・対象：旧軍港市転換事業の用に供するために必要があると認める場合
	首都建設法（1956廃止）	東京	【譲渡】公共団体 ・対象：首都建設計画に基づく都市計画事業の用に供するために必要と認める場合
1951	旧軍用財産の貸付及譲渡の特例等に関する法律（一部改正） （1952廃止）	全国	【無償貸付】公共団体 ・対象：水道施設、防波堤、岸壁等の臨港施設 【減額譲渡・減額貸付】公共団体 ・対象：医療施設、社会事業施設、学校 ・減額比率：4割以内（譲渡）、5割以内（貸付） ・延納期間：6年以内
1952	道路法	全国	【譲与】【無償貸付】公共団体 ・対象：道路
	国有財産特別措置法	全国	【無償貸付】公共団体 ・対象：水道施設、防波堤、岸壁、桟橋、上屋等の臨港施設 【減額譲渡・減額貸付】公共団体、法人 ・対象：医療施設、保健所、社会事業施設、学校、公民館、図書館、博物館、公共職業補導所、賃貸住宅（公共団体） 私立学校、社会福祉事業施設（法人） ・減額比率：5割以内（譲渡、貸付） ・延納期間：5年以内 10年以内（公共団体、学校法人、社会福祉法人等） （著しい戦災・災害を受けたと大蔵大臣の指定する公共団体で、小学校、中学校、盲学校、聾学校、養護学校に転用する場合は、減額比率を7割以内とする） 【譲与】公共団体 ・対象：戦災者・引揚者・生活困窮者の収容施設（敷地を除く）

［注 1］特別都市建設法に関しては、特に旧軍財産との関連が深いと考えられる都市について記載した。

［注 2］国有財産特別措置法については、制定後に度々改正が行われ、減額譲渡・減額貸付の対象者に日本赤十字社（1952年）、対象用途に更生保護事業施設、経営伝習農場（1954年）、老人福祉施設（1963年）などが追加された。

の規定が拡充された。減額譲渡の対象に社会事業施設を加え、減額比率も従来の二倍の四割以内に拡大した。また、譲渡だけでなく減額比率五割以内で減額貸付をできるようにし、延納期間も六年以内にまで延長した。さらに、翌一九五二年には、この法律は発展的に解消され、新たに「国有財産特別措置法」が制定され、旧軍施設の活用を支援する法制度の整備が締めくくられた。最終的に、減額譲渡・減額貸付の対象は、医療施設、社会事業施設、学校に加え、保健所、公民館、図書館、博物館、公共職業補導所、賃貸の公営住宅（以上、支援対象者は公共団体）にまで広がり、さらに法人が設置する私立学校、社会福祉事業施設も対象となった。また、減額比率は減額譲渡・減額貸付ともに五割以内（一部、七割以内）となり、延納期間は一〇年以内にまで延長された。また、公共団体が設置する戦災者・引揚者・生活困窮者の収容施設の場合は、上物を譲与できるという規定も盛り込まれた。

尚、道路法でも、旧軍用地をはじめとした国有財産を道路として利用する場合には、公共団体に譲与あるいは無償貸付ができるという規定が盛り込まれた（第九〇条）。

このように、旧軍施設の活用を支援する法制度については、減額対象となる転用用途の拡大や減額比率の上昇を伴う改正が度々なされ、充実が図られてきた。国有財産特別措置法では、旧軍施設をはじめとした国有財産を学校、社会福祉事業施設として使用する場合に限り、法人も減額措置の対象者とされたが、旧軍施設の活用を支援する一連の法制度による財政的な特別措置は、原則として公共団体を対象者としていた。即ち、これら旧軍施設の活用を支援する一連の法制度は、戦災復興のために旧軍施設を公共的な目的において使用することを促すものであったと言えよう。その一方で、旧軍施設の売却による財政再建という目的もあったために、民間事業者に対しては、減額措置は設けられなかった（ただし、延納は認められていた）。

以上、本節では、終戦直後から戦災復興期における供給サイドの旧軍施設の転用方針を、大蔵省によるものと、占領政策に分けて整理し、さらに旧軍施設の活用を促す法制度についても整理した。

終戦直後の緊要な社会的ニーズへの対応を最優先させた大蔵省における転用方針や、公共的な利用に対する財政的支援が柱となっていた法制度を見る限り、供給サイドには、戦災復興のために旧軍施設を公共的用途として活用しよう、あるいは公共の福祉に資するよう活用しようという意図が読み取れる。また、民生安定のために、接収していた旧軍施設の使用を認めた占領政策の中にも、同様の意図を推し量ることができる。

財政状況の非常に厳しい中で、大蔵省の転用方針には財源確保という目的も掲げられてはいたが、それよりも公共利用による戦災復興を優先する姿勢が見られた。即ち、旧軍施設は、重要な財源となる換金商品ではなく、戦災復興のために活用すべき遊休都市ストックであるとの認識が、供給サイドの転用方針の中に通底していたと言える。

第二節　学校への転用方針

第一項　学校の罹災と応急対応

我が国では、第二次世界大戦において、国立・公立・私立合わせて三五五六校が被災し、戦災による学校施設の被害面積は、罹災前面積の約一二・四％に相当する約九三〇万平方メートルに上ったとされている(9)（表2－2参照）。このうち国立学校は、罹災前面積の約一六％にも相当する約一三三万平方メートルが戦災による被害を受け、とりあえずの応急措置として、約九六万平方メートルの残存する旧軍建物などが転用された(10)。終戦直後の資金不足と建築資材不足の中で、罹災学校の復旧は思うように進まなかったため、公立学校や私立学校においても、兵舎や倉庫などの旧軍建物を転用したり、バラックを建て応急校舎として使用したりした上で、青空教室や二部授業・三部授業まで行って凌いでいた。

終戦直後、罹災学校の復旧に必要な建築用資材は極度に不足しており、「臨時建築制限令」（一九四六年）によって比較的不急と認められる料理屋、バー、劇場などの建築を抑制し、節約される資材を罹災学校の復旧や庶民住宅の建設に振り向けることも試みられたが、思うように調達できなかった。そのため、罹災学校は焼失した校舎の代替施設を他の既存建物に求めざるを得ず、終戦によって遊休化していた旧軍建物に目が向けられたのであった。即ち、終戦直後において、多くの罹災学校に必要とされたのは、学校用地となる土地としての旧軍用地ではなく、少し手を加えるだけで校舎や寄宿舎に転用できる兵舎や倉庫などの旧軍建物であった。

表2-2　全国における学校の罹災状況

学校種別（旧制）		罹災面積（m²）
国立学校		1,331,964
公立学校	高等専門学校	84,020
	中等学校（青年学校を含む）	1,876,638
	小学校	4,736,909
	盲ろう学校	82,410
	幼稚園	45,745
	図書館・博物館	34,823
	小　　計	6,860,545
私立学校	大学・専門学校	414,678
	中等学校	689,818
	小　　計	1,104,496
合　　計		9,297,005

［注1］幼稚園は1954年5月、その他は1945年秋の調査による。
［注2］罹災面積は、数量から推定する限り建物面積と思われる。
［資料］文部省『学制百年史（記述編）』（p.817、ぎょうせい、1972年）

第二項　旧軍施設の学校への転用方針

(1)「学校、兵営、倉庫、廠舎等ヲ文部省管下学校ニ使用セシムル件案」

罹災学校の代替施設として旧軍施設を活用することは、政府においても検討された。まず、終戦間もない一九四五年九月に、陸軍省兵務課[11]によって「学校、兵営、倉庫、廠舎等ヲ文部省管下学校ニ使用セシムル件案[12]」が作成されている。

国有財産利用並ニ処分準備要領ニ依ル学校、兵営、倉庫、廠舎等ノ陸軍建造物ノ一時的使用ニ関スル細部ハ左記ニ依ルモノトス

一、現ニ聯合軍ノ利用シアラサルモノハ大蔵省移管完了迄文部省所管諸学校中多数ノ復員軍人及諸生徒ノ教育ヲ擔任スル学校ニ優先使用セシム

二、使用区分ハ現地軍管区司令官ニ於テ大学、高等及専門学校ニ在リテハ之ト直接ニ中等学校ニ在リテハ地方庁当局ト協議決定ス

三、使用ニ方リテハ聯合軍ノ要求アル場合ハ随時及将来大蔵省又ハ文部省ノ全般計畫ニ依リテハ返還（配当変更）セシメラルヘキ条件ヲ附ス

四、補導会ノ直接教育又ハ農耕等ニ使用（使用予定）シアルモノヲ除ク

これによると、連合軍が使用していない旧陸軍の学校、兵舎、倉庫、廠舎などの建物は、多くの復員軍人や生徒を抱

える文部省所管の諸学校（大学、高等学校、専門学校、中等学校）に優先使用させることとしている。即ち、罹災学校の復旧のために、既存の不要建物である兵舎、倉庫などの旧軍建物を校舎や寄宿舎として活用しようとしたのであった。

また、もう一つ注目すべきは、旧軍施設の学校としての活用は、あくまでも「大蔵省移管完了迄」の一時利用とされたことであった。連合軍の要求があった時には返還し、将来、大蔵省あるいは文部省で立案する計画に応じて変更することが使用条件として付されていることからも、学校としての利用を暫定的措置としていることが窺える。

このように、罹災学校における校舎や寄宿舎などの代替施設として、旧軍建物を一時的に使用するというのが、政府の方針であった。

(2)「陸軍施設使用希望調書」

解体される陸軍省に代わり、旧軍施設の学校への転用に関する検討は、間もなく文部省に移った。そして、一九四五年一〇月に全国の国立・公立・私立の大学、専門学校、高等学校を対象として、旧陸軍施設の使用希望調査が実施された。そして、その調査結果が、「陸軍施設使用希望調書」及び「陸軍造兵廠施設転換申入調書」として残されている。

まず、「陸軍施設使用希望調書」をもとに、全国の学校から出された陸軍施設の使用希望状況を整理した（表2－3参照）。これによると、全国一三三の旧軍施設に対し、延べ一七九校（但し、研究所一施設を含む）から使用希望が出されていた。

地域別では、関東・信越地方が非常に多く、六一箇所（四五・九％）に延べ九三校（五二・〇％）から希望が寄せられていた（図2－1参照）。陸海軍の中枢であった東京やその近郊には、元来、多くの軍事施設が置かれており、また、空襲で多くの学校が罹災したことが要因と考えられる。なお、第四章での考察対象である地方一三都市では、名古屋、大阪、

表2-3　全国の学校から寄せられた旧陸軍施設の使用希望

地域	旧軍施設名	種類	使用希望学校名
北海道・東北	旭川市近文台陸軍用地	演習場	北海道第三師
	上川郡當麻村陸軍用地	演習場	北海道第三師、小樽経専、函館水産
	宮城陸軍獣医学校	学校	東京帝大農学部、東北帝大
	仙台陸軍幼年学校	学校	二高
	盛岡進第21401部隊	兵営	盛岡工専
	金ヶ崎陸軍演習場	演習場	岩手青師、秋田鉱専
関東・信越	筑波郡陸軍西筑波飛行場（茨城）	飛行場	茨城青師
	清原陸軍航空隊（栃木）	飛行場	順天堂医専
	前橋陸軍予科士官学校（群馬）	学校	前橋医専、群馬師
	前橋陸軍病院（群馬）	病院	前橋医専、群馬師
	提ヶ岡飛行場（群馬）	飛行場	麻布獣医畜産専
	朝霞陸軍予科士官学校（埼玉）	学校	東京文理大、東京高師、日本体育専、早稲田大学
	所沢飛行学校（埼玉）	学校	拓殖大学
	陸軍造兵廠大宮工場寄宿舎	工場（宿舎）	浦和高校
	松戸陸軍工兵学校演習場（千葉）	演習場	千葉農専
	松戸陸軍燃料廠松戸貯油地	貯油地	千葉農専
	習志野陸軍病院	病院	千葉医大
	陸軍習志野学校	学校	千葉医大
	松戸陸軍工兵学校	学校	東京工専
	国府台東部第85、188、185部隊	兵営	東京第二師、東京医歯学、日大予科
	陸軍野戦砲兵学校	学校	千葉師
	陸軍戦車学校	学校	千葉青師
	津田沼鉄道隊	兵営	日本大学
	千葉鉄道隊教育隊	学校	東科女子歯医専
	歩兵学校	学校	帝国女子専
	東部第17部隊	兵営	東京農教
	東部第16部隊（陸軍獣医学校駒場分校を含む）	兵営	東京農教
	牛込陸軍科学学校	学校	早稲田大学、東京外事
	目黒陸軍輜重兵学校	学校	東洋女子歯医専、東京外事
	国分寺陸軍経理学校	学校	東京高校、拓殖大学、和洋女専、帝国女子専
	東京第一陸軍造兵廠橘寮	工場（宿舎）	東京女高師

関東・信越	東部第186部隊	兵営	東京第一師、東京青師
	東部第13部隊	兵営	法政大学、東京第一師
	陸軍機甲整備学校	学校	東京青師、東京農大
	国分寺陸軍技術研究所第一研究所	研究所	東京二師
	牛込陸軍参謀本部	官衙	東京女子専
	登戸陸軍研究所	研究所	慶応大学、慈恵医大
	世田谷陸軍衛生材料廠	工場	慶応大学、興亜工大
	杉並陸軍気象部	官衙	研教専門、帝国女子医薬
	立川陸軍獣医資材本廠	工場	麻布獣医畜産専
	瀧野川陸軍第一火薬廠	工場	東京外事
	世田谷陸軍獣医学校	学校	日本大学
	武蔵農場（陸軍技術本部使用）	農耕地	日本獣医畜専
	陸軍糧秣本廠芝浦出張所事務所	官衙	芝浦工専
	淀橋陸軍幼年学校	学校	早稲田大学、和洋女専
	戸山学校	学校	早稲田大学
	技術本部	官衙	日本大学
	赤羽工兵隊及同作業場	兵営	日本医科大学
	八王子陸軍幼年学校	学校	帝国女子専
	陸軍第五技術研究所	研究所	久我山電波
	陸軍第三技術研究所	研究所	工業専
	陸軍第六技術研究所	研究所	東京工業大
	陸軍第七技術研究所	研究所	和洋女専、共立女専
	陸軍第八技術研究所	研究所	都立機械工業専
	陸軍兵器行政本部	官衙	東京女子医薬専、東京女子厚生専
	陸軍通信学校（神奈川）	学校	東京女高師、東京聾唖、 大和女子農芸専門、和洋女専
	陸軍機甲整備学校演習地	演習場	東京農業大
	東部第88部隊	兵営	善隣外事専門
	陸軍士官学校	学校	中央大学、慈恵医大
	陸軍技術研究所	研究所	日本女子大
	立川航空廠	工場	山梨工専
	師第34202部隊（山梨）	兵営	山梨工専
	陸軍富士裾野演習場	演習場	東京繊維専門
	甲府第63部隊	兵営	山梨師、山梨医専、山梨女子医専
	甲府陸軍病院	病院	山梨医専、山梨女子医専
	陸軍糧秣廠農耕地（長野）	農耕地	青山学院工専
	乗鞍研究所	研究所	名古屋帝大、高山医学研究所、 日本女子歯医専、東京家政専門

東海・北陸	名古屋陸軍造兵廠柳津製造所所属寮	工場（宿舎）	岐阜師
	名古屋陸軍兵器補給廠関原分廠	倉庫	岐阜青師
	陸軍飛行師団司令部（空第501部隊）	官衙	岐阜師、岐阜女子医専
	千葉防空学校浜松分教場	学校	浜松工専
	静岡陸軍通信学校	学校	静岡一師
	静岡少年戦車学校	学校	東京農大
	名古屋陸軍幼年学校	学校	愛知一師、八高
	名古屋陸軍造兵廠はぎやま寮	工場（宿舎）	名古屋市立女子医薬専
	名古屋師団司令部	官衙	金城女専
	東海第6部隊	兵営	椙山女専
	小幡原陸軍練兵場	練兵場	金城女専
	小幡陸軍高射砲陣地	陣地	椙山女専
	豊橋第二予備士官学校	学校	八高
	東海第69部隊	兵営	富山師、富山薬専
	金沢師管区司令部	官衙	金沢高師
	陸軍経理学校分教場	学校	金沢高師
近畿	大津陸軍少年航空隊	飛行場	同志社大
	陸軍宇治製造所	工場	京都府立農専、同志社工専、同志社外専
	京都師団深草兵器庫	倉庫	京都専門
	京都陸軍病院高野川分院	病院	京都帝大（医）
	福知山中部軍教育隊	学校	福知山工専
	伏見工兵隊（作業場を含む）	兵営	京都府立医大女子専
	高野陸軍病院分院	病院	京都府立医大
	京都陸軍兵器庫	倉庫	京都府立医大予科
	大阪造兵廠	工場	大阪帝大
	大阪陸軍造兵廠枚方製造所	工場	大阪歯科医専
	高槻工兵隊	兵営	同志社大
	中部第55部隊	兵営	大阪府立淀川工専、大阪府立都島工専
	中部第25部隊	兵営	大阪府立大阪航空専門
	中部第27部隊	兵営	大阪獣医畜産
	工兵第4連隊	兵営	大阪外事
	兵庫神野教育隊	学校	兵庫師
	航空□軍神野火薬廠	工場	兵庫青師
	陸軍航空通信学校加古川教育隊	学校	兵庫青師

近畿	篠山陸軍部隊	兵営	関西学院大
	福知山陸軍部隊	兵営	神戸工専
	奈良空第565部隊	兵営	奈良女高師
	中部第80部隊	兵営	福井師、福井工専
中国・四国	鳥取部隊兵舎	兵営	鳥取農専
	鳥取部隊練兵場	練兵場	鳥取農専
	大山廠舎	廠舎	鳥取農専
	岩倉中部第47部隊	兵営	鳥取師
	岡山陸軍予備士官学校	学校	六高
	中部第48部隊	兵営	六高
	倉敷陸軍被服廠	工場	六高
	中部第52部隊	兵営	岡山医大
	中部第48部隊	兵営	岡山師
	広島陸軍兵器補給廠岡山分廠	倉庫	岡山師
	広島陸軍兵器補給廠忠海分廠	倉庫	広島医専
	西部第150部隊	兵営	徳島工専、徳島医専、徳島青師
	西部第150部隊（射撃場）	射撃場	徳島青師
	徳島陸軍病院（附属農場を含む）	病院	徳島医専
	西部第149部隊	兵営	香川師
	西部第158部隊	兵営	香川師
	旧飛行場兵舎	飛行場	香川師
	善通寺師団司令部	官衙	松山高校
	四国第156部隊	兵営	高松経専
	松山市空第571部隊	兵営	愛媛師
	西部第155部隊	兵営	高知師、高知青師
	高知朝倉兵営	兵営	高知高校
九州	長崎陸軍病院	病院	長崎医大
	熊本幼年学校	学校	熊本医大
	熊本陸軍予備士官学校	学校	熊本医大
	熊本渡鹿練兵場兵舎	練兵場	熊本薬専
	大分少年飛行兵学校	学校	大分師
	西部第18部隊	兵営	鹿児島師

［注1］旧軍施設名、使用希望学校名は掲載されているまま。種類は旧軍施設名から判断した。

［注2］網掛けは、建物の多いと思われる旧軍施設。具体的には、官衙、兵営、学校、病院、工場、倉庫、研究所など。

［資料］文部省「陸軍施設使用希望調書」（『陸軍土地建物施設処分委員会綴』（防衛省防衛研究所図書館蔵）、1945年）より筆者作成。

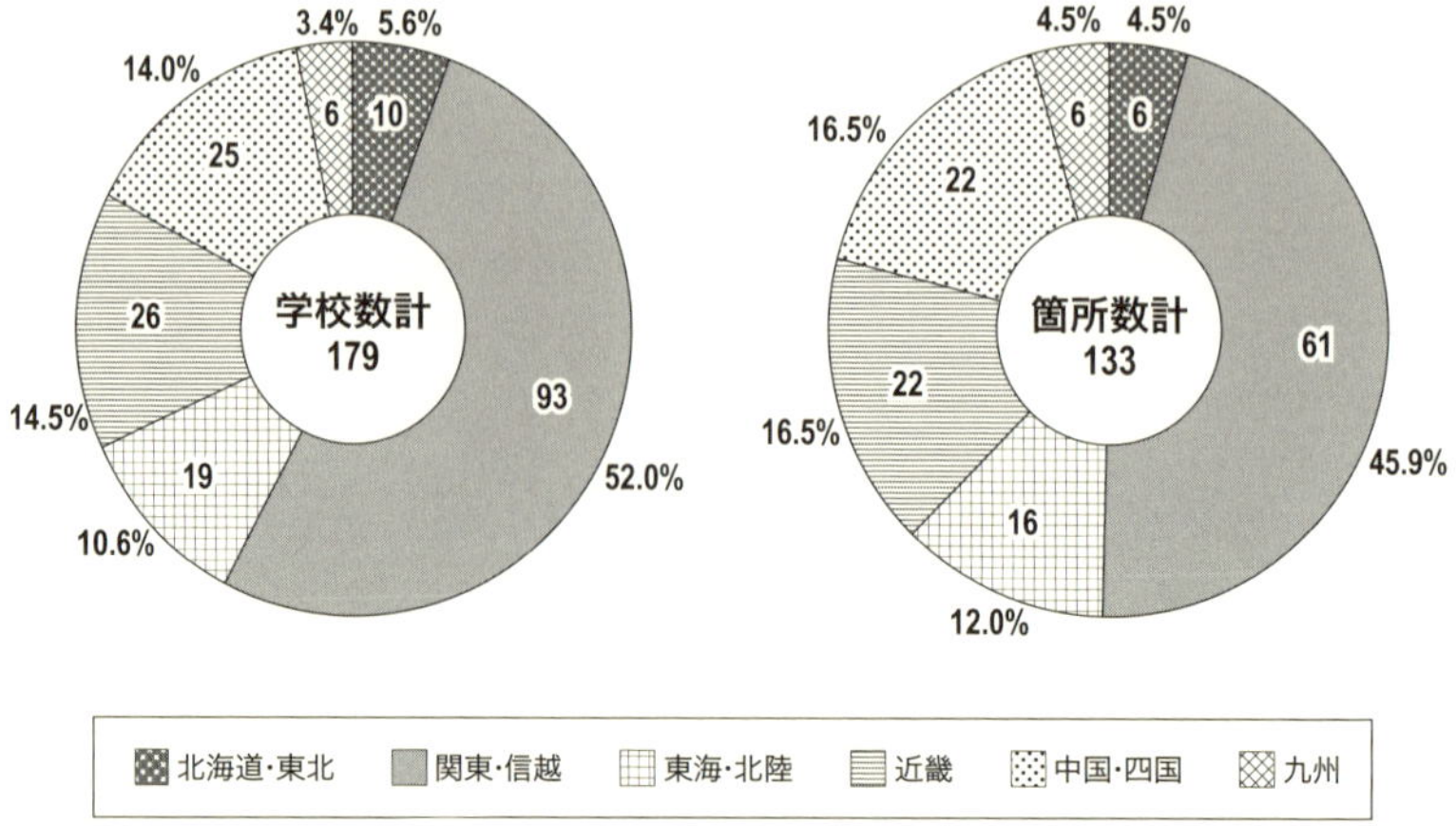

図2-1　地域別の使用希望

［注］箇所数とは、少なくとも1校から使用希望のあった旧軍用地の数（重複カウントなし）。学校数とは、旧軍用地の使用を希望した学校の延べ数。1つの学校が複数の旧軍用地に対して使用希望を出している場合は重複カウントしている。重複を除く実数では137校。図2-2も同様。

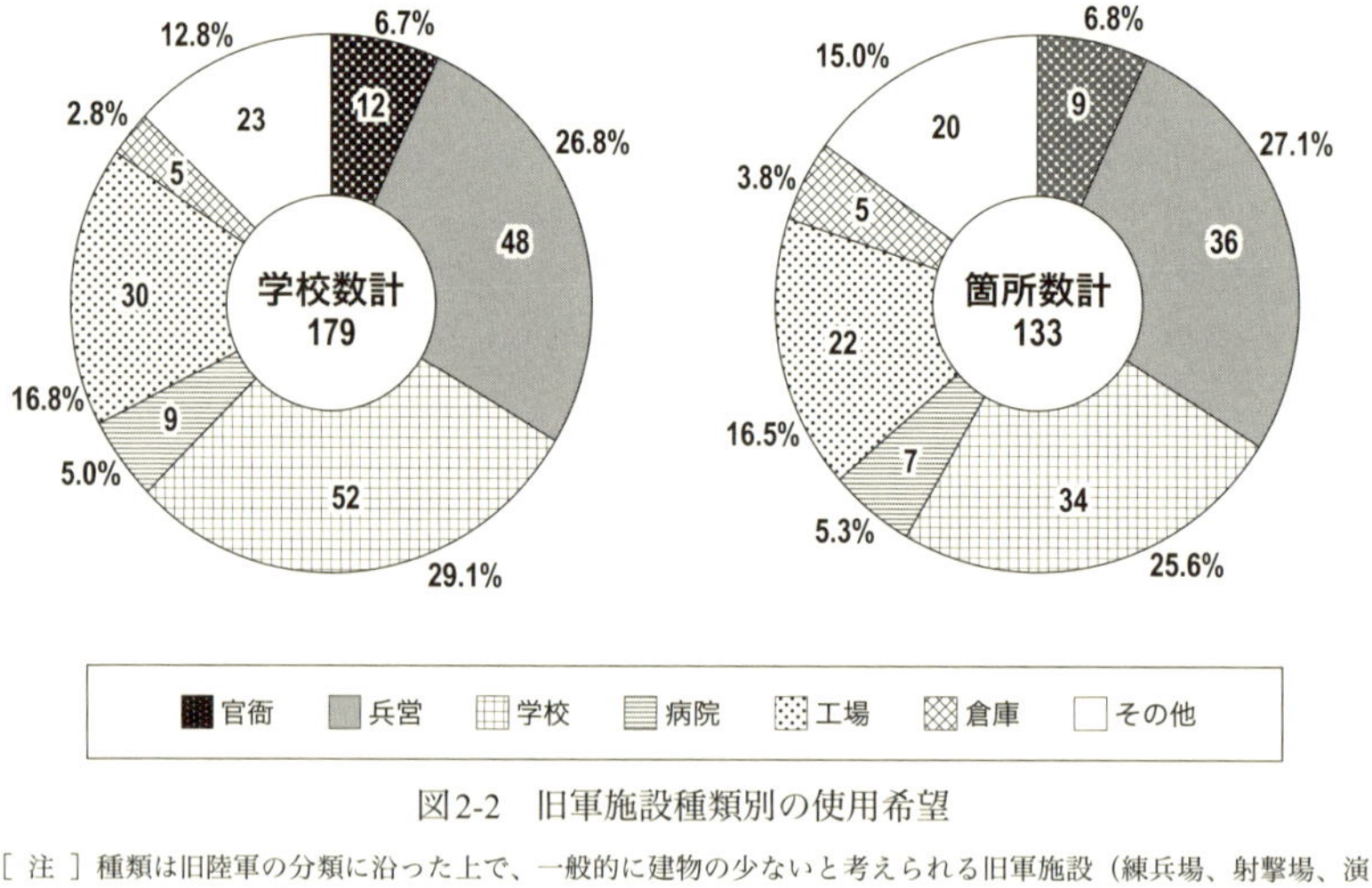

図2-2　旧軍施設種類別の使用希望

［注］種類は旧陸軍の分類に沿った上で、一般的に建物の少ないと考えられる旧軍施設（練兵場、射撃場、演習場など）を「その他」にまとめた。

熊本、旭川、金沢、善通寺、宇都宮、京都の八都市の旧軍用地一九箇所に延べ二〇校からの希望があった。旧軍施設の種類では、従前用途を継承してすぐに活用できる「学校」(三四箇所:二五・六%)や、小規模な改築で校舎や寄宿舎として使用できる「兵営」(三六箇所:二七・一%)が多い(図2−2参照)。なお、建物が多いと考えられる旧軍施設(「その他」を除く六種類)が一一三箇所、八五・〇%を占めていた。

終戦直後、戦災を受けた大都市を中心に、多くの罹災学校が、残存する旧軍建物(学校校舎や兵舎など)を校舎や寄宿舎として利用することを希望していたのであった。

(3) 「陸軍造兵廠施設轉換申入調書」

次に、「陸軍造兵廠施設轉換申入調書」をもとに、全国の学校及び研究所から出された旧陸軍造兵廠の保有する機械及び建物に対する使用希望のうち、建物に対する使用希望があるものだけを抜き出して、表2−4に整理した。

これによると、旧陸軍造兵廠に対する使用希望は、研究活動のための使用希望と寄宿舎としての使用希望に大別できる。つまり、全国の学校や研究所は、工場の建物と機械については、研究、実験実習、試作用として使用すること、寮については、寄宿舎として使用することを望んでおり、従来の機能を継承する方向で利用しようとしていたことが窺える。

このように、終戦直後に一時的な利用を前提とした旧軍施設の学校への転用方針が出され、各学校への使用希望調査を通して、具体的に転用が検討されていた。そして、この時に評価され、必要とされた旧軍施設は、土地ではなく、建物や機械設備の利用価値であった。

表2-4　旧陸軍造兵廠施設に対する学校・研究所からの使用希望

廠別	製造所	所要		用途	所要学校又は研究所名
		機械	建物		
東京第一造兵廠	第一製造所（橘寮）		若干	寄宿舎用	東京女子高等師範学校
	大宮製造所	30%	30%	研究用	東京帝国大学
	大宮製造所（寄宿寮）		若干	寄宿舎用	浦和高等学校
	仙台製造所	30台	若干	研究・実験実習用	東北帝国大学
東京第二造兵廠	板橋製造所	20台	若干	実験実習・試作用	東京都立化学工業専門学校
	板橋製造所	20台	若干	研究・試作用	財団法人建設技術研究所
	板橋製造所王子工場	20台	若干	実験実習・試作用	東京都立化学工業専門学校
	多摩製造所	20台	若干	研究・試作用	財団法人建設技術研究所
	岩鼻製造所	20台	若干	研究・試作用	財団法人建設技術研究所
	宇治製造所	20台	若干	実験実習用	京都府立農林専門学校 同志社工業専門学校
	忠海製造所	20台	若干	実験実習用	広島県立医学専門学校
名古屋造兵廠	熱田製造所（はぎやま寮）		若干	寄宿舎用	名古屋市立女子医薬専門学校
	千種製造所	50台	若干	研究・実験実習・試作用	名古屋帝国大学 名古屋工業専門学校
	柳津製造所	20台	若干	実験実習・試作用	愛知県立工業専門学校
	新津製造所（うつみ寮）		若干	寄宿舎用	岐阜師範学校
大阪造兵廠	第一製造所	60台	若干	研究・実験実習用	大阪帝国大学、堺工業専門学校
	第四製造所	40台	若干	研究・実験実習用	大阪帝国大学
	園部相野地区	40台	若干	実験実習・試作用	京都工業専門学校
	枚方製造所	10台	若干	宿舎・授業用	大阪歯科医学専門学校
	白濱製造所	40台	若干	研究・実験実習用	大阪帝国大学

［注］建物に対する使用希望のあるもののみ整理した。網掛けは工員の寮。
［資料］文部省「陸軍造兵廠施設轉換申入調書」（『軍需品、軍需工場ノ処理ニ関スル綴』防衛省防衛研究所図書館蔵、1945年）より筆者作成。

表2-5　罹災戸数及び建物疎開戸数

事由		該当都市数	戸数	備考
罹災	戦災都市	115	2,316,325	建設省計画局区画整理課調べ
	非戦災都市	100	17,763	同上
建物疎開		279	610,024	内務省国土局計画課調べ
合計			2,944,112	

［資料］建設省編『戦災復興誌　第1巻　計画事業編』（pp.18-24、都市計画協会、1959年）より筆者作成。

第三節　住宅への転用方針

第一項　終戦直後の住宅不足と応急簡易住宅等の建設

(1) 終戦直後の住宅不足の状況

戦災都市（一一五都市）及び戦災都市未指定の罹災都市（一〇〇都市）における罹災戸数は、約二三三万戸にも及ぶ。これに加えて、戦時中に全国二七九都市で実施された建物疎開により、約六一万戸もの建物が消失している。両者を単純に合計すれば、戦災と建物疎開によって、約二九四万戸もの建物が失われたことになる（表２－５参照）。このすべてが住宅というわけではないが、戦時中に非常に多くの住宅が失われたことで、終戦直後には大変な住宅不足となっていたことが窺える。

また、戦災復興院では、一九四六年五月に「復興住宅建設基準」を作成するにあたり、住宅需給の推定を行っていた（表２－６参照）。これによれば、戦災によって約二一〇万戸、疎開によって約五五万戸、計二六五万戸の住宅が失われた。さらに戦時中の供給不足が約一一八万戸、外地からの引揚者のための住宅が六七万戸必要であり、すべて合計すると約四五〇万戸となり、これに戦災による死者等の減少分三〇万戸を差し引いて、四二〇万戸の住宅不足と推定されていた。

表2-6　戦災復興院による戦後住宅需要の推定

	戸数	備考
①戦災による喪失戸数	210万戸	戦災による喪失戸数246万戸の85%を住宅とみなした。
②疎開による喪失戸数	55万戸	疎開による喪失戸数61万戸の90%を住宅とみなした。
③　小計（①+②）	265万戸	
④戦時中の供給不足戸数	118万戸	市街地建築物法施行区域内の竣功建築統計等を参考に全国住宅建設数を推定し、1937～45年を累計した。
⑤引揚者のための需要戸数	67万戸	引揚者334万人。平均家族数5人として算出。
⑥　小計（④+⑤）	185万戸	
⑦　合計（③+⑥）	450万戸	
⑧戦災死等による需要減	30万戸	本土戦災死者26万人。日支事変以来戦災死者122万人。合計148万人を平均家族数5人として算出。
差引現在不足量（⑦−⑧）	420万戸	

［資料］戦災復興外誌編集委員会編『戦災復興外誌』（pp.51-52、都市計画協会、1985年）

確かな数字は分からないが、終戦時に、全国で四〇〇万戸前後の住宅が不足していたことは間違いない。終戦直後、資金不足、建築資材不足の中で、如何に多くの住宅を供給するかが、罹災都市を中心に全国で大きな問題となっていた。

(2) 罹災都市応急簡易住宅等の建設

終戦時の罹災都市では、空襲と建物疎開によって住宅が極度に不足しており、仮小屋や壕舎で凌いでいた罹災者も多かった。このような罹災者が無事に冬を越せるような住宅を準備することが急務と考えた政府は、終戦直後の一九四五年八月三〇日に「戦災者越冬対策要綱」を定め、新規住宅の建築促進と残存堅牢建築物の住宅化を実施することを決めた[13]。そして、九月四日には「罹災都市応急簡易住宅建設要綱」を閣議決定し、さらに一一月二二日に「罹災都市緊急住宅対策費国庫補助要綱」を発して、全国の罹災都市において国庫補助による応急簡易住宅（越冬住宅：木造六・二五坪）を、約三〇万戸（一九四五年度末）を目標に建設することとした[14]。応急簡易住宅建設に当たる事業主体は公共団体を原則とし、地方の実情に応じて、恩賜財団戦災援護会、住宅営団、貸家組合（但し、地方長官の承認を受けた者）等も事業主体となれるとされていた。主に公共団体と住宅営団に大きな期待がかけられ、実際にこの二者が大きな役割を担うこととなった。しかし、資金不足、資材不足に加え、建設用地の手当ても十分でないこともあって、一九四六年三月までの建設戸数は、目標を大幅に下回る約四万三〇〇〇戸であった[15]。また、同じく国庫補助の対象となっていた残存堅牢建築物の住宅への転用も、各公共団体や住宅営団などによって進められ、一九四六年三月までに約三万八〇〇〇戸の転用住宅が供給されたとされる[16]。

この他、罹災者及び引揚者のための住宅を確保するため、一九四五年一一月二一日に出された「住宅緊急措置令[17]」に基づく余裕住宅の開放も行われたものの、一九四九年までに五一一九戸が開放されたのみで終わった[18]。

国庫補助による応急簡易住宅の建設は一九四五年度をもって終了するが、翌年度、GHQから出された「日本公共事業計画原則」の事業内容に「低廉住宅の供給」が含まれたことにより、国庫補助庶民住宅として、一九四六年度以降も国庫補助による賃貸住宅供給が継続されることになった[19]。応急簡易住宅の建設と同様、国庫補助庶民住宅の建設も、公共団体及び住宅営団に大きな期待がかけられたが、同年、住宅営団がGHQによって閉鎖機関に指定されたことにより、国庫補助庶民住宅の建設は実質的に公共団体が行うこととなった[20]。尚、住宅営団の閉鎖に伴って、それまでに住宅営団が建設し、管理してきた応急簡易住宅（建物）は、公共団体あるいは居住者に対して廉価をもって払い下げられることとなった。そしてこれが、都市計画事業の進展を妨げることもあった[21]。

結局、国庫補助の庶民住宅の建設は一九五一年度まで続き、公営住宅法制定によって、公営住宅へと引き継がれた[22]。

第二項　旧軍施設の住宅への転用方針

(1)「元軍用土地及ビ建物ノ應急利用ニ關スル件」

一九四五年九月四日の閣議決定「罹災都市応急簡易住宅建設要綱」には、応急簡易住宅の建設敷地について「国有地等ノ利用モ考慮スルモノトス」との記載があった。大量の旧軍用地が遊休国有地として大蔵省に引き継がれた当時の状況からみて、この要綱に記載された「国有地」は、ほぼ旧軍用地を指すものとみてよいだろう。

さらに一九四五年一〇月二五日の厚生次官から各地方長官宛に出された通牒「元軍用土地及ビ建物ノ應急利用ニ關スル件」においては、「元軍使用ノ土地及ビ建物ハ、此ノ際應急ノ處置トシテ之ヲ戦災者等要保護者ノ越冬用及ビ外地引揚者ノ収容施設竝ニ簡易住宅敷地トシテ充當スル」こととされた(23)。この通牒を受け、公共団体や住宅営団などは、旧軍用地に応急簡易住宅を建設し、残存していた兵舎などの旧軍建物を住宅へと転用していくこととなった(24)。そして、これを促進させるための財政的な特別措置として、公共団体、住宅営団などが旧軍建物を住宅に転用する場合の使用料が無料とされ、同じく旧軍用地を応急簡易住宅など公共目的に使用する場合も地代は無料とされた。この特別措置は、新「国有財産法」（一九四八年）において、公共団体が国有財産を生活困窮者の収容施設として使用する場合に無償貸付ができるという規程となって受け継がれた。

尚、旧軍用地や旧軍建物を応急的に住宅として活用するという措置は一九四六年四月（北海道及び東北地方は五月）末までという期限付きであったが、引揚者の急増もあって、「昭和二十一年度既存建物の住宅轉用計畫に關する件」（一九四六年二月四日付各地方長官宛戦災復興院業務局長通牒）により、一九四六年度も継続して行われることとなった。

(2)「復興住宅建設基準」

一方、戦災復興院においても、一九四六年二月より「復興住宅建設基準作成委員会」を設置し、応急簡易住宅に代わる「復興住宅」の検討に乗り出していた。五月に発表された「復興住宅建設基準」では、「第三部　助成政策」において、住宅地の供給の有力な方策の一つとして、旧軍用地の貸付あるいは払下の促進が打ち出されている。[25]「復興住宅」を建設するにあたっても、建設用地の確保は問題で、旧軍用地の転用が有望視されていたのであった。しかも、「場合によっては私営住宅用地にも充当すべき」としていた。しかし、「公営住宅用地に優先して充当すべき」と、公的住宅利用の優先が主張されていた。また、「復興住宅」を新築するだけでは住宅需要に対応しきれないため、遊休建物の利用が必要であり、特に旧軍建物や旧軍需工場の建物を転用して住宅とするために、あらゆる方策を講ずる必要があるとされていた。[26]

第四節　工場への転用方針

第一項　空襲による工場の罹災と賠償指定

全国に設置されていた陸海軍及び民間の軍需工場は、米軍の重要な爆撃目標とされた。特に、中島飛行機、三菱航空機、川崎飛行機などの航空機製造工場は、度重なる空襲により壊滅的な被害を受けた。一方、陸軍造兵廠や海軍工廠などは大きな被害を受けたものの、それでも使用可能な建物や機械がかなり残っていた（表2－7参照）。

表2-7　主な陸海軍の軍需工場の被害状況

軍需工場名	所在地	被害状況
名古屋陸軍造兵廠千種製造所	名古屋市	屋根 59,660㎡（40%）破壊
名古屋陸軍造兵廠熱田製造所	名古屋市	屋根 43,240㎡（19%）破壊
小倉陸軍造兵廠	小倉市	屋根 61,200㎡（40%）破壊
呉海軍工廠	呉市	屋根223,230㎡（56%）破壊
豊川海軍工廠	豊川市	屋根184,000㎡（50%）破壊
立川陸軍航空廠	立川市	屋根105,990㎡（13%）破壊
広海軍航空廠	呉市	72%損傷
徳山海軍燃料廠	徳山市	49.6%破壊

［資料］浄法寺朝美『日本防空史』（pp.223-224、原書房、1981）より筆者作成

一九四五年一一月、ポーレー賠償使節団の中間報告において、「日本国民は一定枠の経済生活が認められ、それに必要なもの以上の生産施設は賠償に当てられるべきである」とされた(27)。この報告に基づき一九四六年一月二〇日にＧＨＱから示されたのが、「日本航空機工場、工廠及び研究所の管理、統制、保守に関する件」という覚書であった。これにより、航空機工場、陸海軍工廠、研究所等、三八九工場が賠償物件として指定され(28)、官有、民有の如何を問わず、賠償指定工場の機械類は、賠償のために撤去・引渡しが行われるまでは完全な状態で保守管理されることとなった。このうち、政府が直接保守管理に当たることとなったのは、陸軍関係四九、海軍関係四五、研究所三三の合計一二七施設であった(29)。

こうして多くの工場が、ＧＨＱにより賠償指定され、使用が著しく制限された。我が国の経済復興のためには、旧陸海軍や民間の軍需工場を平和的産業へ転換することが有効であったにも関わらず、農機具生産や車輌あるいは船舶の修理のために一部の工場の操業が認められた以外は使用できなかった。

ところが、賠償指定工場の調査に訪れたストライク調査団によって一九四八年二月に出された「ストライク報告書（第二次）」において、日本経済の復興のために、日本国内で有効利用が可能な生産施設は撤去するべきでないとされた(30)。そして、この報告を踏まえ、一九四九年五月に「マッコイ声明」が出され、賠償撤去は中止されて、それまで指定され

ていた賠償物件は日本の経済復興のために活用されることとなった。賠償撤去の中止までに、中国、オランダ、フィリピン、イギリスの四箇国に対して、賠償前引渡計画に従って一定量の機械・設備が引き渡されたが、撤去されずに残された機械・設備は、一九五〇年代に工場（建物）とともに活用されていくことになる。それは折しも朝鮮戦争による特需景気とも重なり、賠償指定されていた旧陸海軍や民間の軍需工場の再稼動[31]に加え、他の旧軍用地や農地までも工場へと転用することになるほどの需要に支えられ、急速に経済復興を成し遂げていくこととなった。

第二項　旧軍施設の工場への転用方針

(1) 終戦直後における転用方針及び転用計画

終戦直後、民生安定に必要な経済復興のための生産力の回復と、賠償や復員で膨張すると考えられる財政需要に対処する「財源確保」のための旧軍施設の払下げという観点[32]から、陸軍造兵廠や海軍工廠などの旧陸海軍の軍需工場を民間工場として活用（平和産業への転換）する方針が打ち出された。

ここでは、旧陸軍省所管の軍需工場の転用を中心にみていこう[33]。

まず、当時、解体前であった陸軍省は、「陸軍作業庁ノ処理ニ関スル件」（一九四五年九月二八日陸軍戦備課[34]）によって、造兵廠の施設、航空廠及び研究所の主要な工場を出来るだけ迅速に移管あるいは民間に払い下げる方針を定めた。そして、軍事産業から平和産業へと転換する具体的な転用計画として、「造兵廠施設ノ平和産業ヘノ可及的転換計画」（一九四五年九月二九日陸軍兵器行政本部）、「航空関係作業庁平和産業転換計画」（一九四五年九月二九日陸軍航空本部）を作成した。

これらの計画は、復興に必要な品目の製造を目的として、各工場の建物と機械設備を何の製造に充てるかが示されたものであり、民需工場としての使用を原則とした計画であった。

また、こういった計画を作成する一方で、陸軍省では、造兵廠の建物と機械設備に対して多方面から寄せられる利用希望を整理し、適格者の選定も行っていた。一九四五年一〇月作成と思われる(35)「造兵廠施設利用状況調書」(陸軍兵器行政本部)(36)には、工場ごとに利用希望状況と適格者が整理されている。

(2)「造兵廠施設ノ平和産業ヘノ可及的転換計画」

陸軍兵器行政本部によって作成された「造兵廠施設ノ平和産業ヘノ可及的転換計画」には、工場ごとに終戦時の状況と転用案が示されていた(表2－8参照)。終戦時の状況とは、建物の延床面積、機械台数、現品目(戦時中の製造品目)である。転用案とは、品目(転用後に製造予定の品目)、機械と建物の各々何%を転用するか、処分方法(主に民間事業者には払下、政府内の場合は移管)、適格者(転用後の利用予定者)である。転用後の製造予定品目として比較的多く予定されていたのは、「農業機械器具」「簡易住宅」「鉄道車輌」の三品目であった。

①農業機械器具

終戦直後は何よりも食糧増産が緊急に取り組むべき課題であり、そのため農業機械器具が必要とされた。しかし、戦時中は生産能力の殆どが兵器製造など、軍事目的に振り向けられていたこともあって、農業機械器具は不足していた。そこで、各地方に農業機械器具製造会社を設立し、旧造兵廠の各工場の建物及び機械設備を払い下げ、「農業機械器具」

表2-8　陸軍造兵廠の終戦時の状況と転用案

廠別	製造所名	終戦時の状況 建物延床面積（㎡）	終戦時の状況 機械台数	終戦時の状況 現品目	転用案 品目	転用案 機械（%）	転用案 建物（%）	転用案 方法	転用案 適格者
東京第一造兵廠	第一製造所	46,200	2,900	實包類	建築用金具 家具類部品	5	10	払下	民（物色中）
					化粧品、文房具押物	10	15	払下	民（物色中）
					造幣	15	20	移管	造幣局
					農業機械器具	5	10	払下	東京農機設立
	第二製造所	15,647	241	無線機	全波無線機	100	100	払下	民（物色中）
	第三製造所	47,627	1,984	信管 刃工剣	各種通信機部品 自動車部品、時計部品	60	20	払下	民（物色中）
					簡易住宅	3	10	払下	東京簡易住宅製造設立
					各種バルブコック	10	10	払下	民（物色中）
	小杉製造所	24,621	596	信管	各種通信機部品 自動車部品、時計部品	60	0	払下	民（物色中）
					各種バルブコック	10	10	払下	民（物色中）
					未定	0	90	払下	民（物色中）
	大宮製造所	61,000	1,550	光学兵器	光学機械、望遠鏡 測量機械	70	70	払下	日米光機設立
					研究室	30	30	移管	東京帝大
	川越製造所	24,488	847	20粍・13粍 弾薬筒、火具	燐寸	30	10	払下	民（物色中）
					病院		90	移管	厚生省
	仙台製造所	1,825,000	2,694	20粍・13粍 弾薬	農業機械器具	10	10	払下	東北農機設立
					化粧品、文房具押物 建築用金具、家具類部品	10	10	払下	民（物色中）
東京第二造兵廠	板橋製造所	89,465	1,037	火薬	セルロイド	40	40	払下	民（物色中）
					染料	5	5	払下	民（物色中）
					衛生材料	5	10	払下	物色中
	板橋製造所 王子工場			爆薬	肥料	20	20	払下	民（物色中）
					化学薬品	30	30	払下	民（物色中）
	多摩製造所	49,840	371	黒色薬 爆薬成形	黒色火薬	10	10	払下	民（物色中）
					油脂製品	5	10	払下	民（物色中）
	岩鼻製造所	81,094	653	黒色薬、綿薬 ダイナマイト	黒色火薬	20	20	払下	民（物色中）
					ダイナマイト	30	30	払下	民（物色中）
	深谷製造所	69,157	480	綿薬	ダイナマイト	20	20	払下	民（物色中）
	櫛挽製造所	51,763	519	綿薬	廃止				

東京第二造兵廠	宇治製造所	121,256	1,608	綿薬 爆薬	肥料	15	15	払下	民（物色中）
					染料	20	20	払下	民（物色中）
					セルロイド	10	15	払下	民（物色中）
	香里製造所	49,237	278	爆薬	化学工業	100		払下	民（物色中）
	忠海製造所	32,847	120	硝英薬	殺虫剤 農薬	30	40	払下	中国農薬設立
	曾根製造所	21,304	166	小型爆破薬	廃止				
	荒尾製造所	67,727	760	爆薬	染料中間品	50	80	払下	民（物色中）
	坂ノ市製造所	126,780	858	綿薬	ダイナマイト 硝安爆薬	50	80	払下	民（物色中）
相	第一製造所	107,094	2,774	装軌車輌 舟艇機関、弾丸	農業機械器具	50	60	払下	東京農機設立
	第二製造所				鉄道車輌修理	50	40	移管	運輸省
名古屋造兵廠	熱田製造所	32,930	517	火砲 器材	鉄道車輌新調修理	50	60	移管	運輸省（日本車輌）
					靴、鞄	5	10	払下	民（物色中）
					農業機械器具	10	10	払下	東海農機設立
					家具類	5	5	払下	民（物色中）
	熱田製造所 高岡工場	14,850	266	火砲	農業機械器具	60		払下	東海農機設立
							100	返還	
	高蔵製造所	35,610	412	弾丸 薬莢	家庭用金属製品	30	40	払下	民（物色中）
					造幣局	20	20	移管	
	千種製造所	12,504	1,591	航空機関砲	ミシン	30	30	払下	民（物色中）
					医療機器	10		移管	民（物色中）
	鳥居松製造所	69,346	4,084	銃器	自転車	20	30	払下	民（物色中）
					簡易住宅	10	40	払下	東海簡易住宅製造設立
	鷹来製造所	87,038	1,586	実包	建物金具、家具製品	10	10	払下	民（物色中）
					文房具、金属製雑貨	10	10	払下	民（物色中）
	柳津製造所	39,798	1,109	航空機関砲	印刷機	10	10	払下	民（物色中）
					蓄音機	5	10	払下	民（物色中）
					医療機械	15		払下	民（物色中）
	楠製造所	28,441	710	航空弾薬	金属機械部品	60		払下	民（物色中）
							100	返還	
	駿河製造所	52,590	447	航空機関砲	車輌新調修理	100	100	移管	運輸省
大阪造兵廠	第一製造所（廠内）	94,948	2,469	火砲	鉄道車輌新調修理	5	移設10	移管	運輸省
					鉄道車輌工業	10		払下	民（物色中）
					造船	5	移設5	払下	民（物色中）
					農業機械器具	5	10	払下	大阪農機設立
					鍛造品	2		払下	民（物色中）

大阪造兵廠	第四製造所（廠内）			製鋼鍛造	大型プレス	5		払下	民（物色中）
	園部相野地区	16,636	811	火砲 刃工剣	紡織機部品	25	20	払下	民（物色中）
					刃工具	25	20	払下	民（物色中）
					鉄道車輌	10		移管	運輸省
					農業機械器具	10		払下	大阪農機
	第一製造所 篠山工場	300	84	木工	簡易住宅部品	100	100	払下	大阪簡易住宅 製造設立
	枚方製造所	144,889	3,527	弾丸 信管	農業機械器具	20	30	払下	大阪農機
					バルブコック	5	5	払下	民（物色中）
					各種通信機、自動車 時計部品	20	10	払下	民（物色中）
	播磨製造所	151,105	464	製鋼鍛造	鉄道関係	100	100	移管	運輸省
	白濱製造所	59,805	250	造船 機械部品	木造船、船具	80	80	払下	民（物色中）
					農業機械器具	20	20	払下	大阪農機
	石見製造所	73,086	460	薬莢	造幣	10		移管	造幣局
					家庭用金属製品	30	10	払下	民（物色中）
							90	返還	
小倉造兵廠	第一製造所	65,222	1,110	航空部品 （元車輌）	農業機械器具	30		払下	九州農機設立
					鉄道車輌	20	20	移管	運輸省
					自動車修理及部品	20	30	払下	民（物色中）
	第二製造所	43,267	1,105	銃器 航空機関砲	医療機械	10		払下	民（物色中）
					ミシン	10	10	払下	民（物色中）
					バルブコック	10	20	払下	民（物色中）
					刃工具	30		払下	民（物色中）
					鉄道車輌	20	10	移管	運輸省
	第三製造所	53,013	1,677	弾丸 刃工剣	鉄道関係	50	90	移管	運輸省
					罐詰	5	10	払下	民（物色中）
	春日製造所	38,000	2,370	航空機関砲 小銃	農業機械器具	30	50	払下	九州農機
					簡易住宅	10	20	払下	九州簡易住宅 製造設立
	糸口山製造所	39,480	1,845	航空機関砲 高射機関砲	農業機械器具	20	30	払下	九州農機
					家庭用金属製品	10		払下	民（物色中）

［注1］「廠別」欄の「相」は、相模造兵廠を表す。

［注2］転用案の品目について、斜線部は「農業機械器具」、網掛け部は「簡易住宅」及び関連品目、格子部は「鉄道車輌」及び関連品目を表す。

［資料］「造兵廠施設ノ平和産業ヘノ可及的転換計画（1945年9月29日　陸軍兵器行政本部）」『陸軍土地建物処分委員会綴』（防衛省防衛研究所図書館蔵）より筆者作成。

の製造に当たらせようとしたのであった。例えば東京第一造兵廠仙台製造所では、延床面積一八二万五〇〇〇平方メートルにも及ぶ建物と二六九四台の機械設備の各々一〇％を設立予定の東北農機に払い下げるという計画になっている。他にも適格者の欄に、東京農機、東海農機、大阪農機、九州農機の名称が見え、各地方の造兵廠から、建物と機械設備が払い下げられる計画であった。

また、「農業機械器具」以外の食糧増産に関連する品目としては、東京第二造兵廠板橋製造所王子工場や忠海製造所などにおいて「肥料」「殺虫剤」「農薬」が見られる。

②応急簡易住宅

終戦直後、罹災者や引揚者を収容するための応急簡易住宅（越冬住宅：木造六・二五坪）の建設は、食糧増産と並ぶ緊急課題とされていた。応急簡易住宅は、各公共団体や住宅営団などによる貸家として展開したことが知られるが、当初は工場生産の所謂プレハブ住宅の供給が主に想定されており(37)、農業機械器具と同じように、各地方に簡易住宅製造会社を設立し、規格化された「簡易住宅」を製造させようとしたのであった。例えば名古屋造兵廠鳥居松製造所では、延床面積六万九三四六平方メートルの建物の四〇％と四〇八四台の機械設備の一〇％を設立予定の東海簡易住宅製造に払い下げる計画になっており、他にも同様の簡易住宅製造会社として、東京簡易住宅製造、大阪簡易住宅製造、九州簡易住宅製造の名称が適格者の欄に見える。

また、「簡易住宅」以外で、住宅関連という点で共通する品目としては、東京第一造兵廠第一製造所や仙台製造所などにおいて「建築用金具」「家具類（部品）」が見られ、終戦直後の貧しい住宅事情の改善を目指していたことが窺える。

③鉄道車輌（新調修理）

いずれも建物あるいは機械設備を運輸省へ移管する計画となっている。戦後の経済復興のためにはインフラとしての旅客・貨物輸送の復旧が重要課題とされ、一九四五年九月末には、一九四五年度下期と一九四六年度を第一次計画とする鉄道復興五箇年計画が策定された(38)。こういった状況の中で、旧造兵廠を転用して、車輌の新調、被災車輌の修理などに充て、必要な車輌を確保することが目指されたのであった。

ＧＨＱにとっても、物資・人員の輸送のために鉄道の復興は重要であったため、賠償物件指定により使用が著しく制限されていた旧造兵廠でありながら、鉄道車輌工場としての使用が認められる場合があった。例えば、大阪造兵廠播磨製造所は、建物、機械設備とも一〇〇％、即ち施設の全てを運輸省に移管し、鉄道車輌工場へと転用する計画となっており、実際に一九四六年一月に国鉄鷹取工機部の高砂分工場が設置され、翌年、高砂工機部（一九五二年に高砂工場に改称）として独立し、一九八五年に閉鎖されるまで存続した。

以上、主要な転用品目について考察してきたが、他にもこの計画の中で注目すべき点がある。東京第二造兵廠の各製造所においては、「セルロイド」「染料」「肥料」「農薬」などの化学製品や「ダイナマイト」「黒色火薬」などの爆発物及び火薬が、転用品目とされている。これに対し、他の造兵廠においては、先述した三つの主要な転用品目の他、「バルブコック」「ミシン」「医療機器」「刃工具」のような機械工業によって製造される品目が転用品目として並んでいる。この違いは、戦時中に製造されていた品目を見る限り、工場に残されていた機械設備の性質の違いによるものである。東京第二造兵廠の各製造所は、戦時中、主に火薬や爆薬の製造を行う工場として建設され、化学工業系の機械設備を有していた。一方、他の造兵廠では、機械工業系の機械設備を有し、弾丸、実包、銃器、機関砲、火砲などを製造していた。こうした機械設備と転用品目の関係から、造兵廠の転用計画は、終戦直後において必要とされる品目のうち、各工場に残された機械設備で何が製造できるかという観点で検討されたと言える。即ち、転用計画の作成にあたって、機械設備の有効活用を前提とした上で、民生安定に寄与する品目の製造が目指されたのであった。

また、この転用計画の備考には「官有土地中施設に附帯して特定者に移管又は払下ぐるもの以外は農耕地に還元し失業者特に造兵廠関係失業者に利用せしむる如く致度」との記述がある。転用計画の中心は建物と機械設備にあったが、この記述からは土地に関する方針が読み取れる。建物に付帯して使用される土地は、建物と同様に移管あるいは払下を実施し、それ以外の土地は、造兵廠関係失業者らのために農地に転用することとなっていたのであった。

物資も資金も不足していた終戦直後においては、旧軍用地に工場を新たに建設するのではなく、陸軍造兵廠などの軍需工場において残存していた建物と機械設備を民生品生産のために活用することが検討された。そのため、生産品目も残存していた機械設備により決定された。また、軍需工場といえども周辺の遊休地については、工場用地として活用せず、最も緊要なるニーズであった食糧増産のために農地として使用することが考えられていた。

(3)「航空関係作業庁平和産業転換計画」

もう一つの転用計画、「航空関係作業庁平和産業転換計画」は、どうであったのだろうか。この計画では、冒頭に次のような「方針」が述べられている。

表2-9　陸軍航空工廠及び航空廠の転用案

廠名		従来の作業	新転換平和産業	場所
陸軍航空工廠	立川本廠	大型飛行機機体製作	木工家具の製作	東京都立川市
	金沢製造所	飛行機発動機製作	舶用エンジン、自動三輪車製作	石川県金沢市
陸軍航空廠	立川	飛行機整備並修理	ミシン機械製作	東京都立川市
	宇都宮	飛行機整備並修理	酸素発生配給並に之に伴ふ機械作業 自転車製作、農耕器具機械	宇都宮市外
	各務原	飛行機整備並修理	小型計測器、木工家具製作、製材 酸素発生配給並に之に伴ふ機械作業	岐阜県稲葉郡
	大阪	飛行機整備並修理	自動三輪車製作、玩具	大阪府南河内郡
	太刀洗	飛行機整備並修理	農耕器具機械、車輛部品製作	福岡県甘木郡

［資料］「航空関係作業庁平和産業転換計画（1945年9月29日　陸軍航空本部）」『陸軍土地建物処分委員会綴』（防衛省防衛研究所図書館蔵）より筆者作成。

現有資材施設等を極力民間平和産業機構に供与流用すると共に逐次統一計画の下独立的平和産業機構に改編し以て民力昂揚に資すると共に退職軍人軍属の失業救済の為有力なる一助たらしむ

陸軍の航空工廠及び航空廠に残されていた建物や機械設備を民間事業者に提供することと、航空工廠及び航空廠の機構を改編して平和産業機構として存続させること、の二点が方針として掲げられている。退職軍人軍属の失業救済という目的もあって、機構改編による各工場の存続を方針の一つとしたのであった。

一方、予定された転用品目は、「造兵廠施設ノ平和産業ヘノ可及的転換計画」における機械工業系の機械設備を有する造兵廠のそれと基本的には変わるものではなかった（表2－9参照）。やはり、各工場に残された機械設備で何が製造できるかという観点で検討され、「木工家具」「農耕器具機械」「ミシン」などの製造が計画された。また、「自動三輪車」「車両部品」など自動車関連品目の製作も計画されていた。

(4)「造兵廠施設利用状況調書」

以上のような転用計画とは別に、陸軍省に寄せられていた旧造兵廠の建物及び機械などに対する利用希望と、これに対する適格者について「造兵廠施設利用状況調書」が取りまとめられた。利用希望については、造兵廠の工場ごとに、希望者名、範囲、用途が整理されているが、本研究が着目するのは旧軍用地あるいは旧軍建物であるので、機械のみの利用希望は考察対象から外し、土地あるいは建物に対する利用希望があるものを整理した（表2－10参照）。

土地や建物に関する利用希望で多いのは、何らかの製品を製造することを目的とした、工場としての転用である。この場合は、併せて「機械」の利用も希望として出されているのが特徴で、造兵廠の工場の一部を建物と機械設備のセットで譲り受けて、操業したいという希望が多く寄せられていた。民間事業者は勿論であるが、全国農業会（農産機器の製造）、共栄会（農具・簡易住宅・家具の製造、車輌修理）、運輸省（鉄道車輌や船舶の新調修理）からの希望も多い。また、工場以外の用途としては、各学校からの校舎あるいは寄宿舎としての利用希望も比較的多く見られた。

こういった利用希望状況に対し、誰が適格者として選定されたのであろうか。先に見た転用方針及び転用計画を踏まえると、旧造兵廠の転用については、工場としての使用が原則ということになろう。確かに工場としての利用希望を出していた民間事業者、全国農業会、共栄会、運輸省も適格者として選定されている。しかし、工場としての利用希望が却下され、他用途での利用希望者が適格者となっている場合もあった。例えば、東京第一陸軍造兵廠本廠・本部・第一・第二・第三製造所では、農村時計学校と家庭薬統制組合の工場としての利用希望は却下されたが、東京女子高等師範学校の寄宿舎、都立五中の校舎、共栄会の営団住宅としての利用希望は認められた。東京第一陸軍造兵廠仙台製造所や東京第二陸軍造兵廠本部地区・本部・板橋製造所の半部においても、同じような選定状況が見られ、旧造兵廠を工場として利用するという原則は、必ずしも守られたわけではなかった。結局、機械設備を有していた造兵廠であっても、他の

表2-10　各方面から寄せられた旧陸軍造兵廠の利用希望と適格者

廠名	区分	利用希望			適格
		希望者名	範囲	用途	
東京第一造兵廠	本廠 本部 第一・第二・第三製造所	**全国農業会**	**機械、建物**	**農産機器**	○
		農村時計学校	**機械、建物**	**時計**	
		家庭薬統制組合	**機械、建物**	**薬品**	
		東京女高師	橘寮	寄宿舎	○
		共栄会	機械、建物	営団住宅	○
		都立五中	養成所、建物	校舎	○
	江戸川工場				※1
	川越製造所	**中外火工**	**機械、建物**	**脱薬、紙製品**	○
	大宮製造所	逓信院電気試験所	全部	研究、電気機器	○
		浦和高工	寄宿舎	寄宿舎	○
	大宮製造所池田工場	大阪府工業試験所	全部	硝子	○
	仙台製造所	**家庭薬統制組合**	**機械、建物**	**薬品**	
		全国農業会	**機械、建物**	**農産機器**	○
					※2
	仙台製造所黒沢尻工場	旧所有者	建物	(返還)	○
	小杉製造所	**地元組合**	**機械、建物**	**農機修理各種部品**	
	助成法地区（関東工業）	**全国農業会**	**機械、建物**	**農事研究、農具試験**	○
		関東工業	**機械、建物**	**自動車部品**	○
	助成法地区（精工社）				※3
東京第二造兵廠	本部地区 本部 板橋製造所の半部	野口研究所	全域	化学研究	○
		衛生材料統制株式会社	**機械、建物**		
		東京外語	全域	校舎	
		共栄会	機械、建物	住宅経営其他	○
	板橋製造所王子工場	**保土谷化学**	**全域**	**化学製品**	○
	多摩製造所	**日産化学**	**全域**	**化学製品**	○
		共栄会	建物	住宅経営	○
		住宅営団	**木工施設**	**簡易住宅**	○
	岩鼻製造所	**日本火薬**	**全域**	**火薬、化学製品**	○
	深谷製造所	**日本火薬**	**半域**	**化学製品**	○
		共栄会	最適地	農耕	○
	櫛挽製造所				※4
	宇治製造所	**日本窒素**	**全域**	**肥料染料、医薬品等**	○
		日本火薬	**全域**	**化学製品**	
		京都府立農専		校舎	
		同志社工専		校舎	
		同志社外専	建物	校舎	
	香里製造所	大阪外語	建物	教育	○
		大蔵省主税局	全域	酒造検定	
		地元農村	農地全部	農耕	○

東京第二造兵廠	忠海製造所	**住友化学**	**全域**	**化学製品**	
		水産科学研究所	全域	水産研究	
	曾根製造所	水産科学研究所	全域	水産研究	○
		共栄会	建物	製塩	○
	坂ノ市製造所	**日窒化学**	**全域**	**肥料、化学製品**	○
		共栄会	最適地	農耕	○
相模造兵廠		**運輸省鉄道総局**	**全域**	**車輌修理及新調**	○
		復員援護會	最適地	農耕	○
名古屋造兵廠	熱田製造所	**近藤組木工部**	**機械、建物**	**家具用金具**	○
	高蔵製造所	**大同製鋼**	**機械、建物**	**家庭用品、医療器具**	○
	柳津製造所	岐阜師	所属寮	校舎	○
		豊田自動織機	**建物**	**織機**	○
	鳥居松製造所（本地区）	**ブナ協会**	**乾燥施設**	**製材**	○
		商工省工業試験所名古屋支所	建物	試験	○
	鳥居松勝川工場	**全国農業会**	**大部**	**農産機器**	○
	鷹来製造所	**高木製作所**	**機械、建物**	**プレス加工**	○
	楠製造所	旧所有者	建物	（返却）	○
	駿河製造所	**芝浦製作所**	**全部**	**工作機械**	○
		全国農業会支部	**機械、建物**	**農産機器、焼玉修理**	○
		共栄会	**機械、建物**	**食料品加工、農機具**	○
	寺部射場	**全国農業会**	**全域**	**製塩製粉**	○
大阪造兵廠	本廠 第一・第四製造所	**汽車会社**	**機械、建物**	**車輌新調**	
		大阪帝大			
		大阪歯科医専			
	放出工場	**共栄会**	**全域**	**自動車修理**	○
	篠山工場	**地元業者**	**全域**	**木工品**	
		共栄会	**大部**	**簡易住宅**	○
	枚方製造所	**全国農業会**	**機械、建物**	**農産機器**	
		農村時計学校	**機械、建物**	**時計**	○
	播磨製造所	**運輸省鉄道総局**	**大部**	**製鋼、車輌新調**	○
	白濱製造所	**運輸省海運総局**	**大部**	**船舶新調修理**	○
	由良射場	水産科学研究所	全域	水産研究	
	助成法地区（日鋼武蔵）	**全国農業会**	**全部**	**農産機器**	○
	助成法地区（神鋼兵器大垣）	**神戸製鋼**	**全部**	**牽引車、船用機関**	
小倉造兵廠	小倉地区 第一・二・三製造所の各一部	**運輸省鉄道総局**	**機械、建物**	**車輌修理**	○
		共栄会	機械、建物	各種	
	第二製造所	**共栄会**	**機械、建物**	**農具、簡易住宅、家具**	
	春日製造所	**共栄会**	**機械、建物**	**農牧、機械土建**	
	糸口山製造所	**全国農業会**	**機械、建物**	**農産機器、農牧**	○
		共栄会	**機械、建物**	**車輌修理、運送**	

［注1］適格欄の※1～※4は、利用希望者以外の適格者が選定されたケースで、※1は適格者未決（工業学校）、※2は仙台市（市民アパート）、※3は適格者未決（学校）、※4は地元農村（農耕）であった。

［注2］用途について、**ゴシック体**は工場としての利用希望、網掛けは学校としての利用希望を表す。

［資料］「造兵廠施設利用状況調書（陸軍兵器行政本部）」『陸軍土地建物処分委員会綴』（防衛省防衛研究所図書館蔵）より筆者作成。

都市施設需要との関係で、工場以外の用途としての活用も検討しなければならなかったと言えよう。

以上のように、終戦直後には旧造兵廠を民間工場へ転用する方針が出され、各製造所を何の製造工場として活用するかといった具体的な転用計画も作成されていた。さらに、各方面から旧造兵廠の利用希望が出され、それに対する適格者の選定まで行われた。しかし、先述したように旧造兵廠をはじめとした軍需工場の機械設備が賠償物件に指定され、利用が著しく制限されたため、結局、陸軍省で検討していた旧造兵廠の転用計画は画餅に終わった。

おわりに

供給サイドの転用方針について――。

陸海軍より旧軍施設を引き継いだ大蔵省では、終戦直後の緊要な社会的ニーズへの対応するために旧軍施設を活用しようとし、主に公共的施設への転用を進めようとしていた。旧軍施設を接収していたＧＨＱも、早くから民生安定のために旧軍施設の使用を認めることで、公共的施設への転用という大蔵省の方針を後押しし、その一方で、民間事業者による活用が望まれた軍需工場については、賠償指定により使用を制限した。また、国有財産法や国有財産特別措置法などの法制度は、公園や学校などの公共的施設の整備主体である公共団体に対し、旧軍施設の活用を促すための財政的支援を盛り込んでいた。即ち、終戦直後の供給サイドの転用方針においては、旧軍施設の公共的用途としての活用が中心的な考え方であった。

需要サイドの転用方針について――。

戦災により多くの校舎と寄宿舎の代替施設が必要となり、「学校、兵営、倉庫、廠舎等ヲ文部省管下学校ニ使用セシムル件案」によって、旧軍建物を一時的に使用する方針が打ち出された。主に高等教育機関を対象に実施された使用希望調査においても、建物の多い旧軍施設に対して使用希望が集中しており、土地ではなく、建物に利用価値が認められていた。また、旧造兵廠の各製造所は研究施設として、工員宿舎は寄宿舎として、使用したいという希望が出されており、残存施設を出来るだけ直接的に活用しようという意図が窺える。

また、罹災者のために越冬住宅を用意することが必要であり、「元軍用土地及ビ建物ノ應急利用ニ關スル件」により、旧軍用地に応急簡易住宅を建設し、残存していた兵舎などの旧軍建物を住宅へと転用することとなった。

民生安定に向けた経済復興のため、陸軍造兵廠などの軍需工場の建物や機械設備の有効活用が検討され、「造兵廠施設ノ平和産業ヘノ可及的転換計画」など、個別の製造所の転用案にまで踏み込んだ具体的な計画も作成された。転用計画の内容をみると、農機具や応急簡易住宅が生産品目として多く挙げられており、当時の最も緊要なニーズであった食糧増産や住宅供給に対応することが目的であったことが分かる。この点で、民間工場への転用方針も、公共の福祉的観点によっていたと言えよう。尚、旧造兵廠などの軍需工場に対する個別の利用希望調査を行い、適格者まで選定していたが、占領軍によって賠償物件に指定されたために、実現することはなかった。

以上のように、終戦直後においては、供給サイドも需要サイドも、当時の緊要な社会的ニーズに対応するため、公共的利用を中心に、あるいは公共の福祉的観点をもって、旧軍施設を活用しようとしていた。そして、こういった短期的視点から転用対象に期待されたのは、主に残存していた旧軍建物や軍需工場の機械設備であった。土地としての旧軍用地に利用価値が求められることは、応急簡易住宅の建設用地を除けば殆どなかった。

補遺　農地への転用方針

農地への転用方針は、主に農村部の旧軍用地に対するものであったため、都市部の旧軍用地に焦点を当てた本書では敢えて取り上げていない。しかし、農村部の広大な演習場、飛行場、牧場が開拓農地へと転用されたために、転用面積でみれば旧軍用地の大部分は農地へと転用されたことになる。と考えると、農地への転用方針についても看過することはできないので、簡単に整理しておきたい。

食糧の増産は、終戦直後において最も喫緊な問題であり、一九四五年八月二八日の閣議決定「戦争終結ニ伴フ国有財産ノ処理ニ関スル件」においても、旧軍施設の転用方針の真っ先に「食糧増産」が挙げられていた。特に、飛行場の農地化については早くから具体的な検討が始められ、一九四五年九～一〇月には、陸海軍の航空関係部局により、全国の飛行場を農地へ転用する計画が作られた[39]。GHQも飛行場の農地化に対しては積極的で、一九四五年一〇月一一日GHQ覚書「連合国ニヨリ使用サルルモノヲ除ク飛行場ノ農耕ニ関スル件」において、「米国第6及第8軍ノ指揮官ハ飛行場ヲ農耕ノ為可及的速ニ開放スベク指示セラレタ」旨の発表があった[40]。

さらに、一九四五年一一月九日の閣議決定「緊急開拓事業実施要領」で、「軍用地中農耕適地ハ自作農創設ノ為急速ニ開発セシメ可及的速ニ払下等ノ処分ヲナシ旧耕作者及新入植者ニ譲渡スル」ことが明記された。これにより、食糧の自給化と工員や軍人等の離職者の帰農を促進するために、旧軍用地を開拓農地へと転用することとなり、軍馬補充部用地（牧場）、演習場、飛行場、練兵場、作業場などが払い下げの対象となった(41)。また、続く一一月一三日の閣議決定「食糧増産確保ニ関スル緊急措置ニ関スル件」にも、未曽有の食糧需給逼迫という窮状打開のために講じる非常措置の一つとして、「飛行場、錬兵場等」の開墾が挙げられていた。

旧軍用地の農地への転用方針が次々と出される中、農林省開拓局管理課では、農地として開墾が可能な旧軍用地を把握するために「元軍用地ニ関スル調査」を行い、一九四五年一二月三一日までに全国の都道府県ごとに、開拓候補地となる旧軍用地をリストアップした。この調査では、旧軍用地ごとに開墾可能な面積を見積もるとともに、想定される開発主体（農地開発営団、農業会、公共団体など）まで検討していた。尚、開拓候補地としてリストアップされた旧軍用地は、主に練兵場、射撃場、作業場、演習場、飛行場などの建物の少ない旧軍施設であった(42)。

実際に多くの旧軍用地が開拓されていく過程で、一九四六年一〇月に「自作農創設特別措置法」が制定され、農耕に供している旧軍用地をはじめとした国有地は農林省に移管されることとなった。さらにGHQから旧軍用地を農地として速やかに処分するよう要請があり、一九四七年八月に大蔵次官と農林次官の間で覚書「旧軍用地の管理替促進に関する件」が交わされ、原則として一〇月三一日までに所管換を完了することとなり、急速に処理が進んだ（図2－3参照）。そして一九五五年度までに、自作農創設のために二一四五平方キロメートルの旧軍用地が農地として処分され、旧軍用地は戦後の農地改革に大きく貢献した。尚、これは同期間に処分された旧軍用地の総面積二四五七平方キロメートルの八六・五％を占めた。

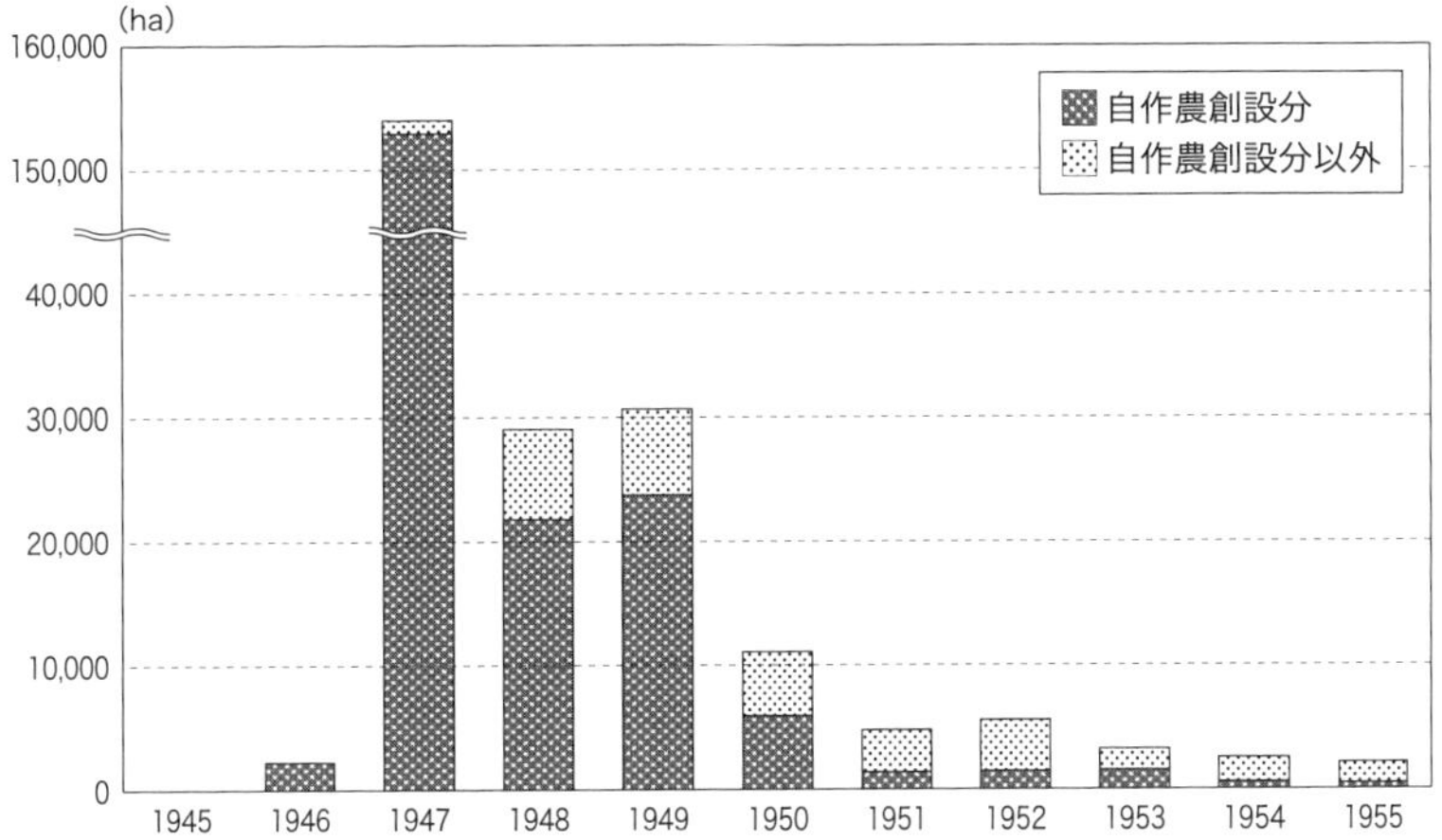

図2-3　旧軍用地の処分実績の推移（1945〜1955年度）

［資料］大蔵省財政史室編『昭和財政史――終戦から講和まで――第19巻』（p.344、東洋経済新報社、1978年）より筆者作成

緊急開拓事業や自作農創設とは別に、市街地内の旧軍用地が一時的に農地として利用されることもあった。というのも、食糧増産は何よりも優先する喫緊の問題であったため、将来の転用用途が都市計画で決定されたとしても、農地として暫定的に使用することが認められていたのであった(43)。しかし、先述したように「自作農創設特別措置法」によって、農耕に供している国有地は農林省に移管されることとなったため、農地としての継続利用か、都市計画用地としての返還かといった問題が起きた。こういった齟齬を避けるため、一九五八年の「開拓事業実施要綱の制定について」（農林事務次官通達）では、都市近郊の旧軍用地などを開拓用地として取得することに対して慎重を期すよう指示がなされた(44)。

このように、終戦直後の最重要課題である食糧増産のために、演習場、飛行場、牧場などの建物の少ない旧軍用地を農地として開拓する方針が早くから出され、自作農創設制度と相まって、大量の旧軍用地が農地へと転用されることとなった。こういった旧軍用地の開拓農地化は、農村部が主な舞台であった。一方、都市部の旧軍用地においても、農地として一時的に使用することは認められており、耕作されている国有地が「自作農創設特別措置法」によって農林省に移管されることとなったことで、都市計画との齟齬が問題化することもあった。

注

1　松山薫『第二次世界大戦後の日本における旧軍用地の転用に関する地理学的研究』（三三〜三六、九八〜一三四頁、東京大学学位論文、二〇〇一年）
2　大蔵省財政史室編『昭和財政史——終戦から講和まで——第17巻』（一五〇〜一五二頁、東洋経済新報社、一九八一年）
3　旧軍財産の施設については、比較的大規模な物件は中央で、小規模な物件は地方で決定することとなった。
4　前掲注2の四二頁
5　大蔵省財政史室編『昭和財政史——終戦から講和まで——第9巻』（四〇頁、東洋経済新報社、一九七六年）
6　この理由について、当時、大蔵省国有財産部長であった加藤八郎氏は、『戦後における国有財産に関する諸問題』（一〇頁、大蔵省調査部・金融財政事情研究会、一九五二年）において、ＧＨＱは旧軍財産が、財閥あるいは制限会社、外国人特にソ連、旧日本軍人の手に渡ることを非常に警戒していたと述べている。
7　大蔵省大臣官房地方課編『大蔵省財務局五十年史』（一四頁、大蔵省大臣官房地方課、二〇〇〇年）
8　広島平和記念都市建設法、長崎国際文化都市建設法（以上、一九四九年）、旧軍港市転換法、首都建設法、別府国際観光温泉文化都市建設法、伊東国際観光温泉文化都市建設法、熱海国際観光温泉文化都市建設法、横浜国際港都建設法、神戸国際港都建設法、奈良国際文化観光都市建設法、京都国際文化観光都市建設法（以上、一九五〇年）、松江国際文化観光都市建設法、芦屋国際文化住宅都市建設法、松山国際観光温泉文化都市建設法、軽井沢国際親善文化観光都市建設法（以上、一九五一年）。
9　文部省『学制百年史（記述編）』（八一七頁、ぎょうせい、一九七二年）
10　前掲注9の八二〇〜八二一頁

11　兵務課とは、軍紀や風紀に関する事項を担当した部署。

12　陸軍省兵務課「学校、兵営、倉庫、廠舎等ヲ文部省管下学校ニ使用セシムル件案」（『陸軍土地建物施設処分委員会綴』防衛省防衛研究所図書館蔵、一九四五年）

13　「戦災者越冬対策要綱」（『昭和二〇年八月一四日起次官会議事項綴』国立公文書館蔵）には、「新規住宅の建築を促進すると共に残存堅牢建築物の住宅化を速急に実施し適正家賃にて戦災者特に壕舎、仮小屋に居住する者を優先的に之に居住せしむること」とある。さらに「軍需工場会社の工員宿舎、合宿寮等の遊休居住施設に於ても前段に準ずる取扱を為すこと」とあり、陸軍造兵廠や海軍工廠、民間軍需工場の工員宿舎等を罹災者収容を目的とした住宅に転用することが、終戦直後の八月の時点で既に決定されていた。

14　「罹災都市緊急住宅対策費国庫補助要綱」（一九四五年一一月二二日戦災復興院次長各地方長官宛通牒）

15　本間義人『戦後住宅政策の検証』（四一頁、信山社、二〇〇四年）による。

16　上崎哉「住宅政策の政治過程―応急簡易住宅から公営住宅法制定まで―」（『早稲田政治公法研究』63号、一七一〜二〇二頁、早稲田大学、二〇〇〇年四月）によれば、国庫補助の与えられた応急簡易住宅が四万二五九五戸であり、これが四万三〇〇〇戸の応急簡易住宅建設戸数とされているのであって、国庫補助の与えられていないものも含めれば、二倍程度の応急簡易住宅が建設されたと考えるのが妥当としている。

16　前掲注15本間著書の四一頁

17　「住宅緊急措置令」の第二条には、「地方長官必要アリト認ムルトキハ罹災建物其ノ他ノ建物（寄宿舎及空住宅ヲ含ミ此等以外ノ住宅ヲ除ク）又ハ住宅トシテ使用シ得ベキ建物以外ノ工作物（以下建物等ト総称ス）ニシテ現ニ使用セラレズ又ハ使用上余裕アリト認メラルルモノ及其ノ附属物件ニ付公共団体、恩賜財団同胞援護会、住宅営団其ノ他地方長官ノ指定スル者ノ為使用権ヲ設定スルコトヲ得」と定められている。

18　前掲注15本間著書の四一頁

19　前掲注15上崎論文の一七六～一七九頁

20　前掲注15上崎論文の一八一頁によると、一九四八年度に「新築の事業主体はなるべく都道府県又は市」、一九四九年度には「事業主体は都道府県又は市」とされた。尚、一九四八年度には約四万六〇〇〇戸、約一九四九年度には二万五〇〇〇戸が建設されたという。

21　例えば仙台市の追廻練兵場跡地には、住宅営団が建設した約六二〇戸の応急簡易住宅が入居者に払い下げられた。この場所は戦災復興計画において、仙台総合運動場（青葉山公園）の計画区域とされたが、立ち退き問題が難航し、全面的に解決したのは二〇一〇年であった。

22　公営住宅法制定までの経緯は、前掲注15上崎論文の一八九～一九七頁に詳しい。

23　この通牒では、建物については「戦災都市内及ビ其ノ近接地ニ在ル軍用建物ハ、特ニ壕舎又ハ假小屋生活者ヲ優先セシメ、戦災者等要保護者ノ本年度越冬用住宅ニ使用セシムルモノトシ、其ノ他ノ建物ハ外地引揚者ノ収容施設ニ充當スルモノトス」、土地については「戦災都市内竝ニ其ノ近接地ニ在ル元軍用地ハ簡易住宅建設用敷地ニ充當スルコトヲ得」るといったように、具体的な方針も示されていた。

24　戦災復興院業務局住宅建設課「復興住宅の建設状況」（『復興情報』二月号、一六～一七頁、戦災復興院、一九四六年）に掲載されている「住宅営団事業現況調」によると、東京、横浜、名古屋、広島、高松、仙台において、既に一九四五年一一月末までに五一七六戸の「元軍用建物転用」住宅を完成させ、一九四五年度中には八六〇二戸が完成予定となっている。

25　「復興住宅建設基準」（『復興情報』六月号、一九頁、戦災復興院、一九四六年）

26　前掲注25の二〇頁

27　前掲注7の一三～一四頁

28　前掲注5の六六頁によれば、その後も再三にわたって追加された。

29　前掲注5の六二～六五頁には、政府が直接保守管理に当たった賠償指定物件が、陸軍工廠（造兵廠、航空廠、燃料廠等）、陸軍研究所、海軍工廠（工廠、航空廠、燃料廠等）、海軍研究所の四つに分けてリスト化されている。

30　西川博史解説・訳、竹前栄治・中村隆英監修『GHQ日本占領史　第25巻　賠償』（六〜八頁、日本図書センター、一九九六年）

31　前掲注5の一六〜一七頁によれば、賠償指定の全面解除は一九五二年四月の日米平和条約の発効を待たねばならず、それまでは、賠償物件の一時使用許可によって操業が再開された。

32　第一節でみたように、閣議決定に先立ち、大蔵省企画室が検討していた「国有財産ニ関スル善後措置並ニ今後ノ活用方策」（八月二五日）においては、第一項「方針」で「陸海軍所管国有財産及各省所管国有財産中戦争終結ニ伴ヒ本来ノ用途ヲ廃止セラルルモノハ極メテ莫大」とした上で、「賠償、復員等ニ因リ膨張スルモノト認メラルル財源需要ニ対処」するとしている。また、第二項「要領」の「活用方策ノ概要」の四番目に「産業ノ復旧及振興ノ見地ヨリ処分スベキモノ」として「戦後ニ於テ許容サルベキ産業ノ施設トシテ使用スルヲ適当ト認メラルル土地、建物、器具、機械等ニ付テハ速ヤカニ譲渡其ノ他ノ処分ヲ行ヒ以テ国民経済ノ復興ニ資スルヲ要ス」とある。

33　海軍省所管の軍需工場の転用方針・転用計画については、陸軍省ほど史料が発見できていないが、例えば「第一次海軍施設転用計画」（『昭和二〇年一〇月幣原内閣次官会議書類』国立公文書館蔵）では、海軍燃料廠を硫安（硫酸アンモニウム）製造のために民間工場に一時使用させる案や、海軍工廠を車両修理工場として運輸省鉄道総局に使用させる案が盛り込まれており、陸軍省の場合と同様に、民生品の生産工場へと転換させる計画となっていた。

34　戦備課とは、軍需品の統制・補給・製造に関する事項を担当した部署。

35　「造兵廠施設利用状況調書」には作成日付がないが、これが綴られている『陸軍土地建物処分委員会綴』（防衛省防衛研究所図書館蔵）が一九四五年九〜一〇月の資料を綴ったものであり、九月二九日の日付のある「造兵廠施設ノ平和産業ヘノ可及的転換計画」及び「航空関係作業庁平和産業転換計画」の後に綴られていることから、一九四五年一〇月作成と推察される。

36　兵器行政本部とは、陸軍造兵廠などを所管した陸軍省の外局。

37　前掲注15上崎論文の一七四頁では、「応急簡易住宅の主眼は大量生産される規格化された住宅部品の供給にあり、賃貸住宅の供給は補足的なものでしかなかった」と指摘されている。

38　日本国有鉄道『日本国有鉄道百年史　通史』(三五六頁、日本国有鉄道、一九七四年)

39　「飛行場農耕計畫並ニ現況」(陸軍航空本部、陸軍航空總軍)、「飛行場農耕化等ニ関スル資料」(陸軍航空本部)、「不用飛行場ノ塩田化ニ関スル件」、「海軍飛行場一覧表」等で、いずれも前掲注35『陸軍土地建物施設処分委員会綴』に所収されている。

40　戦後開拓史編纂委員会編『戦後開拓史』(九五頁、全国開拓農業協同組合連合会、一九六七年)

41　前掲注7の一二頁

42　例えば愛知県では、甚目寺飛行場、豊場飛行場、大清水飛行場、上野飛行場、名古屋北練兵場、小幡ヶ原演習場、本地ヶ原演習場、高師・天伯原演習場が、開拓候補地として挙げられていた。

43　例えば「軍用跡地ヲ都市計画緑地ニ決定スルノ件」(一九四六年)では、軍用跡地を都市計画緑地に決定しても「暫定的ニ農園」「トシテ利用スルコトハ認メテ」いた。また、「戦災復興土地区画整理ニ伴フ軍用跡地等国有地ノ措置ニ関スル件」(一九四六年)でも、土地区画整理事業施行区域内において軍用跡地等の処理を実施するまでは「食糧増産ノタメ利用ノ方途ヲ講ズル」ことができるとしていた。

44　「開拓事業実施要綱の制定について」(農林事務次官通達)において、開拓用地等の取得上特に留意すべき事項として、「公用、公共用、または国民生活の安定上必要な施設のように供しているものまたは近くこれらの目的に供することが明らかであるものについては、その土地等は、開拓用地として取得しないものとする。特に都市近郊に立地する旧軍用地等については、他用途への転用の必然性が強いものと考えられるので開拓用地の取得に当っては慎重に取り扱うものとする」と明記されている。

第三章　戦災復興計画における旧軍用地の転用方針とその成果

はじめに

都市計画行政は、旧軍用地をどのように扱ったのであろうか。本章では、この点について、戦災復興計画を対象としてみていきたい。というのも、戦災復興計画において旧軍用地をどう位置づけるか、戦災復興院からその方針が示されていたのである。

戦災復興院から出された旧軍用地の取扱方針は、総括的な方針と、特定の都市施設への転用を定めた具体的な方針に分けられる。総括的な方針とは、「戦災地復興計画基本方針」（及び「戦災復興土地区画整理ニ伴フ軍用跡地等国有地ノ措置ニ関スル件」）によって示されたもので、簡潔に言えば、復興土地区画整理事業区域内の旧軍用地は公共用地か市街宅地に充てるという、大まかな基本方針に留まるものであった。一方、具体的な方針とは、「軍用跡地ヲ都市計画緑地ニ決定スルノ件」として、旧軍用地の公園・緑地としての計画決定を指示したというものである。

そのため各戦災都市において、戦災復興計画が具体に検討されるなかで、実情に応じながら旧軍用地が公園あるいは緑地として、積極的に位置づけられたのではないかと考えられる。しかし、各都市の戦災復興計画における公園・緑地計画において、旧軍用地がどれほど重要な位置を占めていたのかについて検討を加えた既往研究は見当たらない。例えば、佐藤（一九七七）は、国有財産法第二二条の規定に基づき、多くの旧軍用地が公共団体に対して無償貸付され、公園・緑地として整備されたことを指摘しているものの、戦災復興計画と旧軍用地との関係については、「都市計画関係当局は、鋭意軍用跡地の公園緑地への転換を図り、充づ都市計画法による計画決定を進め(1)」たことに触れただけであった。旧軍用地が公園・緑地用地として重要な役割を果たしたという指摘がなされている一方で、その成果をもたらした戦災復興計画との関連については実証されておらず、旧軍用地の公園・緑地への転用に対して、計画面からの評価は十分になされていない。

そこで本章では、戦災復興院から出された旧軍用地の転用方針を整理した上で、特に、公園・緑地としての計画決定と転用に焦点を当て、個別の都市を考察対象として戦災復興計画と旧軍用地との関係を明らかにしたい。

第一節　戦災復興計画と旧軍用地の転用方針

第一項　戦災都市指定と軍事都市

第二次世界大戦では、日本全土が爆弾攻撃あるいは焼夷弾攻撃による空襲や艦砲射撃を受け、主要な都市は灰燼に帰した。戦災復興院では、そのうち比較的大規模な戦災を受けた一一五都市を戦災都市に指定し、一九四六年一一月制定の特別都市計画法に基づき、戦災復興計画が策定されることとなった(2)。これら戦災都市の被害状況は、罹災面積約一億九一〇三万八〇〇〇坪、罹災人口約九七〇万人、罹災戸数約二三二万戸、死者数約三三万人、負傷者数約四三万人にも及んでいる(3)。

師団設置都市をはじめとした軍事都市(4)において、師団司令部や兵営などが爆撃対象となり、壊滅的な被害を受けたかというと、そうではない。戦略戦術上の理由から、陸軍造兵廠、海軍工廠などの軍需工場や陸海軍の飛行場は、爆撃の標的となった。まず、日本軍の兵站能力を奪い、日本の戦争遂行能力を低下させるという点において、軍需工場が標的となった。また、戦局を有利に進めるためには制空権の掌握が必要で、日本軍の航空戦力を奪うために飛行場とそこに格納されている航空機が標的となった。これに対し、陸軍の各部隊は、中国大陸や南方といった外地に展開しており、僅かな留守部隊が残されていたものの、各兵営は空き家に近い状態であった。もぬけの殻ということで標的とはなり得ず、官衙、兵営、倉庫などは比較的軽微な被害を受けただけで済んだことが多く、焼け残った旧軍建物が様々な用途に転用されることとなった。

空襲は必ずしも軍事施設を標的としていなかったとはいえ、戦災都市の中には師団設置都市をはじめとして、何らかの軍事施設が設置されていた軍事都市も多かった。表3－1に、戦災都市として指定された一一五都市を罹災面積の大きい順に並べたが、このうち四四都市（三八・二％）は軍事都市であった。特に罹災面積が上位の都市に軍事都市が多い傾向があり、罹災面積一〇〇万坪以上の四八都市では、三〇都市（六二・五％）が軍事都市であった。終戦により遊休地化した旧軍用地を戦災復興計画の中にどう位置づけるかは、一部の限られた都市の問題ではなく、多くの都市に共通の問題であったと言えよう。

表3-1　戦災都市の罹災状況と軍事都市

都市名	罹災面積(坪)	罹災戸数	備考
高松	1,167,000	18,913	
福岡	1,140,000	12,693	歩兵旅団
熊本	1,103,370	11,906	第6師団
四日市	1,100,000	10,854	海軍燃料廠
清水	1,100,000	8,720	
徳山	1,080,000	4,622	要港
松山	1,073,000	14,300	歩兵連隊
津	1,020,000	10,294	歩兵旅団
大牟田	1,004,300	11,082	
宇都宮	1,000,000	9,173	第14師団
八王子	990,000	16,543	
福山	950,000	10,179	歩兵連隊
平塚	950,000	7,200	
八幡	922,000	14,380	
松崎	757,000	5,732	
千葉	700,000	8,904	鉄道連隊
桑名	697,000	9,849	
延岡	628,300	3,649	
鳴尾	623,100	4,158	
宮崎	620,000	4,527	
岡崎	600,000	7,542	
宇部	600,000	6,233	
御影	567,000	4,765	
佐世保	540,000	12,114	軍港
大垣	540,000	4,822	
串木野	530,000	2,328	
下関	477,000	10,917	重砲兵連隊
久留米	474,930	4,506	第12師団
都城	440,000	1,945	歩兵連隊
宇治山田	421,330	4,859	
大分	409,000	3,366	歩兵連隊
宇和島	398,000	7,252	
銚子	380,000	5,142	
芦屋	364,000	3,054	
熊谷	352,718	3,630	
門司	349,000	4,436	
住吉	301,000	2,695	
本庄	280,000	2,396	
本山	272,000	3,505	

都市名	罹災面積(坪)	罹災戸数	備考
東京	48,700,000	711,940	近衛・第1師団
大阪	15,300,000	310,955	第4師団
名古屋	11,675,172	135,203	第3師団
釜石	8,179,000	4,421	
横浜	6,940,000	98,361	海軍燃料廠
神戸	5,900,000	128,000	
富山	4,172,700	24,914	歩兵連隊
広島	3,630,000	67,860	第5師団
前橋	3,592,173	20,871	
川崎	3,500,000	38,514	
鹿児島	3,270,000	21,961	歩兵旅団
沼津	2,568,600	9,466	造兵廠、海軍工廠
静岡	2,304,400	24,644	歩兵旅団
浜松	2,300,000	31,201	歩兵連隊
岡山	2,300,000	25,032	歩兵旅団
西宮	2,253,000	13,013	
徳島	2,200,000	16,899	歩兵旅団
長崎	2,031,000	18,640	
和歌山	2,000,000	27,853	歩兵旅団
姫路	1,980,000	11,638	第10師団
今治	1,811,500	8,212	
福井	1,800,000	22,847	
岐阜	1,700,000	20,427	歩兵連隊
青森	1,600,000	15,930	歩兵連隊
尼崎	1,600,000	12,798	
呉	1,543,495	23,598	軍港
郡山	1,510,000	2,351	
堺	1,500,000	19,106	
仙台	1,500,000	11,642	第2師団
岩国	1,500,000	1,183	陸軍燃料廠
長岡	1,420,000	12,719	
水戸	1,400,000	11,600	歩兵連隊
豊橋	1,300,000	17,392	歩兵連隊
高知	1,266,400	11,912	歩兵連隊
甲府	1,260,000	18,094	歩兵連隊
一宮	1,230,000	10,468	
明石	1,214,537	10,968	
日立	1,180,000	14,750	

都市名	罹災面積(坪)	罹災戸数	備考
加治木	247,000	778	
川内	245,000	2,042	
若松	236,000	1,050	
垂水	223,710	1,785	
敦賀	215,000	4,277	歩兵旅団
水俣	190,300	144	
根室	181,000	2,357	
魚崎	148,000	1,325	
山川	112,000	570	
新宮	97,000	4,583	
伊勢崎	90,000	1,949	
荒尾	90,000	878	陸軍造兵廠
釧路	75,076	1,396	
花巻	70,000	673	
高萩	63,230	572	
宮古	62,100	452	
阿久根	57,300	850	
油津	57,000	800	
布施	54,180	1,084	
富島	45,400	689	
宇土	45,000	301	
本別	43,000	392	軍馬補充部
高鍋	40,000	268	軍馬補充部
多賀	37,000	527	
境	35,163	431	
平	35,000	2,290	
豊浦	30,000	420	
海南	27,800	194	
西之表	27,000	238	
小田原	26,600	402	
高崎	24,000	668	歩兵旅団
塩竈	23,900	486	
鹿沼	18,500	257	
東市来	16,000	203	
函館	11,000	408	重砲兵連隊
盛岡	10,300	164	騎兵連隊
勝浦	8,000	730	
田辺	6,200	124	
合計	191,076,784	2,317,325	

［注1］建設省計画局区画整理課調、備考は筆者記入。
［注2］濃い網掛けは師団設置都市、薄い網掛けはそれ以外の軍事都市を表す。
［資料］建設省編『戦災復興誌　第一巻』（一六〜一七頁、㈶都市計画協会、一九五九年）より筆者作成。

例えば、全国に一四都市あった師団設置都市では、東京、仙台、名古屋、大阪、広島、熊本、姫路、久留米、宇都宮の九都市が、戦災都市に指定された。このうち、罹災面積が圧倒的に大きい東京を除く八都市の平均罹災面積は四五八万二九三四坪であり、それ以外の戦災都市（東京は除く）一〇六都市の平均罹災面積九九万七二九五坪を大きく上回る。また、久留米を除く七都市において、罹災面積が一〇〇万坪以上であった。このように罹災面積からみると、戦災都市に指定された師団設置都市は、全国の戦災都市の中でも被害が大きい類に入る。

戦災からの復興は、都市全体を近代都市計画理論に基づく理想都市に作り変える千載一遇の好機でもあった。この点

において は、大きな戦災を受けた都市は他の都市に比べ、都市構造再編の機会に恵まれたと言える。そして、それを実現するのが戦災復興計画であった。

大きな戦災を受けた軍事都市では、戦災復興という都市構造再編の機会を前に、終戦により遊休地化した大量の旧軍用地を如何に戦災復興計画に位置づけ、活用するかが課題となっていたのである。

第二項　戦災復興計画における旧軍用地の転用方針

(1)「戦災地復興計画基本方針」及び「戦災復興土地区画整理ニ伴フ軍用跡地等国有地ノ措置ニ関スル件」

戦災復興計画をどのように進めるかについては、全国共通の基本方針として、一九四五年一二月三〇日に閣議決定「戦災地復興計画基本方針」が出された。この中で、旧軍用地の取扱は次のように定められた。

五　土地整理

（略）

(四)移転スベキ罹災ノ施設又ハ営造物ノ跡地、兵舎其ノ他軍用地跡地ハ官公衙、街路、公園其ノ他公共用地ニ充ツルモノノ外之ヲ市街宅地ト為スコト

即ち、復興土地区画整理事業区域内において、旧軍用地は、官公庁施設、街路、公園などの都市施設（公共用地）や市街宅地として活用するという方針が出されたのであった。戦災復興事業の成否の鍵を握る復興土地区画整理事業を円滑

に進めるため、事業区域内の旧軍用地を可能な限り利用したいという戦災復興院の意図が表れている。

そして翌年一一月五日には、各地方長官、財務局長宛に通牒「戦災復興土地区画整理ニ伴フ軍用跡地等国有地ノ措置ニ関スル件」が出され、旧軍用地の取扱方法が次のように定められた。

二　軍用跡地等国有地ノ処理ハ概ネ次ニヨルコト。

イ　官衙、街路、港湾、河川、防風、防火等ノ用ニ供スルタメ必要アル時ハ公共用財産、公用財産トシテ主務大臣ニ管理換ヲスルコト。

ロ　公衙、学校、運動場、市場、公園、緑地、鉄道、軌道、運河、水道、下水道、屠場、墓苑、墓地、火葬場、塵埃焼却場等ノ用ニ供スルタメ必要アルトキハ使用ノ態様ヲモ勘案シ、売払又ハ貸付ヲスルコト。

ハ　市街宅地ノ用ニ供スルタメ必要アルトキハ、原則トシテ特別都市計画事業ノ執行者ニ売却スルコト。

三　（略）

四　軍用跡地等国有地ハ土地区画整理施行地区ニ編入後ニオイテモ、第二項ノ処理ヲ実施スルニ至ル迄ハ仮設住宅ノ建設食糧増産等ノタメ利用ノ方途ヲ講ズルト共ニ従来ノ施設ハナルベクソノママ利用スル等地方ノ実情ニ応ジ適宜措置スルコトガデキルガ、コノ場合都市計画ノ趣旨ヲ尊重シ事業実施ニ大ナル支障ヲ与エヌヨウ注意スルコト。

第二項には、国が公共用財産あるいは公用財産として利用する場合は所管換、公共団体が利用する場合は売払あるいは貸付とすることが示されている。また、市街宅地とする場合であっても、特別都市計画事業の執行者、即ち、当該公共団体への売却が原則とされている。このように戦災復興事業における旧軍用地の転用は、国あるいは公共団体といった、公的主体による実施が前提とされていた。

さらに第四項には、戦災復興計画において旧軍用地を何らかの都市施設や市街宅地として利用することを決定した場合であっても、事業実施に大きな支障を与えない範囲であれば、仮設住宅の建設や食糧増産といった終戦直後の緊急ニーズに対応した利用を一時的に認めることが示されていた。

このように「戦災地復興計画基本方針」と関連する通牒「戦災復興土地区画整理ニ伴フ軍用跡地等国有地ノ措置ニ関スル件」によって、復興土地区画整理事業に関連して行う旧軍用地の転用については、公的主体が都市施設あるいは市街宅地として活用すること、事業実施に支障のない範囲で一時利用を認めることが定められた。しかし、どのような旧軍用地をどのような用途として利用するかについて、具体的な指針は含まれていなかった。

(2)「軍用跡地ヲ都市計画緑地ニ決定スルノ件」

どのような旧軍用地をどのような用途として活用するかについては、都市施設の一つである「公園・緑地」への転用に関してのみ、戦災復興院から具体的な指針が示された。一九四六年五月三〇日に各地方長官宛の通牒「軍用跡地ヲ都市計画緑地ニ決定スルノ件」が出されたのであった。(5)「従来全国都市ノ緑地ハ面積ガ狭小デアッテ、コノ儘デハ将来市民ノ保健衛生上カラ極メテ寒心ニ堪エナイ」ために、前年の「戦災地復興計画基本方針」では「緑地面積ヲ市街地面積ノ一割以上トシテ整備スルコトニ定メラレタ」ということを踏まえ、旧軍用地を都市計画緑地に決定するよう、具体的な指針が次のように定められた。

一　大都市デハ市域ノ外周略々十粁、中小都市デハ同ジク六粁ノ範囲内ニアル旧演習場、練兵場ナドデ、建築物ノ少ナイ軍用跡地ハ、此ノ際都市計画緑地ニ決定シテオクコト。右都市計画決定ヲシタ緑地ハ、将来ノ事業実現ヲ容易ニスル為ニ、暫定的ニ農園ヤ仮設建築物敷地ナドトシテ利用スルコトハ認メテモ、都市計画事業施行者以外ニハ敷地ヲ譲渡シナイコト。尚大都市ノ外周ニアツテ第一項ノ範囲外ニ亘ル軍用跡地デモ、地方計画上特ニ確保スル必要ノアルモノハ右ニ準ジテ取扱ウコト。

二　旧要塞地帯ナドデ地方計画上存置ノ必要ガアル景勝地ノヨウナ所ハ、県立公園等ノ保勝地トシテ永ク確保スル為前号ニ準ジテ取扱ウコト。

戦災復興計画の策定にあたって、大都市では一〇㎞圏、中小都市では六㎞圏にある旧演習場、練兵場などの建物の少ない旧軍用地は、都市計画緑地として決定するよう指示が出された。但し、都市計画事業施行者以外に土地を譲渡しないことを条件に、農地や仮設建設用地としての一時利用は認められた。さらに、大都市では、地方計画上特に必要な場合、一〇㎞圏外の旧軍用地も都市計画緑地として決定するよう指示されている。また、都市部以外の旧軍用地については、旧要塞地帯などで保全の必要がある景勝地は、県立公園などの保勝地として確保することとされた。

この「軍用跡地ヲ都市計画緑地ニ決定スルノ件」を受け、各都市の戦災復興計画において、まとまった規模の用地を確保できる旧軍用地が、比較的規模の大きい公園・緑地として計画決定されることとなる。

尚、内務省都市計画局の公園担当技師北村徳太郎が一九二四年に執筆したとされる「公園計画に就て」では、公園系統の樹立に当たり、練兵場や飛行場との関連を考察する必要があると言及されており、内務省都市計画局では大正時代から、軍用地を公園緑地系統の中に位置づけること、あるいは旧軍用地の公園・緑地への転用を考慮に入れていたと思われる。(6) 実際、日比谷公園は日比谷練兵場跡地を、当時、開園に向けて整備中であった明治神宮外苑は青山練兵場跡地を転用したものであった。そして、内務省勤務時代から旧軍用地を公園緑地系統の中で活かそうという考え方のあった北村徳太郎は、終戦後に戦災復興院施設課長となり、公園・緑地用地を確保する策として、通牒「軍用跡地ヲ都市計画緑地ニ決定スルノ件」を出したのであった。

第二節　旧軍用地の戦災復興公園としての位置づけと公園緑地整備

第一項　戦前及び戦災復興期における公園緑地行政の進展と公園整備状況

(1) 戦前の公園緑地行政と公園整備状況

一九三三年の内務省調査によると、当時、一道三府三七県で合計一四六箇所、総面積約五九五二ヘクタールの公園があったとされ、このうち八九・二%に相当する五三〇八ヘクタールが国有地であった（表3－2参照）。但し、後に国立公園などに編入された公園が一〇箇所、総面積三九五六ヘクタールある。これを差し引いた一九九六ヘクタール（九七都市、一三六箇所）が、所謂都市公園ということになる。この都市公園のうち八三・九%に相当する一六七四ヘクタールが国有地であり、この面積が終戦時の地盤国有公園の実数とされる。

一九三三年以降、終戦までに開園した地盤国有公園以外の公園面積は定かではないが、終戦時の公園総面積は約五〇〇〇ヘクタールと推定されており、これに基づくならば終戦時の公園の約三分の一を国有地が占めていたこととなる[7]。

一方、一九一九年に都市計画法が制定されると、公園が都市施設の一つとして位置づけられた。しかし、戦前の都市計画は、都市計画区域、街路計画、地域指定の決定に重点が置かれたため、公園計画の決定は後手にまわされた。公園・緑地については、一九四〇年までに全国二七都市において計画決定が行われ、九都市において事業決定が行われただけであった[8]。

また、一九四〇年の都市計画法改正により、緑地が都市施設の一つとして位置づけられ、一九四三年度までに、大緑地は一七都市において六五箇所、総面積約三九〇三ヘクタール、小緑地は三一都市において九六箇所、総面積約四八五ヘクタールが都市計画決定された[9]。

表3-2　1933年内務省調査による公園面積（ha）

所有	公園面積	国立公園などに編入した10公園を除く面積
国有地	5,308	1,674
公有地	590	286
民有地	54	36
総面積	5,952	1,996

［注］1933年12月調査。国有地は御料地、内務省所管、大蔵省所管、農林省所管。
［資料］佐藤昌『日本公園緑地発達史　上巻』（p.670、都市計画研究所、1977年）より筆者作成。

(2) 戦災復興公園計画と事業の進展

一九四五年一二月三〇日の閣議決定「戦災地復興計画基本方針」において、公園・緑地は主要施設の一つとして次のように定められた。

1．公園運動場、公園道路其ノ他ノ緑地ハ都市、聚落ノ性格及土地利用計画ニ応ジ系統的ニ配置セラルルコト

2．緑地ノ総面積ハ市街地面積ノ一〇％以上ヲ目途トシテ整備セラルルコト

3．必要ニ応ジ市街外周ニ於ケル農地、山林、原野、河川等空地ノ保存ヲ図ル為緑地帯ヲ指定シ其ノ他ノ緑地ト相俟ツテ市街地ヘノ楔入ヲ図ルコト

全国の都市の緑地面積が狭小で保健衛生上問題があるという認識に基づく計画指針であり、前二者の公園緑地系統の構築、市街地面積の一〇％以上の確保は、都市施設としての都市計画緑地（営造物としての公園・緑地）、後者のグリーンベルトの構築は、土地利用規制としての地域制の緑地地域（一九六八年の新都市計画法で市街化調整区域に継承）についての指針であった。

この戦災地復興計画基本方針に基づき、各戦災都市において戦災復興公園計画が策定された。しかし当時は、計画決定した新たな公園・緑地の整備はおろか、別の用途に転用される既設公園まであったほどで、既設の公園・緑地の復旧さえも儘ならなかった。財政難の中で整備費用の捻出が困難であったことも理由の一つであるが、公園・緑地として計画決定された土地が、食糧増産のために一時的に農地として利用されたことも大きい。既に見たように、「軍用跡地ヲ都市計画緑地ニ決定スルノ件」においても、公園・緑地の計画決定区域内の土地を一時的に農園として利用することが認められていた。尚、当時の食糧不足は深刻であり、戦時中から臨時的に農場化されていた既設の公園・緑地も多く存在した。

そして、一九四六年の自作農創設特別措置法に伴う農地改革では、公園・緑地内の耕作地は既設農地としてみなされ、農地としての買収の対象となった。これに基づき一九五一年に、都市計画決定された公園・緑地のうち約七三五ヘクタールが農地として買収されている。(10) また、既設の公園・緑地は、戦後の混乱の中で農地以外にも住宅用地や公用建築

物用地などへと転用された場合もあり、これによって一九四五～五五年に一六三箇所、約三〇六・五ヘクタールの公園緑地が潰廃したと言われている。[11]既設の公園・緑地までも縮小されるような状況であり、戦災復興公園計画に基づく公園・緑地の整備は一向に進まなかった。

(3) 戦災復興公園計画の再検討

計画決定された公園・緑地の整備が進まない中で、ドッジラインへの対応が図られた一九四九年六月の閣議決定「戦災復興都市計画の再検討に関する基本方針」を受けて、戦災復興公園計画も大幅に縮小されることとなった。当初、全国二五四九箇所、総面積約三四八三ヘクタールにおいて計画決定された復興土地区画整理事業区域内の公園・緑地は、一九四九年の再検討により一七九五箇所、総面積約一九二五ヘクタールにまで縮小（減少面積一五八八ヘクタール、減少率四四・七％）された。[12]

そして、特に、計画面積を大幅に減少されたのは、旧軍用地に計画決定された公園（軍用地払下による公園）であった。この理由として、再検討において児童公園、運動場に重点が置かれたとともに、[13]計画区域内に現存する建物用途を考慮して変更することとなったことが挙げられる。[14]というのも、旧軍用地に計画決定された公園は、まとまった面積が確保できるために比較的規模の大きい普通公園として計画されることが多く、また、練兵場などの跡地に計画決定された公園の場合には、一時的に応急簡易住宅の建設を許可していた。そのため、再検討の際に、旧軍用地に計画決定された公園は、廃止あるいは縮小の対象とされたのであった。

当初、旧軍用地に計画決定された公園（軍用地払下基地による公園）は、復興土地区画整理事業区域内において計画決定された公園面積のうち、三四・七％を占める一二一〇ヘクタールにも上った。「軍用跡地ヲ都市計画緑地ニ決定スルノ件」に従って、多くの旧軍用地が公園・緑地として計画決定されたと言えよう。しかし、旧軍用地に計画決定された公園は、再検討によって四一六ヘクタールにまで計画面積を減少された。減少面積は七九四ヘクタール、減少率は六五・六％にも及び、既設公園や減歩による公園と比べても減少幅は大きかった（図3－1参照）。

　このように、復興土地区画整理事業区域内においては、旧軍用地に計画決定された公園を中心に、戦災復興事業の収束に向けて大幅な計画縮小が行なわれた。しかし、次に述べるように復興土地区画整理事業区域外も含めた全域では、

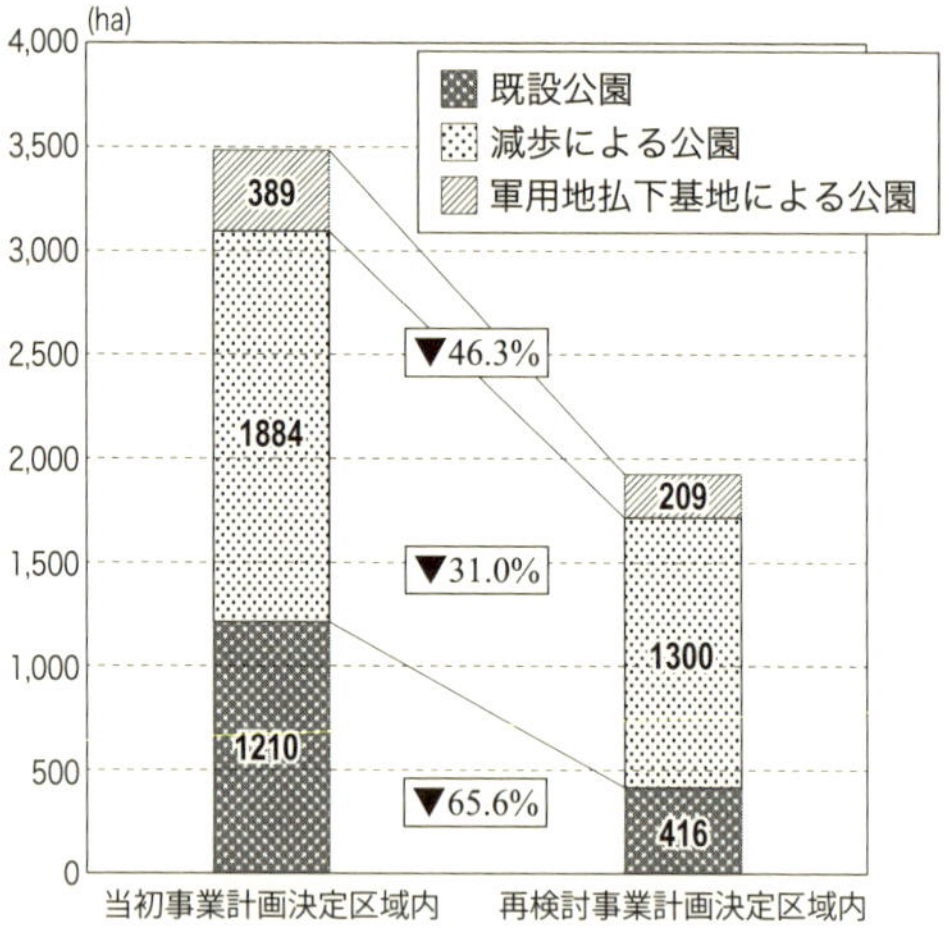

図3-1　復興土地区画整理事業区域内における公園の計画面積変更

［注1］建設省都市局施設課調
［注2］事業区域面積は、当初計画1億5千万坪（1947）、再検討計画1億坪（1949）。
［資料］建設省『戦災復興誌　第1巻』(p.173、㈶都市計画協会、1959年）より筆者作成。

表3-3　戦災復興公園計画の計画面積変更

都市名	当初計画(ha)	再検討計画(ha)	減少面積(ha)	減少率
東京	3,348.7	1,960.4	1,388.3	-41.5%
仙台	69.6	46.1	23.5	-33.8%
名古屋	881.0	814.0	67.0	-7.6%
大阪	813.8	654.0	159.8	-19.6%
広島	167.1	144.0	23.1	-13.8%
熊本	142.3	142.3	0.0	0.0%
姫路	471.5	471.5	0.0	0.0%
久留米	38.6	37.5	1.1	-2.8%
宇都宮	32.1	32.0	0.1	-0.3%
8都市合計	2,583.9	2,309.4	274.5	-10.6%
91都市合計	11,631.7	9,755.1	1,876.6	-16.1%

［注］1949年9月26日建設省都市局調
［資料］建設省『戦災復興誌　第1巻』(p.175、㈶都市計画協会、1959年）より筆者作成。

公園・緑地の計画縮小はそれ程大きいものではなかった。

表3－3に示したように、当初、戦災復興公園計画を策定した九一都市の合計で、一万一六三二ヘクタールの公園・緑地が計画決定された。そして、一九四九年の再検討において九七五五ヘクタールに縮小されたが、減少率は一六・一％に留まった。実は、再検討による公園・緑地の計画変更は、原則として復興土地区画整理事業区域内に留め、区域外での変更は殆どなされなかったのである。[15]しかも、計画の減少面積の合計一八七七ヘクタールのうち七三・九％を占める一三八八ヘクタールが東京におけるものであった。

例えば、東京以外の戦災都市指定の師団設置八都市を例に見てみよう。再検討による公園・緑地の計画面積の減少率は、仙台（減少率三三・八％）や大阪（減少率一九・六％）では、やや大きいものの、八都市の合計では一割程度の減少率であり東京のような大幅減少ではなかった。熊本や姫路のように、公園・緑地の計画面積に全く変更のない都市さえあり、東京以外の戦災都市においては、計画縮小は限定的であった。

第二項　旧軍用地の公園・緑地への転用を促す法制度とその効果

(1) 国有財産法第二二条の規定による無償貸付

一九四六年五月の「軍用跡地ヲ都市計画緑地ニ決定スルノ件」に基づき、戦災復興公園計画において、旧軍用地が公園・緑地として計画決定されることとなった。しかし、旧軍用地に計画決定した公園・緑地を整備するためには、まず、公共団体が国から当該旧軍用地の売払あるいは貸付を受けなければならず、[16]そのための財源確保が問題となった。

これに対し、一九四八年に制定された新「国有財産法」第二二条の規定により、旧軍用地を含む普通財産を公共団体が公園・緑地として利用する場合、無償貸付を受けることができることとなった。(17) 終戦直後の財政難に見舞われていた公共団体にとって、公園・緑地の整備に係る費用のうち最も比率の高い用地費を無償貸付によってゼロにできることは、極めて大きな支援であった。

そもそも先に見たように、戦前の公園面積の大半を占めていた地盤国有公園が、国が土地を提供し、公共団体が公園の管理を行っていたことを考えると、新「国有財産法」による無償貸付の措置は、地盤国有公園の取り扱い方法を引き継いだものと言える。実際、一九五六年に都市公園法が制定されると、「都市公園法に伴う地盤国有公園措置要領」によって、地盤国有公園は普通財産として建設省から大蔵省に所管換され、国有財産法第二二条の規定による無償貸付を受けるものとされた。

戦前の取り扱いを引き継いだと解釈できるとはいえ、戦後日本における国有財産の管理・処分の基本法である新「国有財産法」において、公共団体への無償貸付による旧軍用地の公園・緑地への転用の道が開かれたことは特筆に値することであった。終戦直後の混乱期にあって、学校、医療施設、社会事業施設などの整備は、公園・緑地の整備以上に緊要であったはずだが、旧軍用地をこれらの都市施設に転用する場合の特別措置は、「旧軍用財産の貸付及譲渡の特例等に関する法律」（一九四八年）や、これを継承した「国有財産特別措置法」（一九五二年）の規定に基づく、減額譲渡あるいは減額貸付に留まっていた。

尚、国有財産法による無償貸付は、全国一律に適用される特別措置であったが、特定の都市を対象とした特別法による特別措置も設けられた。一九四九年の「広島平和記念都市建設法」（広島市）、「長崎国際文化都市建設法」（長崎市）、一九五〇年の「旧軍港市転換法」（横須賀市、呉市、佐世保市、舞鶴市）では、法の適用を受ける各都市において、特別都市建設事業の用に供するために必要があると認められる場合は、公共団体に国有財産を譲与できるとされ、旧軍用地を公園・緑地に転用する場合にも適用されることとなった[18]。無償貸付と譲与とでは、所有権を国と公共団体のどちらが有するかという点で根本的な違いはあるものの、土地の取得に対して公共団体の財政的負担がないという点で、実質的な効果にあまり違いはなかった。

(2) 国有財産法第二二条の運用と成果

国有財産法第二二条の規定により、旧軍用地をはじめとした国有地の公園・緑地への転用に、無償貸付という道が開かれたものの、都市計画決定されただけで事業化の見通しが不明なものに対して、大蔵省が無償貸付の決定をすることはなかった。まず、事業実施のための予算を確保することが必要であることから、戦災復興院ではその予算を毎年要求したが、終戦直後の財政難の中で公園事業の予算は殆ど認められなかった。公共団体が独自予算を捻出するとしても、財政状況が厳しいのは国も地方も同じであった。そのため無償貸付による旧軍用地の公園・緑地への転用が実質的に動き出したのは、財政状況が安定する一九六〇年代に入ってからであった。

また、一九六〇年代前半までは経済復興のために、旧軍用地をはじめとした多くの国有地が民間企業に払い下げられ、未利用国有地が減少していった。その一方で、高度経済成長を続ける中、地価高騰が問題化し、国有地の管理処分のあり方が議論されるようになった。そして、一九六五年一一月の「国有財産の管理処分の適正を期するための国有財産に関する制度及びその運用について」答申によって、国有地を公共的用途に充てることを優先することとなり、さらに一九六八年一一月の地価対策閣議協議会において、都市部における国有地の民間払い下げの原則停止、公共用地・公用地としての活用が決定された。こういった方針に加え、この時期に米軍使用の旧軍用地が返還されつつあったことが重な

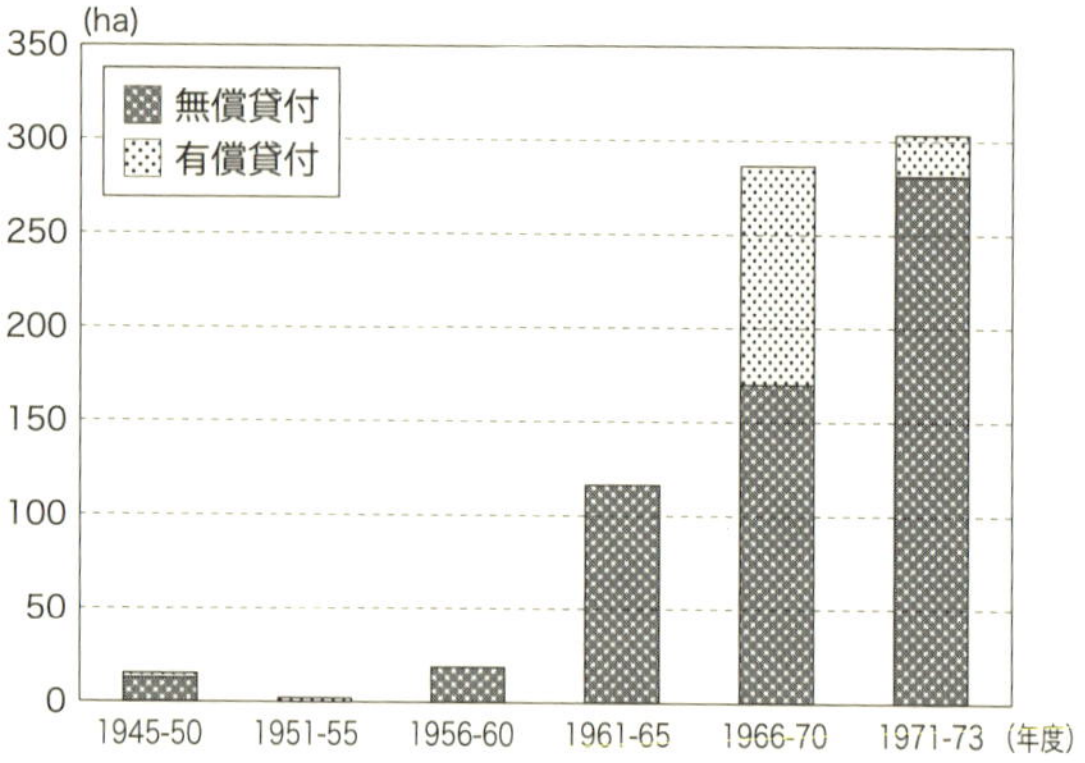

図3-2　旧軍用地の公園・緑地への転用面積の推移（関東財務局管内）

［資料］佐藤昌『日本公園緑地発達史　上巻』（p.437、都市計画研究所、1977年）より筆者作成。

り、旧軍用地の公園・緑地への転用が急速に進められたのである。

例えば、図3－2に示したように、関東財務局管内においては、一九七三年度までに一三三件、七四〇・五ヘクタール（うち一二〇件、五九六・八ヘクタールが無償貸付）の旧軍用地が公園・緑地に転用されているが、一九六〇年度までの一五年間は僅か一六件、三五・一ヘクタール（うち七件、三〇・六ヘクタールの無償貸付）だけである。一九六一年度からは急速に増加し、一九七一～七三年度は僅か三箇年で、二九件、三〇三・一ヘクタール（うち二七件、二八〇・六ヘクタールが無償貸付）に達している。

このように一九六〇年代以降は、無償貸付を受けて、多くの旧軍用地が公園・緑地へと転用されていった。しかし、一方で公共団体が、国有財産法による特別措置に依存しすぎとの指摘があり、「都市及び都市周辺における国有地の有効利用について」（一九七二年）答申を受け、公共団体が公園・緑地として国有地の無償貸付を受ける場合は、それと同程度の公有地を公園・緑地として整備するか、国有地の半分程度を買収することが条件とされ、従来のように国有地の無償貸付を受けることが難しくなった。これは、用地の確保に苦労してきた公園緑地行政にとって非情な決定であったが、裏を返せば、国有財産法の無償貸付の規定が、公園・緑地の整備に大きな成果を挙げていたという証左であった。

第三節　師団設置八都市における戦災復興公園と旧軍用地

第一項　旧軍用地に決定された戦災復興公園

⑴ 当初計画における旧軍用地の位置づけ

ここからは、東京以外の戦災都市指定の師団設置八都市を対象として[19]、戦災復興公園と旧軍用地との関係を具体的に考察していく。

第一章第二節に示した方法によって特定した旧軍用地の範囲と各都市の戦災復興公園計画とを照らし合わせ、公園（緑地、墓苑を含む）として計画決定されている旧軍用地を抽出した。尚、各都市の戦災復興公園計画については、建設省編『戦災復興誌』（財）都市計画協会）の都市編各巻を参照した。この作業結果について、都市ごとに整理し、計画面積などを集計したものが、表3－4である。戦災都市指定の師団設置八都市では、当初計画において二三九箇所、二八二〇・六ヘクタールの戦災復興公園（緑地、墓苑を含む）が決定されたが、このうち一九箇所、一〇五二・九ヘクタール（三七・三％）が、旧軍用地に計画決定された公園であった[20]。宇都宮では旧軍用地に戦災復興公園が決定されることはなかったが、他の七都市では、戦災復興院の通牒を受け、多くの旧軍用地が戦災復興公園として決定されたことが窺える。

都市ごとにみると、名古屋、大阪、広島、熊本、姫路の五都市において旧軍用地を含む公園の計画面積が一〇〇ヘクタールを超えていた。特に、旧軍用地を含む公園の計画面積が最も大きかった姫路では、市街地面積の一割以上の緑地

表3-4　戦災都市指定された師団設置8都市における当初戦災復興公園計画

都市名	当初戦災復興公園		うち旧軍用地を含む公園			備考
	箇所数	面積(ha)	箇所数	面積(ha)	全面積に占める割合	
仙台	13	51.6	4	41.0	79.4%	
名古屋	33	1,066.2	3	283.7	26.6%	墓苑を含む。
大阪	112	824.0	1	164.5	20.0%	
広島	35	167.6	4	100.8	60.1%	
熊本	2	142.3	2	142.3	100.0%	緑地計画。公園計画は復興土地区画整理事業の施行後の1956年に決定。
姫路	26	467.8	4	302.1	64.6%	4箇所の旧軍用地のすべての区域を公園として決定。
久留米	15	38.5	1	18.6	48.2%	
宇都宮	3	62.6	0	0	0.0%	
合計	239	2,820.6	19	1,052.9	37.3%	

［注1］公園、緑地、墓苑が含まれる（但し、緑地地域は除く）。
［注2］仙台2箇所、名古屋2箇所、広島1箇所、姫路1箇所の計6箇所については、公園計画区域に旧軍用地以外の区域を含んでいるが、面積は公園全域の計画面積で集計している。

面積を確保しようと、「公園、運動場、公園道路、その他の緑地は、土地利用計画及び土地の状況に応じ適当に配置し、(略)既往所在の軍用地は一応これに包含させる」[21]ことにしたため、四つの地区にあった旧軍用地が全て公園として決定された。次いで、名古屋、大阪の計画面積が大きかったが、大都市ゆえに多くの公園が必要であり、その公園用地が旧軍用地に求められたと言える。また、都市緑地二箇所が全て旧軍用地であった熊本をはじめ、仙台、姫路、広島といった中都市では、旧軍用地を含む公園の計画面積が当初戦災復興公園の総計画面積の五割以上にもなっていた。

このように、当初戦災復興公園計画においては、旧軍用地を含む公園の計画面積や公園総計画面積に占める割合から、旧軍用地が非常に大きな位置を占めていたことが指摘できる。

(2) 当初計画決定以降の変更

各都市の戦災復興公園については、当初決定以降、たびたび追加・変更が行われている。戦災復興事業の収束までに旧軍用地に決定された戦災復興公園を表３－５に整理しているが、仙台、名古屋、大阪、広島において、新たに一三箇所が追加決定されている。しかし、その一方で、戦災復興事業の収束に向け、大幅な計画縮小も見られた。さらに、『戦災復興誌』では確認できるものの、その後、廃止された公園も多い（表３－５の公園名称欄の廃止表示）。縮小・廃止の理由としては、次のような点が指摘できる。

まずは、市街地の復興や拡大に伴い増大した学校や病院などの都市施設需要に対し、計画面積の大幅な縮小や廃止によって、用地の確保が図られた点である。例えば、名古屋造兵廠千種製造所及び名古屋兵器補給廠の跡地に計画された千種公園では、一九五四年の計画面積の縮小の際、都市計画決定（変更）書に次のような理由書が添えられていた。

　理由書

（前略）第十八号千種公園は軍用跡地であり旧施設も残存するので、公園として適当な地域をできる丈確保し、而して附近に病院、学校等の適当な用地がないので旧施設利用とともにこれに充て、計画公園より削除する（後略）

学校や病院を優先させなければならず、公園計画の縮小はやむを得ないとの判断であった。さらに、広島の東公園、白島公園、久留米の久留米中央公園などでも、縮小・廃止により公園区域から削除された区域が、一九七五年前後の住宅地図では学校などの都市施設となっており、この理由によるものと推測される。

二つ目は、戦災復興公園として決定された旧軍用地において、通牒でも例外的に認められていた農地や応急簡易住宅などの一時使用が、自作農創設特別措置法（一九四六年）や公営住宅法（一九五一年）の制定に伴い、永続利用へと転換され、公園計画の縮小・廃止が余儀なくされた点である。(22)例えば、自作農創設のため、後に広島の東公園は廃止に、熊本

表3-5　旧軍用地に決定された各戦災復興公園の概要

都市名	計画年	公園名称	面積		計画区域に含まれる旧軍用地	備考
仙台	1946当初	①仙台総合運動場	①　22.1	42.4	**追廻練兵場、追廻射撃場**	
		②川内公園	0.5	−	工兵第2連隊※	統合
		③勾当台公園	6.1	4.5	仙台陸軍病院※	外あり
		④西町公園	12.2	11.4	偕行社※	外あり
	1951	⑤宮城野原運動公園		23.2	**宮城野原練兵場**	
	1956	⑥中江公園		0.2	中江工員住宅	
	1958	⑦中江地区公園		0.1	中江工員住宅	
		⑧中江西公園　（廃）		0.1	中江工員住宅	
名古屋	1947当初	①名城公園	②130.0	80.0	第3師団司令部、歩兵第6連隊、（野砲兵第3連隊※）、（輜重兵第3連隊）、名古屋陸軍病院、**北練兵場、東練兵場**ほか	外あり
		②千種公園	39.6	5.8	名古屋造兵廠千種製造所※、（名古屋兵器補給廠※）	
		③東墓苑	114.1	146.5	**猫ヶ洞演習場・射爆場**	外あり
	1954	④新出来公園		0.6	**名古屋陸軍墓地**	
大阪	1947当初	①大阪城公園	①164.5	164.5	第4師団司令部、大阪造兵廠※、大阪兵器支廠、大阪陸軍刑務所、**城南射撃場**ほか	
	1952	②天保山公園	1.9	1.9	大阪陸軍糧秣支廠※	
	1954	③真田山公園	5.3	5.3	騎兵第5連隊跡	
広島	1946当初	①中央公園	①　70.5	44.1	第5師団司令部※、歩兵第11連隊※、野砲兵第5連隊※、輜重兵第5連隊※、（広島陸軍病院※）、経理部小姓町倉庫※、**西練兵場**ほか	
		②東公園　（廃）	②　20.0	17.3	**東練兵場**	
		③白島公園　（廃）	5.4	1.5	工兵第5連隊	
		④港公園　（廃）	5.0	5.0	宇品軍隊集合所※	外あり
	1952	⑤江波皿山公園		4.6	**江波町射撃場**	
		⑥比治山下公園		1.1	**亀島作業場**	

広島	1952	⑦比治山公園		29.3	**広島陸軍墓地**	外あり
		⑧渕崎公園		4.0	**淵崎軍用地**	
		⑨渕崎第一公園		0.2	**淵崎軍用地**	
		⑩高天原墓園		8.3	**尾長町工兵作業場**	
熊本	1946当初	①千葉城緑地	①　76.1	74.0	第6師団司令部、輜重兵第6連隊、熊本陸軍予備士官学校、熊本陸軍病院、熊本兵器支廠、偕行社、陸軍馬廠ほか	
		②渡鹿緑地	②　66.2	66.2	**渡鹿練兵場**、歩兵第13連隊※	
姫路	1946当初	①姫路公園	①123.7	59.7	(第10師団司令部※)、歩兵第39連隊※、歩兵第10連隊跡、(姫路兵器支廠)、(姫路陸軍病院)、**姫山練兵場**、**城南練兵場**ほか	
		②城北公園　(廃)	②　85.6	85.6	騎兵第10連隊、野砲兵第10連隊、輜重兵第10連隊、**城北練兵場**	
		③名古山公園	29.3	21.3	**高岡射撃場**、**姫路陸軍墓地**	外あり
		④白浜新開公園	63.5	63.5	大阪造兵廠白浜製造所	
久留米	1948当初	①久留米中央公園 (廃)	①　18.6	18.6	第12師団司令部、偕行社、被服庫、久留米兵器支廠	

［注1］公園名称欄の網掛け部は旧城郭部で決定された城址公園を表す。(廃）は、整備されずに廃止となった公園を表す。

［注2］面積欄の単位はha。左側は当初計画面積、右側は変更後面積（『戦災復興誌』の都市編各巻による。坪表記の場合は、1坪=3.3㎡で換算した）。なお、四捨五入の関係で、各都市の公園面積の合計と、表3-4の公園面積が一致していない場合がある。

［注3］面積欄の丸数字は、各都市の当初戦災復興公園で、最大面積に①、次点面積に②を付したもの。

［注4］計画区域に含まれる旧軍用地欄は、当該公園を決定した際の区域に含まれる旧軍用地を整理している。但し、(　　）表記となっているものは、収束時には計画区域から外れた旧軍用地を示す。

［注5］計画区域に含まれる旧軍用地欄で、建物が少なかったと考えられる旧軍用地は**ゴシック体**とした。また、罹災により建物が焼失・損壊（一部焼失・一部損壊含む）したと考えられる旧軍用地には、右側に※を付している（『戦災復興誌』の都市編各巻の「罹災状況図」による）。

［注6］備考欄の「統合」は、仙台総合運動場に統合されたことを表す。「外あり」は、当該公園が旧軍用地以外の区域も含むことを表す。

の渡鹿緑地は一・三ヘクタールにまで縮小され、渡鹿公園として整備された。また、名古屋の名城公園や広島の中央公園では、収束までに応急簡易住宅を継承した公営住宅の区域が除外されている。

このほか名城公園については、とりあえず旧軍用地を公園区域として決定しておこうという意図があり、実際に官庁街整備のために公園区域の削除をおこなったことが、計画者田淵寿郎の著作で確認できる。[23] また、既述のように姫路市は、市街地面積の一割以上の緑地面積を確保するため、全ての旧軍用地を公園として決定したが、後年、城北公園が廃止になるなど、計画の大幅縮小が行われた。このように、とりあえずといった留保地的発想や旧軍用地を「一応」公園計画に入れておくといった姿勢が、後の縮小・廃止の一因であったとも考えられる。

(3) 収束時計画における旧軍用地の位置づけ

ここでは、表3－5及び図3－3～8（斜線が旧軍用地に決定された公園の区域）を参照しながら、収束時における旧軍用地に決定された戦災復興公園計画について考察したい。

まず、各都市がどれだけ積極的に旧軍用地を公園として決定したか、箇所数に着目して検討したい。収束時において、広島では一〇箇所、仙台では八箇所もの公園が旧軍用地に決定されていた。この他、箇所数はそれほど多くなくても、例えば既述の姫路では四地区の旧軍用地のほぼ全てが公園として決定されており、旧軍用地を積極的に活用して戦災復興公園を決定したことが分かる。

次に、各都市の旧軍用地に決定された公園の規模に着目する。例えば、各都市の当初計画において、各最大あるいは次点の大きさの計画面積の公園を抽出してみると、宇都宮を除く七都市一〇箇所が、旧軍用地に決定された公園であった（表3－5の面積欄を参照）。さらに特筆すべきなのは、収束時計画では、仙台、名古屋、広島、熊本、姫路、久留米に

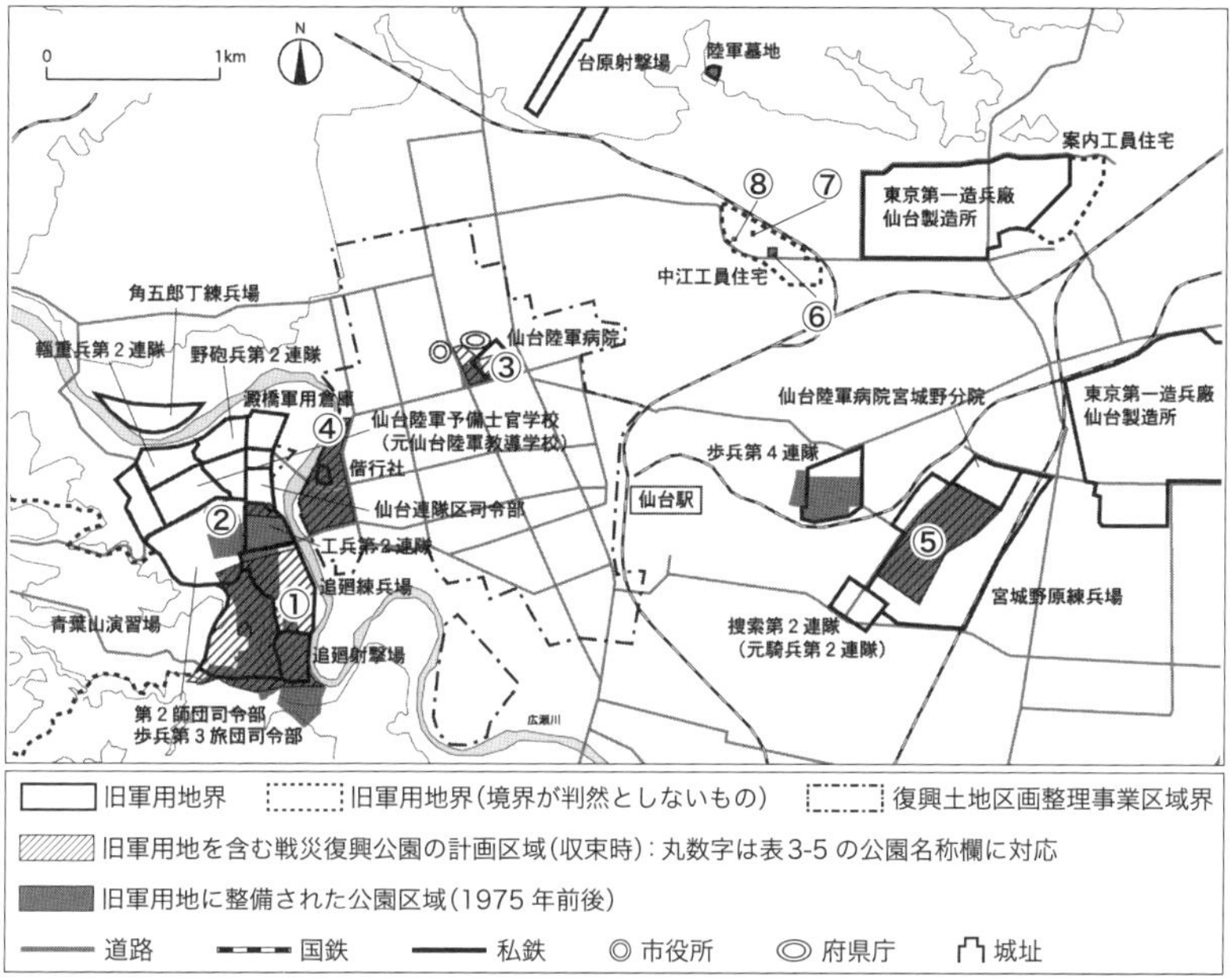

図3-3　仙台の旧軍用地に決定された戦災復興公園とその整備状況（1975年頃）

［注］凡例は図3-4～3-8も共通。

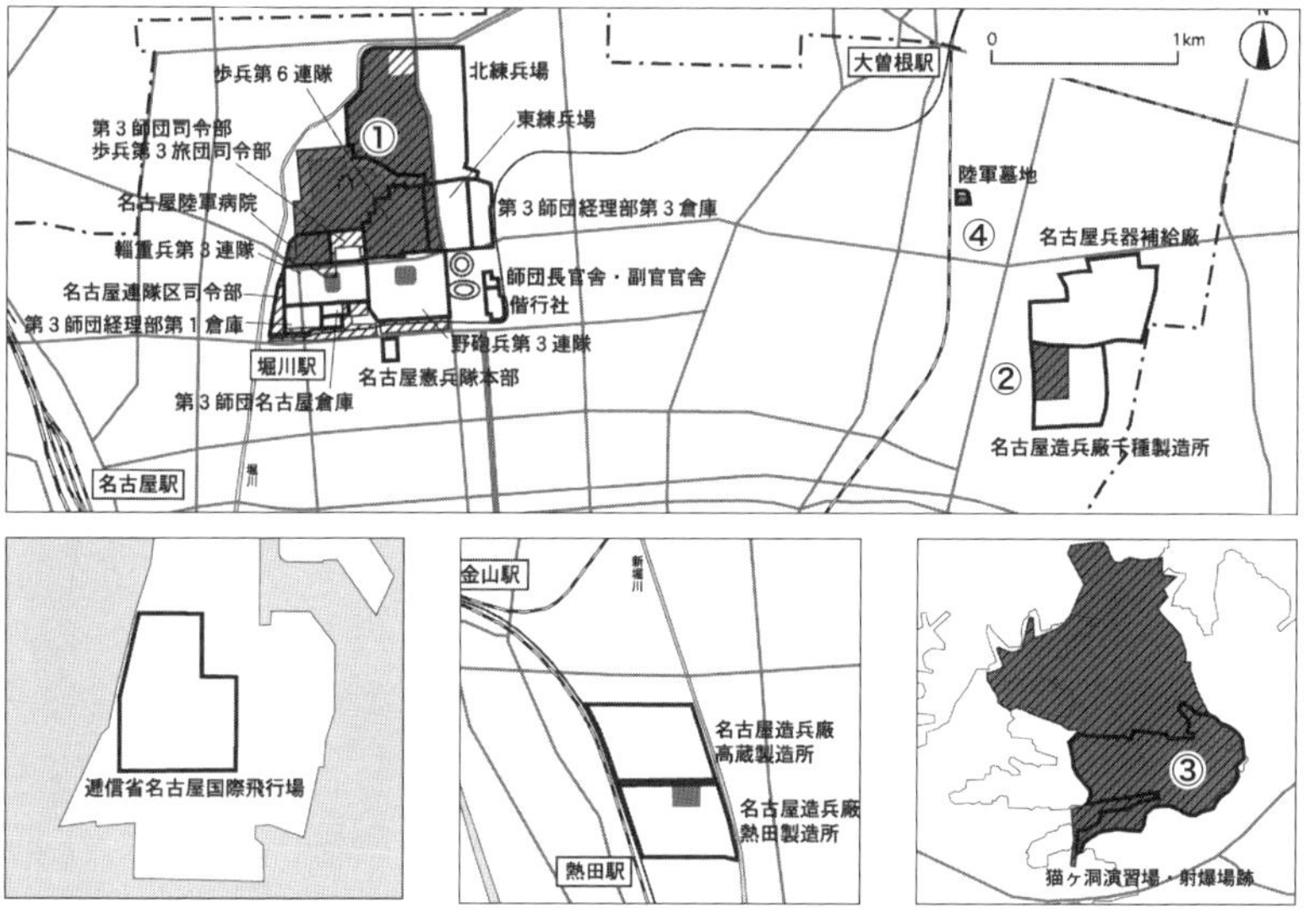

図3-4　名古屋の旧軍用地に決定された戦災復興公園とその整備状況（1975年頃）

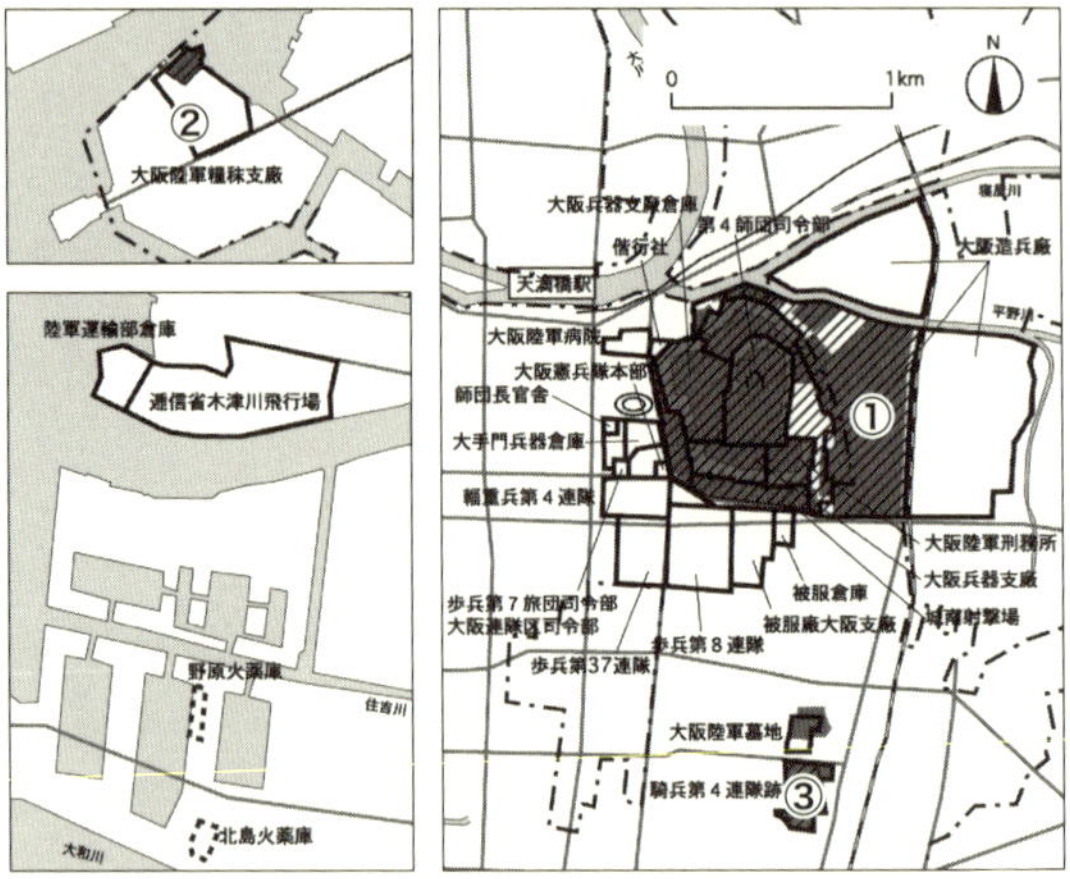

図3-5　大阪の旧軍用地に決定された戦災復興公園とその整備状況（1975年頃）

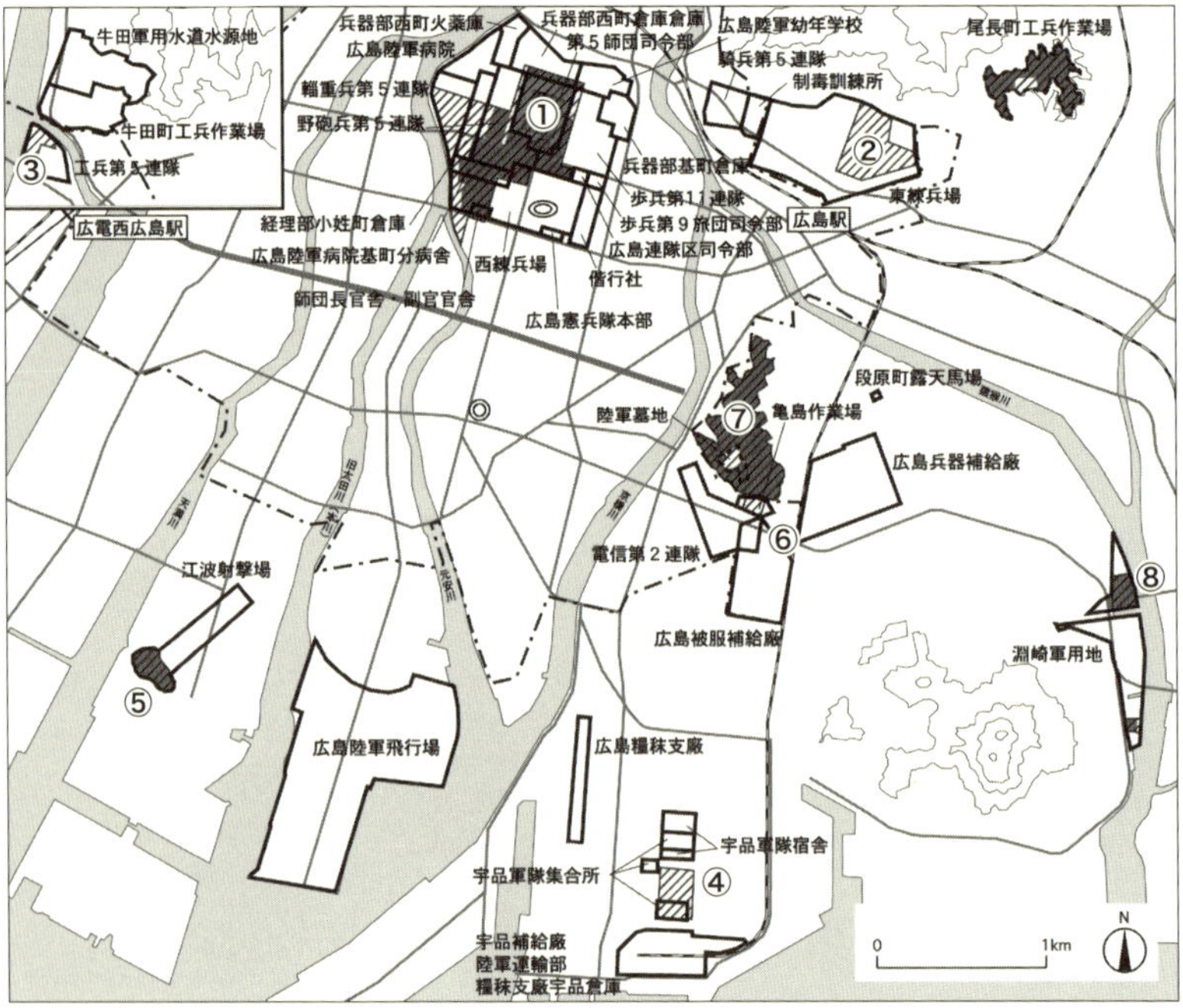

図3-6　広島の旧軍用地に決定された戦災復興公園とその整備状況（1975年頃）

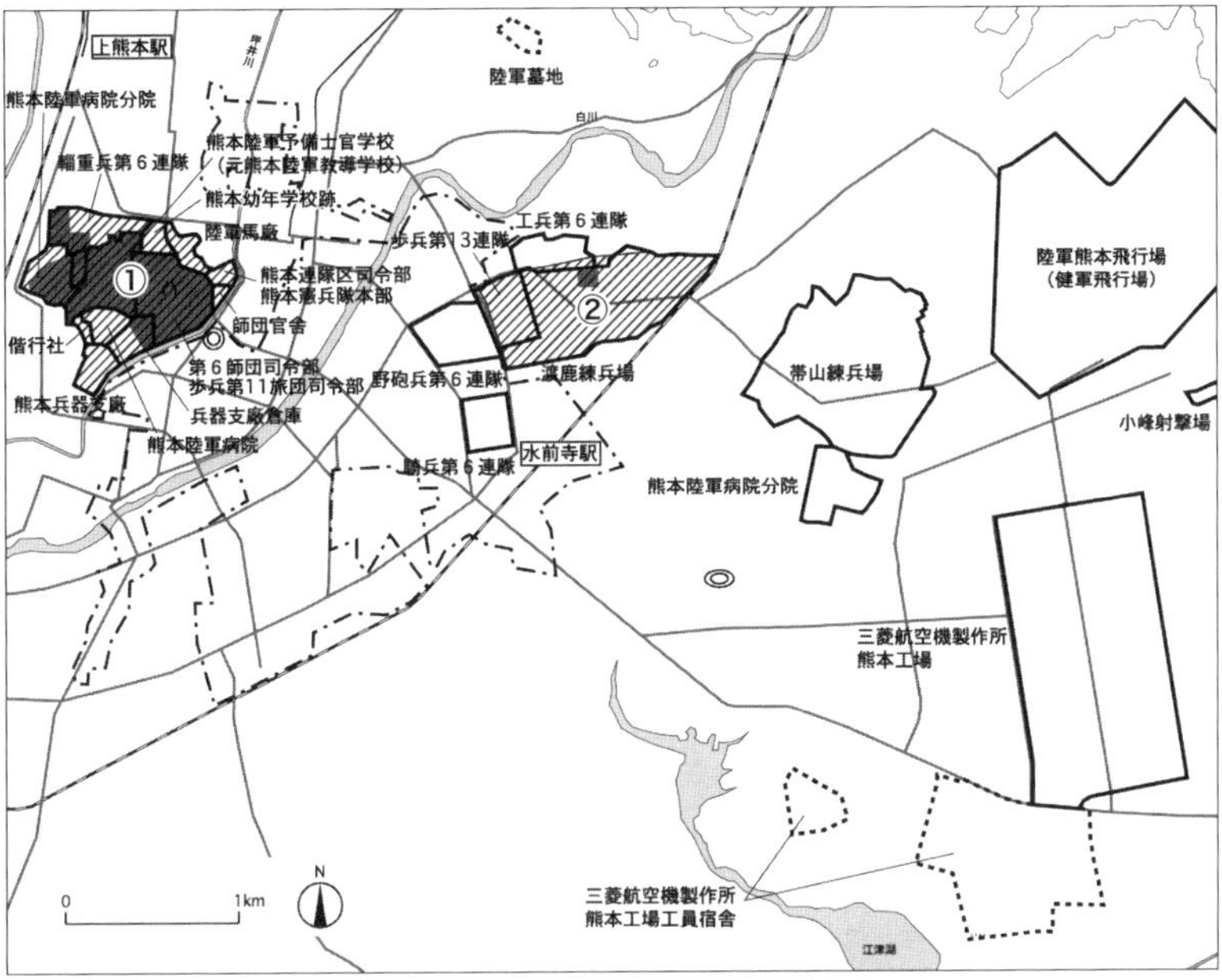

図3-7　熊本の旧軍用地に決定された戦災復興公園とその整備状況（1975年頃）

［注］この図外に、熊本陸軍幼年学校、花園射撃場、春日射撃場があるが、戦災復興公園の決定、公園の整備はなし。

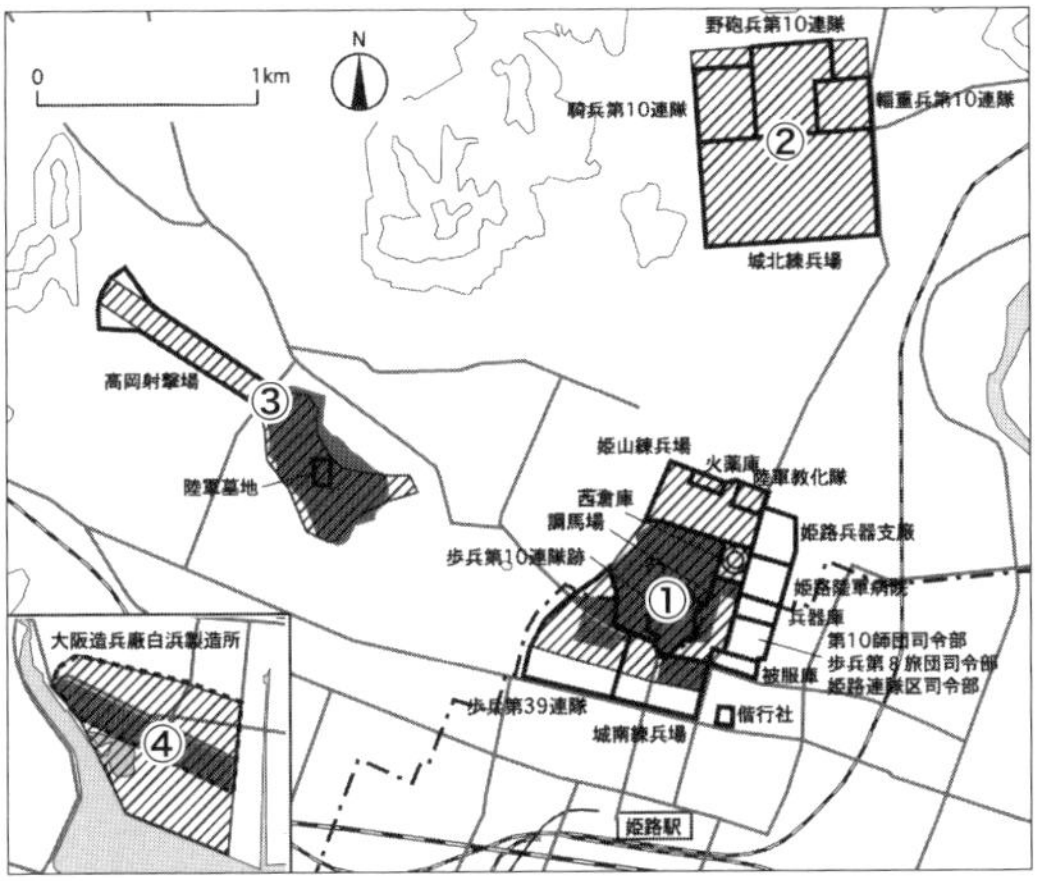

図3-8　姫路の旧軍用地に決定された戦災復興公園とその整備状況（1975年頃）

おいて確認できるように、旧城郭部以外の旧軍用地でも数一〇ヘクタール規模の大公園[24]が決定されたことである。市街地における大公園の創出は、復興土地区画整理事業による減歩では難しく、大規模用地の確保が可能な旧軍用地が果たした役割は大きかった。

さらに、どういった種類の旧軍用地が戦災復興公園として決定されたかという点について検討したい。戦災復興院の通牒では、具体的に「演習場」「練兵場」が例示され、建物の少ない旧軍用地を緑地として決定するよう指示されており、そのような旧軍用地が公園として決定されたケースは多い（表3－5の計画区域の旧軍用地欄のゴシック体表示）。また、元々は建物が多かった旧軍用地であっても、罹災により焼失していたケースもあった（表3－5の計画区域の旧軍用地欄の※表示）。一方、名城公園、大阪城公園、白鳥公園、千葉城緑地、姫路公園、城北公園、白浜新開公園、久留米中央公園などでは、罹災を免れた師団司令部、陸軍各部隊の兵営、陸軍病院、偕行社、造兵廠、兵器支廠なども公園区域となっており、建物の残存する旧軍用地が戦災復興公園として決定されることもしばしばあった。

なお、城郭部の師団司令部や各部隊の兵営、陸軍病院、練兵場などは、まとめて大規模公園として決定された。姫路城天守閣や熊本城宇土櫓などを除き、藩政期からの主要な城郭建築は失われていた[25]が、昔を偲ぶ城址公園として位置づけられたのであった。また、仙台、熊本、姫路といった平山城では、斜面地という地形や樹木の多さが、公園に適していたと言えよう。

(4) 戦前計画との関係

旧軍用地に決定された戦災復興公園と戦前の都市計画（公園、緑地、風致地区）との関係についても考察したい。

名古屋、大阪、広島では、終戦までに公園、緑地が都市計画決定されていた。しかし、表3－5に整理した旧軍用地に決定された戦災復興公園で、戦前から決定されていたのは、大阪城公園[26]だけであった。なお、戦前には都市計画決定されていない公園もあった。仙台の青葉山公園（仙台総合運動場）や桜ヶ岡公園（西町公園）、広島の比治山公園などがそれで、隣接する旧軍用地を加え、戦災復興公園として決定された。また、仙台、名古屋、大阪、熊本、久留米では、終戦までに風致地区が都市計画決定されていたが、その区域に含まれていたのは、名城公園と大阪城公園だけであった。

戦前の公園、緑地、あるいは風致公園との関係性が認められる例は限られており、旧軍用地に決定された戦災復興公園の多くは、全く新たに決定されたものと言える。

第二項　各都市における旧軍用地に決定された公園の整備状況

一九七五年前後の住宅地図を用いて、旧軍用地において整備されていた公園の区域を図3－3〜8に示した（網掛け部）。まず、旧城郭部の旧軍用地に決定された六箇所の城址公園については、熊本や広島のように規模縮小となった場合も含め、いずれも大規模公園として整備されていた。さらに、仙台（宮城野原運動公園）、名古屋（東墓苑）、姫路（白浜新開公園）では、城址公園と別に、旧軍用地が大規模公園として整備された点が特筆される。また仙台では、勾当台公園の一部を国の合同庁舎用地として割譲するかわりに、歩兵第4連隊跡地を隣接する榴岡公園の拡張用地としたように[27]、後年になっても旧軍用地が市街地での大規模公園整備に活用された。このほか、大阪の天保山公園（大阪港周辺）、真田山公園（鶴橋・上本町周辺）、広島の江波皿山公園（江波・舟入周辺）、渕崎公園（仁保・向洋周辺）は、比較的規模が大きく、当該地区の基幹的な公園として整備されていた。即ち、これらの都市では、まとまった土地の確保が難しい市街地において、復興土地区画整理事業による減歩では創出しにくい大規模公園や、地区の基幹的公園として、旧軍用地が活用されたと言える。

一方、熊本では、渡鹿公園（渡鹿緑地から名称変更）が自作農創設のため大幅縮小されて整備されており、結局、実現したのは熊本城公園（千葉城緑地から名称変更）に限られたと言ってよい。なお、久留米では新制中学及び高校、共栄住宅（引揚者及び戦災者向け住宅）などに利用するため、旧軍用地に唯一決定されていた久留米中央公園が廃止されている。(28)

第三項　非戦災都市における旧軍用地の公園・緑地への転用

これまでの考察において、戦災都市では、戦災復興院の通牒を受けて、多くの旧軍用地が戦災復興公園として計画決定され、基幹的公園をはじめ、重要なオープンスペースとして整備されたことが明らかになった。この点で、旧軍用地が戦後の公園・緑地整備に果たした役割は大きいと言えよう。しかし、旧軍用地を公園・緑地整備に役立てたということは、戦災都市に限られたことなのであろうか。ここでは、非戦災都市である師団設置五都市（旭川、弘前、金沢、善通寺、京都）を対象として、これを検証してみたい。

例えば、戦災都市である師団設置八都市では、城郭部の旧軍用地は城址公園として計画決定され、計画面積の縮小はあったものの、最終的には全て大規模公園として整備された。では、非戦災都市で城郭部に旧軍用地を有していた弘前、金沢では、どうであったろうか。

戦前から城址公園が開園していた弘前の場合、城郭部の一部のみが、弘前兵器支廠として陸軍第8師団によって使用されていた。終戦後、弘前兵器支廠の跡地は一九七〇年代まで弘前大学（教育学部）や官公庁施設用地として使用され、その後、城址公園が拡大された。一方、金沢の場合は、城郭部の旧軍用地は主に金沢大学として使用された[29]。そして、一九九五年に金沢大学が郊外に移転したため、その跡地が金沢城公園として整備されたのである。

このように、弘前、金沢とも城郭部の旧軍用地は、現在は城址公園として利用されているが、弘前では一九七〇年代まで、金沢では一九九〇年代まで、大学や官公庁施設などに使用されており、戦災復興計画で城址公園として計画決定され、整備の進められた戦災都市の場合と大きく異なっていた。

では、城郭部以外の旧軍用地は、公園・緑地として整備されたのであろうか。

例えば、旭川では、演習場跡地の一部が、一九四九年に春光台公園（五五・八ヘクタール）として計画決定され、整備されている。しかし、これは例外と言ってよい。この春光台公園以外には、非戦災都市である師団設置五都市において、土地区画整理事業などを通して小規模な公園が整備された例を除けば、城郭部以外の旧軍用地が公園・緑地として計画決定され、整備されることはなかった。

戦災復興院の通牒「軍用跡地ヲ都市計画緑地ニ決定スルノ件」の及ばない非戦災都市においては、他の都市施設需要への対応が優先され、旧軍用地の公園・緑地への転用は、戦災都市のように積極的に進められなかった。国有財産法第二二条の規定による無償貸付は、全国共通に適用されるものであったにも関わらずである。

結局、旧軍用地の公園・緑地への転用は、戦災復興院の通牒に従って、戦災都市を中心に進められたのであった。

おわりに

一一五の戦災都市のうち、三八・二％に当たる四四都市が軍事都市であり、終戦により遊休地化した旧軍用地を戦災復興計画の中にどう位置づけるかは、多くの戦災都市に共通の問題であった。こういった状況を受け、戦災復興院は、「戦災地復興計画基本方針」及び「戦災復興土地区画整理ニ伴フ軍用跡地等国有地ノ措置ニ関スル件」で、復興土地区画整理事業に関連して行う旧軍用地の転用方針として、公的主体が都市施設あるいは市街宅地として活用すること、事業実施に支障のない範囲で一時利用を認めることを定めた。しかし、この方針は総括的であり、どのような旧軍用地をどのような用途として利用するかについて、具体的な指針は示されていなかった。戦災復興計画における旧軍用地の具体的な転用方針となったのは、戦災復興院が一九四六年五月に出した「軍用跡地ヲ都市計画緑地ニ決定スルノ件」であり、大都市では一〇㎞圏、中小都市では六㎞圏にある旧演習場、練兵場などの建物の少ない旧軍用地を都市計画緑地として決定するという指示が、各都市において立案される戦災復興計画に反映されることとなった。

統計をみると、当初、旧軍用地に計画決定された公園は、復興土地区画整理事業区域内において計画決定された公園面積のうち、三四・七％を占める一二一〇ヘクタールにも上ったが、一九四九年の戦災復興計画の再検討によって、四一六ヘクタールにまで計画面積を減じてしまう。しかし、戦災復興公園計画の大幅縮小は、主に東京において実施されたもので、東京以外の戦災都市においては、この再検討による影響をあまり受けることなく、戦災復興公園の事業化が待たれた。

また、旧軍用地の公園・緑地への転用を促すため、国有財産法第二二条に、旧軍用地などの普通財産を公共団体が公園・緑地として利用する場合、無償貸付を受けることができる規定が定められた。実際に、この特別措置の適用を受けて旧軍用地の公園・緑地への転用が進むのは、財政状況が安定する一九六〇年代後半を待たねばならなかったが、公共団体がこの特別措置に依存しすぎとの指摘からその運用が厳しくされるほど、国有財産法第二二条の規定は、公園・緑地整備にとって大きな効果を上げた。

東京を除く戦災都市指定の師団設置八都市を対象とした考察からは、宇都宮のような例外はあったものの、各都市の当初戦災復興公園計画において、旧軍用地の絶対量やその比率は大きなものであった。その後、計画縮小や廃止されたものもあったが、広島では一〇箇所、仙台では八箇所というように、数多くの公園が旧軍用地において決定されていたほか、姫路では旧軍用地のほぼ全ての区域を公園として決定されており、収束時においても、旧軍用地が積極的に戦災復興公園に位置づけられていたことが指摘できる。なお、まとまった用地の確保が可能な旧軍用地は、各都市の戦災復興公園計画において、大規模な基幹的公園として位置づけられていた。

さらに、旧軍用地に計画決定された公園は、城址公園として、あるいは、まとまった土地の確保が難しい市街地での大規模公園や、当該地区の基幹的公園として実際に整備され、都市部における貴重なオープンスペースとなっている。しかし、旧軍用地の公園・緑地への転用は、戦災復興院の通牒「軍用跡地ヲ都市計画緑地ニ決定スルノ件」を受けて戦災都市において展開されたものであり、非戦災都市において旧軍用地が公園・緑地へと転用されることは殆どなかった。

また、個別の状況に着目すると、旧軍用地に決定された公園の特質として、以下のようなことが指摘できる。

一つは、他用途への転用需要の影響を受けた当初計画後の変更である。戦災復興の過程で増大した都市施設需要に対応するための用地確保、旧軍用地における農地や応急簡易住宅などとしての一時利用から永続利用への転換を背景として、旧軍用地に決定された公園においても、計画面積の大幅な縮小や廃止が行われた。また、「とりあえず」や「一応」公園として決定したことが、後の計画面積の大幅縮小や廃止の一因であったとも考えられる。

当初計画でも、収束時計画でも、元来建物の少ない旧軍用地や罹災で建物を焼失した旧軍用地ばかりが公園緑地として決定されたのではなく、建物の残存する旧軍用地において決定されていた場合もしばしばみられ、とにかく旧軍用地を活用して公園緑地用地を確保しようとしていたと考えられる。

戦前計画との関係としては、終戦時に公園、緑地、風致地区として決定されていた公園や開園していた公園は限られていたため、旧軍用地に決定された戦災復興公園の多くは、全く新たに決定されたものであったことが分かる。この点、第七章で取り上げる東京の戦災復興緑地とは異なる。

注

1　佐藤昌『日本公園緑地発達史　上巻』(四三六頁、都市計画研究所、一九七七年)

2　一一五都市の指定は、一九四六年一〇月九日の内閣告示による。これらに加え、一九四七年七月に鹿児島県鹿屋市、一九四八年五月に静岡県袖師村、飯田村、有度村が追加指定された。しかし、これら四市村では戦災復興事業が実施されなかった。(建設省編『戦災復興誌　第1巻』二五頁、㈶都市計画協会、一九五九年)

3　前掲注2の二〇～二二頁によれば、この他に、戦災都市に指定されなかった罹災都市が一〇〇都市あり、罹災面積で約四一八万六〇〇〇坪、死者数は約六〇〇〇〇人にもなる。

4　本書第一章で整理しているように、師団設置都市には多くの陸軍部隊の兵営や師団直属の軍事施設など、非常に多くの軍事施設が配置されていた。

5　戦災復興外誌編集委員会編『戦災復興外誌』（一一九頁、都市計画協会、一九八五年）によれば、内務省勤務時代に公園用地予算を大蔵省に求めさせることの困難さを知っていた当時の戦災復興院施設課長北村徳太郎が、旧陸海軍の解体を好機として捉え、旧軍用地を公園・緑地として決定するよう、敢えて通牒を出したとされる。

6　『都市計画』176号（都市計画学会、一九九二年）に「公園計画に就て」（一九二四年一〇月三〇日内務省都市計画局）が掲載されているが、一〇五頁で、川名俊次が「北村徳太郎先生が執筆されたことは（略）その用語及びその計画論的な考察から間違いないとされる」と解説している。一一二頁に公園系統に関する記載があり、「公園系統ヲ樹立スルニ当リ、一般都市計画事項斟酌ノ外当該都市ニ於ケル現在左記諸設備、若クハ将来期待シ得ヘキモノニツイテハ其関連ヲ十分ニ考察スルヲ要ス」として「動物園、植物園、其他公開園」「博覧会場、集会場ノ類」「神社、仏閣、墓地ノ類」等九項目が挙げられている中に「練兵場、飛行場ノ類」が含まれている。

7　前掲注1の六七一頁

8　関口鍈太郎「わが国における公園緑地の発達（下）」（六四頁、『都市計画』2巻2号、一九五三年）

9　「日本の都市公園」出版委員会『日本の都市公園』（二三頁、インタラクション、二〇〇五年）

10　「緑地計画年表」（一六〇頁、『都市計画』176号、一九九二年）

11　佐藤昌「都市公園の進展と公園法制の必要性」（二四頁、『都市問題』46巻6号、一九五五年）

12　但し、当初は復興土地区画整理事業区域内に計画されていた公園・緑地が、「戦災復興都市計画の再検討に関する基本方針」に基づく再検討によって、復興土地区画整理事業区域が縮小されたために区域外となり、そのため実際には計画変更がないにも関わらず、建設省都市局施設課調では数字の減少として表れている場合が少なからずあることも考えられる。

13　「戦災復興都市計画の再検討に関する基本方針」（一九四九年六月二四日閣議決定）

14　「戦災復興都市計画再検討実施要領」（一九四九年六月二四日建設省都市局長から各都道府県知事宛）

15　前掲注2の一七四頁

16　「戦災復興土地区画整理に伴う軍用跡地等国有地の措置に関する件」（一九四六年一一月五日戦災復興院次長、大蔵次官から各都道府県長官、財務局長宛）

17　前掲注5の一一九〜一二〇頁によれば、戦災復興院施設課では大蔵省国有財産局に働きかけ、公園・緑地の他、施設課所掌事務であった火葬場、墓地、塵埃焼却場も、新「国有財産法」の無償貸付規定として認められた。

18　譲与できる具体的な用途の範囲は、「特別都市建設法に基く普通財産譲与基準」（一九五一年）、「旧軍港市転換法に基く国有財産処理標準の取扱細目について」（一九五一年）に定められていた。

19　特に多くの旧軍施設が立地しており、全国の軍事都市に敷衍できると考えられるため、師団設置都市を考察対象とした。その中で東京は、一九四九年の戦災復興計画の再検討において、公園計画面積を大幅に縮小させた点で、他の八都市と異なると思われたため除外した。

20　勾当台公園（仙台）、西町公園（仙台）、名城公園（名古屋）、東墓苑（名古屋）、港公園（広島）、名古山公園（姫路）の六箇所は旧軍用地以外の区域も含んでいるが、面積の集計は公園計画区域で行っている。

21　建設省編『戦災復興誌　第9巻』（二四四頁、都市計画協会、一九六〇年）

22　前掲注10「緑地計画年表」によれば、決定済みの公園区域のうち約七三五ヘクタールが、自作農創設特別措置法に基づき既設農地として買収された。また、応急簡易住宅は、公営住宅法制定により公営住宅へと継承されたため、公園計画区域から削除する必要が生じた。

23　田淵寿郎『ある土木技師の半自叙伝』（二二五頁、中部経済連合会、一九六二年）では、「この軍用地をいかにするかは問題だったが、ムヤムヤのうちに何かの置場に流用されては困るので、いち早くここの大部分を公園ということにして押さえた。

24 (略) 兵舎の跡はその必要もないのでここを立派な官庁街にすることを企図し」たと記されている。
25 「公園計画標準」では、大公園の面積は一〇ヘクタール以上とされている(一二六頁、『都市計画』176号、一九九二年)。
26 天守閣を例にとると、終戦時に残存していたのは姫路のみで、仙台は元より天守閣なし、熊本は西南の役で焼失、名古屋、広島は空襲で焼失あるいは倒壊、大阪は近世に焼失し昭和六年(一九三一年)に復元された。
27 一九二四年に大手前公園(二・三ヘクタール)として決定、一九二八年に大阪城公園(一二・二ヘクタール)となった。軍用地の一部を借受け、一九三一年に天守閣を復元・公開した。
28 仙台市開発局編『戦災復興余話』(七二〜七四頁、仙台市開発局、一九八〇年)。
29 久留米市史編さん委員会編『久留米市史第一一巻資料編(現代)』(久留米市、一九九六年)に、師団司令部跡地を第五中学校として、兵器支廠跡地を久留米商業高校として使用するための払下申請(昭和二三年)に係る史料、兵器支廠跡地の引揚者及び戦災者向け住宅(共栄住宅)としての使用申請(昭和二一年より随時)に係る史料が所収されている。
30 金沢大学による城郭部の旧軍用地の利用については、本書第六章第二節で詳述している。

第四章　高度経済成長期前半における旧軍用地の転用と都市施設整備との関係

はじめに

終戦直後から戦災復興期という激動の時代を乗り越え、日本社会が落ち着きを取り戻した平常時において、どのような旧軍用地の転用がなされたのであろうか。本章では、第二章、第三章より少し時代の下った高度経済成長期前半における旧軍用地の転用傾向を都市施設整備との関係を中心に明らかにする。

佐藤（一九七七）が「国有財産を管理する大蔵省は、当時の社会情勢から、昭和三〇年中頃迄は、急速に経済復興と民生の安定のために、基幹産業を中心に民間企業に積極的な払下を行った[1]」と指摘しているように、高度経済成長期前半においては、一般的に産業用地として多くの旧軍用地が民間事業者に払下られたと認識されているが、実際、どうであったか、定量的に検証してみたい。

本章で注目する高度経済成長期前半については、一九五六～一九六五年度の一〇箇年度分であるが、大蔵省から発行された『国有財産地方審議会の審議経過』（第一集～第一〇集）によって口座ごとの旧軍施設の処分決定状況を全国規模で把握することができる。この文献は、各財務局に設置された国有財産地方審議会[2]における審議結果（案件）を年度ごとに収録したもので、旧軍用地をはじめとした国有財産の処分案件について、口座名、所在地（市区町村）、処分数量（土地、建物などの面積）、処分方法（所管換、売払、貸付など）、転用用途、処分先などが個別に記載されている。旧軍施設であるか否かについての表記はないものの、口座名から判断することで、旧軍用地の処分案件を抽出することが可能である。

そこで、この『国有財産地方審議会の審議経過』（第一集〜第一〇集）を基礎資料として用い、高度経済成長期前半（一九五六〜一九六五年度）における旧軍用地の処分決定状況を明らかにしたい。特に都市部の旧軍用地に着目する本書では、旧軍用地を都市的用途（都市施設[3]）として利用することが決定された案件を中心に分析を進め、当時の旧軍用地の転用と都市施設整備との関係を明らかにする[4]。

尚、全国において、どこに、どういった旧軍用地が存在し、それらはどのような用途へ転用されたのか。この素朴な問いに対して、明確な回答を用意することは、史料的な制約があって容易ではない。

口座ごとの旧軍用地の所在は、終戦直後に陸海軍などから旧軍財産を引き受けた際に、財務局ごとに作成された旧軍財産引受台帳によって把握可能なはずであるが、既にこの台帳は散逸してしまっている。現在、各財務局で保管している国有財産台帳は一九五八年度以降のもので、それまでに処分された旧軍用地の所在は不明である。さらに個別の国有財産の処分については、各財務局で年度ごとの国有財産削除台帳を作成しているが、多くの旧軍用地の処分が行われた一九七〇年代までの台帳は散逸してしまっている。また、旧軍用地の処分について審議された各国有財産地方審議会の議事録も、近年のものしか見当たらない。

このように、現時点において旧軍用地の所在や処分状況を全国レベルで知り得る史料は殆どない。そのため、二次史料ではあるが、一九五六〜一九六五年度における旧軍用地の処分決定状況を全国レベルで網羅的に知り得る『国有財産地方審議会の審議経過』（第一集〜第一〇集）は貴重な史料と言える。(5)

第一節　旧軍用地の処分決定状況の大勢

第一項　分析の方法

(1) 分析対象とした物件

『国有財産地方審議会の審議経過』には、土地、建物、工作物、立木竹といった様々な国有財産の処分案件が掲載されているが、旧軍用地に着目する本書では、土地に関する処分案件に分析対象を限定した。また、旧軍財産以外の国有財産についても掲載されている中から、旧軍用地に関する案件を抽出するために、記載されている口座名から判断して、次のいずれかに該当する土地に関する案件を対象とした。

○旧陸海軍省から引き継いだと思われる財産
○他省庁から引き継いだと思われる軍事関係の財産(6)
○民間軍需工場から引き継いだと思われる軍事関係の財産(7)（兵器等製造事業特別助成法(8)によるもの以外も含む）

表4-1　分析対象とした処分方法

処分の類型	所有権	処分方法	内容
一時的処分	所有権移動せず（大蔵省所管のまま）	使用承認	行政処分として一時使用を認める
		貸付	公共団体、民間事業者などに貸し付ける（有償・無償）
最終的処分	所有権移動	売払	公共団体、民間事業者などに売払う
		譲与	公共団体などに無償で譲り渡す
		所管換	他省庁に所管を換える
		現物出資	特殊法人など出資というかたちで提供する

(2) 分析対象とした処分方法

処分方法については、表4―1に示した六種を分析対象とした。尚、この他に「交換」があるが、交換渡財産である旧軍用地の転用用途の記載がない場合が多く、分析することができないため対象から外さざるを得なかった(9)。

「使用承認」「貸付」は大蔵省所管のままで行われる一時的な処分方法であるため、再度、「売払」「譲与」「所管換」「現物出資」が行われる場合がある。史料から分析対象とした処分案件を抽出してみると、口座名や処分先などから判断する限り、一度、「使用承認」「貸付」の処分決定がなされ、後年に再度、「売払」「譲与」「所管換」「現物出資」の処分決定がなされていると考えられる案件が見られた（図4―1参照）。こういった場合、処分案件としては別であるが、実際には同一の旧軍用地であるので、重複を避けるために最終的処分である後年の処分案件のみを取り上げることとした。

(3) データベースの作成

以上のような条件にて、『国有財産地方審議会の審議経過』（第一集～第一〇集）から、分析対象となる処分

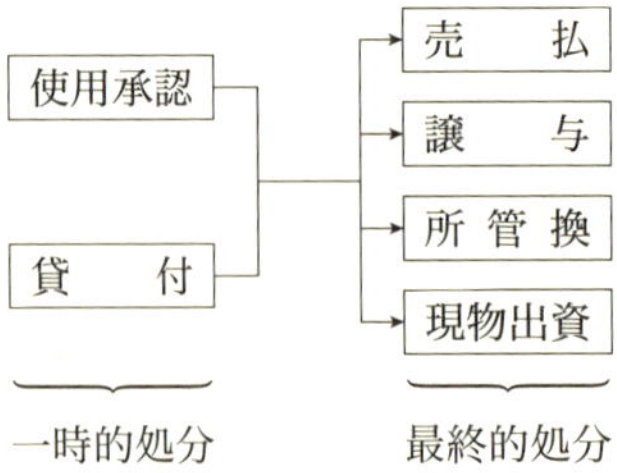

図4-1　重複する処分案件のケース

案件を抽出し、合計九四九件のデータベースを作成した。尚、データベース化した各処分案件のデータ要素は、口座名、処分決定年度、地方審議会名（財務局）、所在地（市区町村）、転用面積、処分方法、転用用途、処分先、優遇措置（減額措置、無償貸付など）である。

そして、このデータベースをもとに、件数や処分決定面積などを集計し、旧軍用地の転用傾向について考察していくこととした。

第二項　旧軍用地の処分決定状況の大勢

(1) 処分決定件数及び面積の推移

まず、一〇年間の九四九件の処分案件を年度別に集計し、処分決定件数及び処分決定面積の推移について考察した（図４－２参照）。

処分決定件数は減少傾向にあり、一九五六年度に一七二件であったが、一九六一年度からは一〇〇件を割り込み、一九六五年度には僅か三三件となった。このように、一九五六年度から一九六五年度の一〇年間で、旧軍用地の処分決定件数は急激に減少した。即ち、国有財産地方審議会の審議における旧軍用地の処分決定件数の推移によれば、一九五〇年代後半から一九六〇年代前半にかけて、旧軍用地の処分は収束に向かっていたと言える。

一方、処分決定面積の合計は三万八〇三三ヘクタールであった（処分決定面積が不明の四件を除く九四五件の集計）。これを年度別に集計したところ、一九五六年度の九四八八ヘクタールから翌年度には激減していた。しかし、一九六一年度

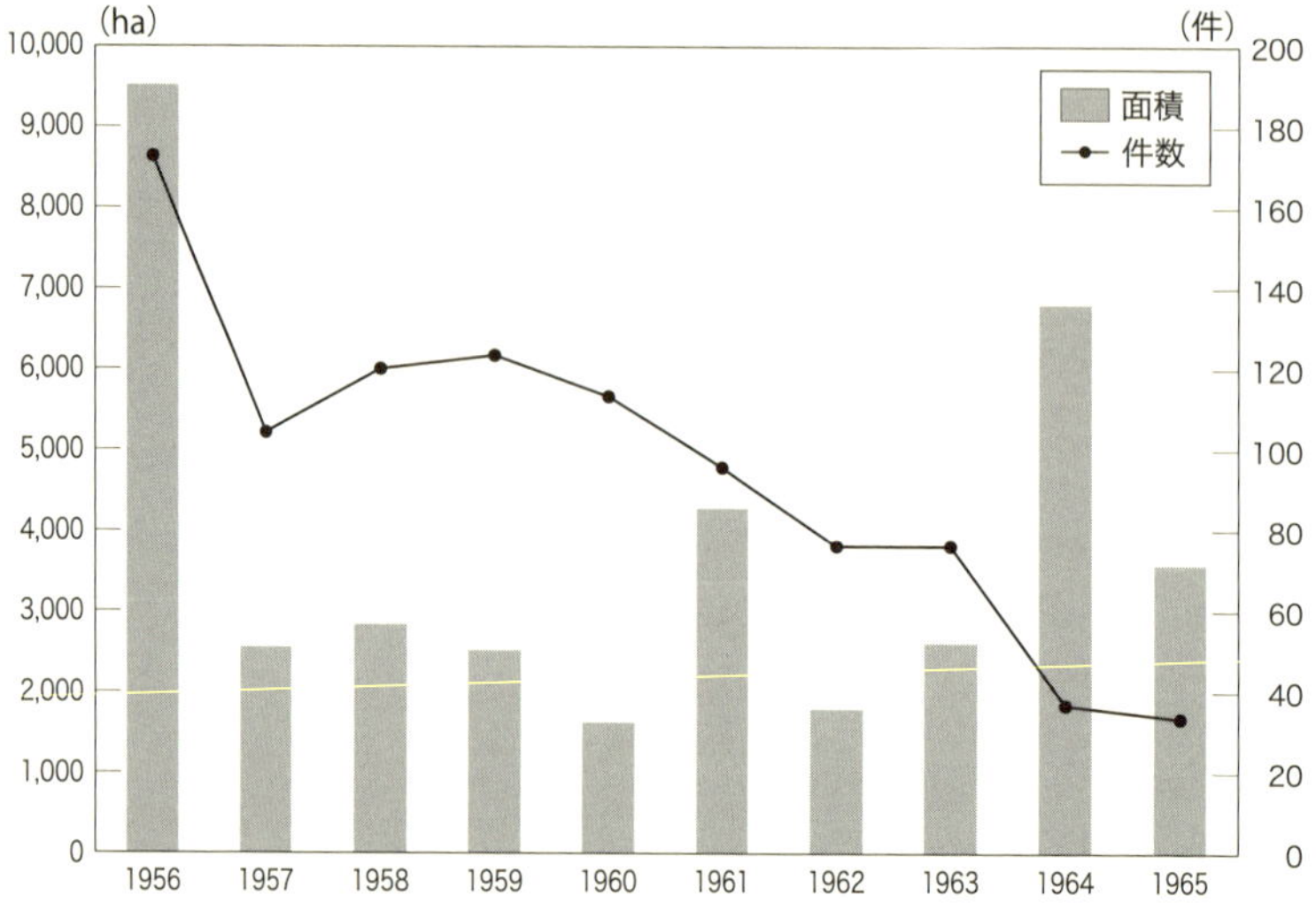

図4-2　処分決定件数及び面積の推移

表4-2　処分決定面積1,000ha以上の特大案件

年度	所在地	旧軍用地名	面積(ha)	当該年度に占める割合	用途
1956	熊本県	大矢野原演習場	1,346	14.2%	陸上自衛隊演習場
	大分県	日出生台演習場	4,513	47.6%	陸上自衛隊演習場
1957	岡山県	陸軍日本原演習場	1,148	45.2%	陸上自衛隊演習場
1961	北海道	軍馬補充部十勝支部放牧地	3,062	71.6%	自作農創設、採草放牧地
1963	宮城県	王城寺原諸兵演習場	1,985	76.8%	陸上自衛隊演習場
1964	北海道	軍馬補充部根室支部ほか	6,128	90.4%	陸上自衛隊演習場
1965	滋賀県	饗庭野陸軍演習場ほか	1,954	54.5%	陸上自衛隊演習場、駐屯地

には四二七七ヘクタール、一九六四年度には六七八二ヘクタールと持ち直している年度もあるため、一九五六年度から一九六五年度にかけて、旧軍用地の処分決定面積が一貫して減少傾向にあったとは言えない。

処分決定面積の推移については、当該年度の処分決定面積の合計に対して占める割合が非常に大きい処分案件があるため、処分決定件数の推移のように単純ではない。例えば、表4－2に示したように、処分決定面積が一〇〇〇ヘクタール以上の大規模案件が七件見られた。最も大規模な案件は、「軍馬補充部根室支部ほか」六一二八ヘクタールが陸上自衛隊演習場として処分されることが決定された案件であったが、この場合、一九六四年度の処分決定面積合計の九〇・四％を占めた。一九六四年度における旧軍用地の処分決定面積は、この案件を除けば僅か六五四ヘクタールである。こういった大規模案件は、広大な陸軍演習場や軍馬補充部（牧場）を自衛隊演習場や自作農創設のための農地として使用することに決定したもので、当該案件だけで、その年度の処分決定面積の相当量を占めていた。このように処分決定面積の推移は、特大案件の影響が大きい。

⑵ 転用用途別の処分決定件数及び面積

旧軍用地の転用用途は、表4－3に示したように、都市的用途九分類、非都市的用途四分類で集計した。処分案件の総数は九四九件であるが、一つの案件において異なる複数の転用用途がある場合は、各転用用途を一件として集計したため、転用用途別で集計した処分決定件数は総数で九六三件となった。

件数では都市的用途が七四〇件で七六・八％を占めた。この中では、産業系が二〇一件で最も多い用途であった。一方、面積では非都市的用途が八六・五％を占めた。特に、軍事系（二万七二九八ヘクタール）、農地系（四八〇七ヘクタール）の処分決定面積が大きかったが、この背景としては、自衛隊の発足と農地改革に伴う自作農創設があった。

敗戦により帝国陸海軍は解体されたが、朝鮮戦争をきっかけとして、米軍の極東戦略の一翼を担うため、一九五〇年に警察予備隊が発足し、一九五二年には保安隊に改編され、一九五四年には常備防衛組織としての自衛隊が発足した。そして、自衛隊の駐屯地や演習場を確保するために、一部の旧軍用地を再び軍事目的で使用する必要が生じたのであった。また、第二章の補遺で述べたように、一九四六年に制定された自作農創設特別措置法に伴い、大量の旧軍用地が農

表4-3　転用用途別の処分決定件数及び面積

用途分類		件数	面積	用途の内訳	
都市的用途	官公庁系	122	821	庁舎（54）	国・特殊法人・府県・市区町庁舎（41）、裁判所（3）、警察署（5）、消防署（1）、税務署（2）、その他（2）
				研究・試験（23）	国・特殊法人・都県研究所等（19）、陸運局車検場（3）、自動車運転免許場（1）
				学校・研修（25）	警察学校等（11）、国研修・講習施設（8）、航空大学校（1）、海上保安大学校（1）、その他（4）
				通信・観測（15）	通信所（8）、観測所（3）、航空保安施設（2）、その他（2）
				刑務所等（5）	刑務所（3）、少年院（1）、婦人補導院（1）
	商業系	13	33	商業・業務施設（13）	事務所（9）、宿泊施設（3）、養成・研修施設（1）
	公園系	46	561	公園・緑地（46）	公園（40）、国立公園（4）、植物園（1）、墓地（1）
	文教系	139	644	学校（137）	大学・高専（46）、高校（34）、中学校（22）、小学校（12）、その他（5）、不明（18）
				文化施設（8）	文化会館等（3）、図書館（2）、公民館（2）、レクリエーション施設（1）
				運動施設（4）	庭球場（3）、体育館（1）
	医療福祉系	30	169	医療施設（17）	国立病院（7）、市立病院（2）、共済病院（2）、労災病院（1）、民間病院（5）
				福祉・職業訓練（13）	児童会館等（4）、身障者施設（3）、保育所（2）、職業補導所（2）、その他（2）
	住居系	101	577	公的住宅（61）	公営住宅（34）、公団住宅（24）、駐留軍労務者宿舎（2）、原爆研宿舎（1）
				公的宿舎（29）	国家公務員宿舎（24）、特殊法人社宅（4）、国家公務員共済住宅（1）
				一般住宅（11）	個人住宅（3）、社宅（5）、学生寮（2）、立退代替住宅（1）
	産業系	201	1,440	工場・倉庫（201）	工場・倉庫（201）
	インフラ系	83	788	交通（73）	道路（32）、空港（21）、港湾（8）、鉄道（4）、バスターミナル（6）、駐車場（2）
				供給処理（10）	上下水道（7）、変電所（2）、ごみ処理施設（1）
	都市他	5	49	都市的その他（5）	競輪場（1）、と畜場（1）、宗教施設（1）、都市計画事業用地（1）、北朝鮮帰還集結施設（1）
非都市的用途	農地系	39	4,807	農地（39）	農地（39）
	山林系	2	228	森林（2）	森林（2）
	非都市他	9	302	非都市的その他（9）	河川（4）、ゴルフ場（2）、海岸（1）、養殖場（1）、塩田（1）
	軍事系	173	27,298	自衛隊用地（173）	自衛隊用地（173）

［注1］面積の単位はha。

［注2］「用途の内訳」欄の（　）内数字は案件数。

［注3］1つの案件で複数の用途が決定されている場合に別々にカウントしたため、合計が一致しないことがある。

地へと転用されることとなった。こういった背景のもとで、農村部の大規模な旧軍用地（演習場、牧場）が、自衛隊の演習場や自作農創設用の開拓農地として処分決定されたために、非都市的用途としての処分決定面積は非常に大きくなった。

一方、処分決定総面積に占める割合は一三・五％足らずであったが、都市的用途としての処分決定面積が五〇八二ヘクタールにも上ったということは、大量の旧軍用地が都市施設整備に充てられることになったことに他ならない。

(3) 都市的用途案件における主要な転用用途

旧軍用地には、具体的にどういった都市施設への転用が多く決定されたのであろうか。表4－3で都市的用途案件を大まかな用途分類でみてみると、産業系が二〇一件、一四四〇ヘクタールで、件数最多、面積最大であった。しかし、これ以外にも、官公庁系、公園系、文教系、住居系、インフラ系において、一定の件数、面積が認められることから、旧軍用地は様々な都市施設へと転用されることとなったと言える。

さらに、転用用途の内訳にまで踏み込んでみると、工場・倉庫（二〇一件）のほか、公園（四〇件）、学校（一三七件）、公営住宅（三四件）、公団住宅（二四件）の件数も比較的多いことから、旧軍用地の転用と当時の都市化との関係について、次のような理解が可能である。

まず、旧軍用地の工場・倉庫への転用は、高度経済成長によってもたらされたとともに、高度経済成長を支えることにも繋がった。そして、高度経済成長の下で進展した都市化は、都市部における公園、学校、住宅などの不足という都市問題を引き起こした。旧軍用地はこういった都市施設に転用されることで、都市問題の緩和に貢献していたのである。

第二節　都市的用途案件の処分決定状況

第一項　都市的用途案件における処分決定上の特徴

旧軍用地の都市的用途への転用には、どういった特徴があるのであろうか。ここでは都市的用途案件を対象として、処分先、処分方法、地域（財務局）、従前用途（旧軍施設の種類）についての特徴を整理した。

⑴ 処分先

処分先は、公園であれば公共団体、工場・倉庫であれば民間事業者（分類上は法人・個人）というように、転用用途によって自ずと決まる場合もあるが、都市的用途案件全体では、どういった傾向が見られたのであろうか（図4－3参照）。まず、旧軍用地の所有者である国（省庁）は、件数一八九件（二六・〇％）、面積二一五五ヘクタール（四〇・〇％）と限定的であった。つまり、所管換による自己利用よりも、売払、貸付、現物出資などによる他者利用が主流であった。しかし、国（省庁）、公共団体、特殊法人・公益法人等の公的機関か、法人・個人、その他法人・団体等の民間かという観点で見れば、件数四六〇件（六三・二％）、面積三六九〇ヘクタール（六八・五％）が公的機関への処分であった。即ち、旧軍用地を都市施設へと転用する場合においては、公的利用が中心であった。

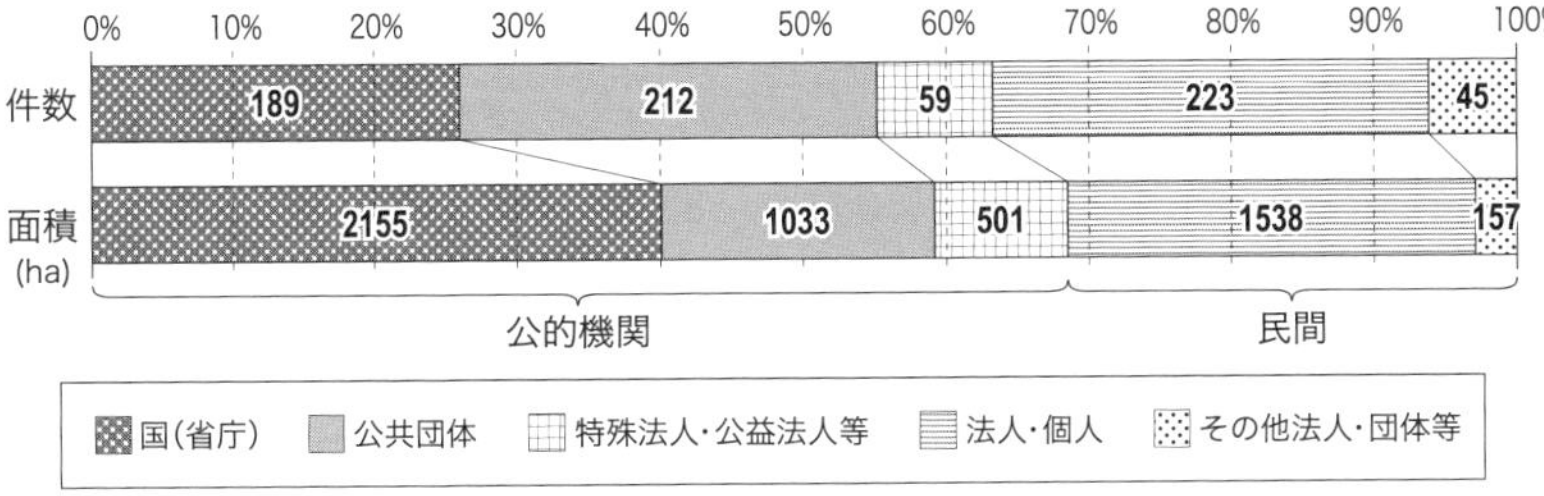

図4-3　都市的用途案件における処分先

［注1］「公共団体」は、都道府県、市区町村。「特殊法人・公益法人等」は、特殊法人、公益法人、特別公共団体。「法人・個人」は、普通法人、個人。「その他法人・団体等」は、社会福祉法人、学校法人、宗教法人、その他団体（協同組合等）。
［注2］「国（省庁）」と「公共団体」の双方が処分先とされた1件は除いている。

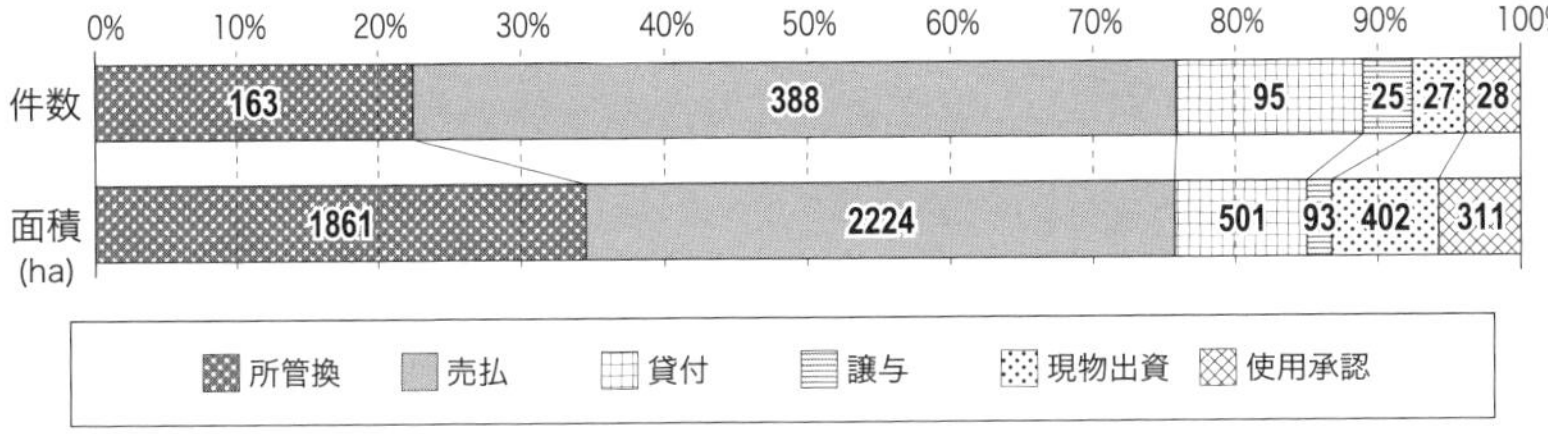

図4-4　都市的用途案件における処分方法

［ 注 ］「貸付または売払」とされた2件は除いている。

(2) 処分方法

処分方法は、一般に、国（省庁）に対しては所管換となり、それ以外の公共団体や法人・個人などに対しては売払か貸付となる（公共団体に対しては譲与の場合もある）。また、住宅公団が公団住宅を建設する場合には、現物出資が行なわれた。他に、処分先に関わらず、一時的な措置として使用承認がなされた場合もあった[10]。

都市的用途案件においては、図4－4に示したように、三八八件、二二二四ヘクタールが「売払」われることとなった。しかし、処分先で見たように、売払相手は民間ばかりでなく、公共団体もかなり含まれていた。民間、即ち、法人・個人あるいはその他法人・団体等に対する「売払」は、二五二件（三四・七%）、一六四六ヘクタール（三〇・五%）と、件数、面積とも三割程度に留まり、結局、旧軍用地の大半は国公有地として存続することとなった（この他、一

表4-4　旧軍用地転用に係る特別措置

法律名	対象者	特別措置	対象となる用途
国有財産法（1948年）	公共団体	無償貸付	緑地、公園、ため池、火葬場、墓地、塵埃焼却場、生活困窮者の収容施設
国有財産特別措置法（1952年）	公共団体	無償貸付	水道施設、防波堤、岸壁、桟橋、上屋等の臨港施設
	公共団体	減額譲渡 減額貸付	医療施設、保健所、社会事業施設、学校、公民館、図書館、博物館、公共職業補導所、賃貸住宅（公営住宅）
	法人	減額譲渡 減額貸付	私立学校、社会福祉事業施設
道路法（1952年）	公共団体	譲与 無償貸付	道路

［注1］国有財産特別措置法は、改正によって、減額譲渡・減額貸付の対象者に日本赤十字社（1952年）、対象用途に更生保護事業施設、経営伝習農場（1954年）、老人福祉施設（1963年）等が追加された。
［注2］国有財産特別措置法における減額比率は5割以内だが、著しい戦災・災害を受けたと大蔵大臣の指定する公共団体で、小学校、中学校、盲学校、聾学校、養護学校として使用する場合は、7割以内とされた。

部は特殊法人や公益法人の所有地となった）。

尚、処分方法においては、旧軍用地の特定用途への転用を促すために制定された国有財産特別措置法のほか、国有財産法や道路法に盛り込まれた同種の規定に着目する必要がある。これについては第二章第一節でも触れたが、表4－4に高度経済成長期前半における旧軍用地の転用に係る主だった特別措置を改めて整理した。そして、それぞれの規定に基づく特別措置の適用が、実際に多くの案件で確認でき、特定用途への転用促進を意図した法制度が活用されていたことが明らかになった。具体的には、公園案件四〇件中三六件で公共団体に対する無償貸付、公共団体及び学校法人を処分先とする学校案件九五件中五五件で減額売払[11]、公営住宅案件三四件中二一件で減額売払、公共団体を処分先とする道路案件二七件中一七件で譲与、一〇件で無償貸付の決定が確認された。

(3) 地域（財務局）

地域（財務局）別では、関東が二四〇件、一二九八ヘクタール

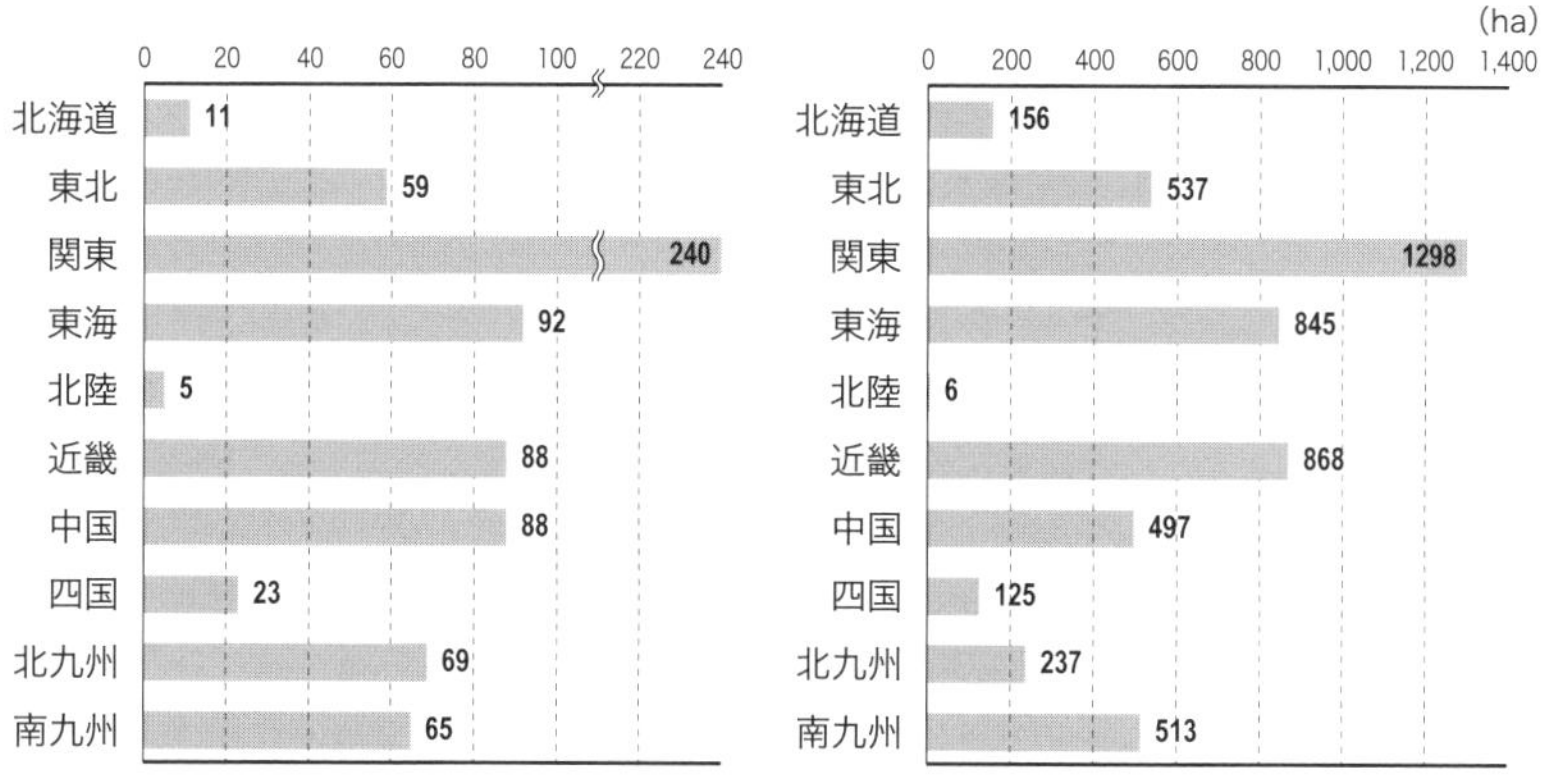

【件数】　【面積】

図4-5　地域（財務局）別の都市的用途案件

で、件数最多、面積最大であった（図4－5参照）。他地域に比べ関東において、都市的用途としての処分決定が顕著なのは、多くの旧軍用地が存在していたことに加え、首都圏として多くの都市施設需要があったためであろう。尚、関東に続く地域としては、件数と面積の双方を勘案すれば、近畿、東海であり、都市的用途案件は三大都市圏を抱える地域で多くなっていた。

　さらに、各地域でどういった用途への転用が多いのかをみると、地域（財務局）によって件数の多い都市的用途は異なった（表4－5参照）。例えば、関東では、官公庁系が五八件で最多であった。特に東京都に三九件が集中しており、さらに用途の内訳まで細かにみると、庁舎（二三件）や研究・試験施設（九件）が多く、しかもその処分先の多く（庁舎一八件、研究・試験施設七件）が国（省庁）であった。即ち、東京都では、首都機能を担う国の庁舎や研究機関の用地として旧軍用地に目が向けられたことが分かる。関東の二位は文教系五六件、三位は住居系四〇件であり、順位は違うものの、近畿でもこの三用途が上位三位を占め、これが大都市圏における旧軍用地の転用用途の傾向であった。尚、文教系、住居系は、他地域においても比較的順位が高いことから、都市化を背景として、全国の旧軍用地が、学校、住宅需要の受け皿となっていったことが窺える。

表4-5　都市的用途案件における用途分類別・地域別件数

	官公庁系	商業系	公園系	文教系	医療福祉系	住居系	産業系	インフラ系	都市他
北海道	1		1		1	1	②3	①4	
東北	4	3	4	②12	4	③5	①23	4	
関東	①58	3	15	②56	10	③40	34	22	2
東海	③13		1	②14	2	8	①47	7	
北陸				1	1	①2		1	
近畿	③13	2	11	①21	5	②18	7	11	
中国	③7		6	②13	2	4	①48	③7	1
四国	3	②4		3	1	①5	②4	3	
北九州	②15		4	7	3	③10	①22	8	
南九州	8	1	4	③12	1	8	②13	①16	2

［注］丸数字は、当該地域における順位（1～3位）。1位の欄には網掛けをした。

表4-6　特殊な設備の有効活用が見られた処分案件

分類	旧軍施設名	所在地	転用用途	処分相手
①	岩国陸軍燃料廠大三島出張所	愛媛県越智郡	工場	丸善石油
	第2海軍燃料廠	四日市市	貯油施設	大協石油
			貯油施設、石油製品処理工場	東亜石油
			化学工業品諸原料製造施設	東海瓦斯化成
			石油精製・石油化学工業用原料生産施設・製品タンク	昭和四日市石油
	岩国陸軍燃料廠	山口県岩国市ほか	選鉱・硫酸・液体亜硫酸・鉄鉱焼結設備、硫酸工場	日本鉱業
	大島燃料置場	山口県徳山市	輸入原油貯蔵所、貯油施設	出光興産
			重油等の製造工場	日本精蠟
②	佐世保海軍工廠・第4ドック	長崎県佐世保市	大型船舶造修、鋼船製造・修理用施設	佐世保船舶工業
	陸軍運輸部金輪島工場・倉庫	広島県広島市	船舶建造・修理工場	金輪船渠
③	陸軍糧秣本廠	東京都江東区	食品工場・倉庫	大洋漁業

［注］分類欄は次の通り。①燃料廠から石油関連施設、②ドックを有する施設から造船所、③糧秣廠から食品工場。

一方、東北、東海、中国、北九州では産業系が、日本列島の両端に当たる北海道、南九州ではインフラ系が、件数最多の都市的用途であった。こういった地域差は、都市施設需要の違いによるものであるが、後述するように当時の産業政策とも関係があった。

⑷ 従前用途（旧軍施設の種類）

口座名から旧軍施設の種類を分類して考察したところ、産業系の案件と空港の案件で、従前用途との強い関係が見られた。

産業系（二〇一件）では、軍需工場を引き継ぐ案件が一二五件（六二・二％）と多く、面積でも九六四ヘクタール（六六・九％）を占めた。軍需工場は占領軍によって賠償物件に指定され、転用されることなく建物や機械設備が残された[12]。それが、サンフランシスコ講和条約締結（一九五二年）を節目に賠償解除となり、一部では払下を希望する企業の背後での政治家が動くなど、政治問題となりながら、通産省主導で払下が進められ、再稼動していったのであった。また、特殊な設備は、そのまま有効活用されることとなった。例えば、石油精製施設や貯油施設を有する燃料廠は石油化学コンビナートとして、ドライドックを有する海軍工廠は造船所として、糧秣廠は食品工場として引き継がれることとなった（表４－６参照）。

空港案件の場合は、二一件全てがかつての陸海軍の飛行場であった[13]。関東地方の飛行場の多くは、工場へと転換されたことが明らかにされているが[14]、全国の地方空港整備においては、接収を解除された旧陸海軍の飛行場が活用されていった。

第二項　戦後改革との関係

表4-7　戦後改革（法制度及び計画）との関連案件

分野		法制度・計画（数字は制定年）	関連案件の用途
行政改革（官公庁施設関係）	庁舎整備	1951 官庁営繕法 1956 官公庁施設の建設等に関する法律	庁舎 （一団地の官公庁施設）
	更正施設	1948 少年院法	少年院
		1958 婦人補導院法	婦人補導院
	学校	1952 航空法	航空大学校
		1954 警察法	警察学校
	特殊法人	1948 日本専売公社法	専売公社
		1949 国民金融公庫法	国民金融公庫
		1950 放送法	NHK
		1952 日本電信電話公社法	電電公社
		1956 日本原子力研究所法	放射線化学中央研究所
		1958 理化学研究所法	理化学研究所
学制改革		1947 学校教育法	中学校
		1949 国立学校設置法 1951 国立大学総合整備計画	国立大学
		1962 国立学校設置法（一部改正）	国立工業高等専門学校
住宅政策		1951 公営住宅法	公営住宅
		1955 日本住宅公団法	公団住宅
産業政策		1962 全国総合開発計画 1962 新産業都市建設促進法 1964 工業整備特別地域整備促進法	工場・倉庫 （工業整備特別地域指定）

［注］「法制度・計画」は、関連する処分案件が認められたもののみ整理した。

高度経済成長期前半は、新しい法制度や計画が作成され、戦後改革が進められた時期でもあった。そこで、終戦から一九六〇年代前半にかけて作られた法律や計画と関わりのある――新たな法律や計画によって必要となった施設整備用地としての――旧軍用地の処分決定案件を抽出・整理した。そして、行政改革、学制改革、住宅政策、産業政策の四分野において、旧軍用地の処分決定との間に対応関係を見出すことができた（表4－7参照）。

(1) 行政改革と「官公庁系」案件

官庁営繕法（一九五一年）を引き継いだ

官公庁施設の建設等に関する法律（一九五六年）では、公衆の利便と公務の能率増進とを図るために、「一団地の官公庁施設」が都市施設の一つとして位置づけられ、名古屋や広島の城郭部の旧軍用地において計画決定された[15]。例えば、一九五九年に計画決定された名古屋の名城郭内団地について、旧軍用地を国、県、市などの庁舎へと転用する案件が確認された[16]。旧軍用地が、新たな官庁街形成手法の実践の場となったのであった。

また、個別の法律によって設置されることとなった少年院や婦人補導院といった更正施設、航空大学校や警察学校などの特殊技能者の養成・訓練学校、あるいは各特殊法人の庁舎や研究所としての転用案件が多く確認された[17]。次々と制定された法律に基づき、新たに必要となった官公庁施設の受け皿として、多くの旧軍用地が活用されることになったのである。

⑵ 学制改革と「学校」案件

一九四七年の学校教育法により新制中学校が発足し、全国で中学校の整備が必要となった。一九五〇年頃までに中学校の整備は一通り済んでいたが、それでも中学校への転用案件が二二件見られた[18]。

また、一九四九年の国立学校設置法により、二二四校の国立旧制大学・高校・専門学校が七二校の新制大学に再編された。さらに、一九五一年には国立大学総合整備計画が策定され、国立大学のキャンパス整備が本格化する中で、旧軍用地に目が向けられた。国立大学への転用案件は二八件確認されたが、東北大学（仙台市／第2師団司令部ほか／七九・四ヘクタール）のように、大規模なキャンパス用地として決定された場合もあった[19]。尚、一九六二年の国立学校設置法の一部改正により発足した国立工業高等専門学校への転用案件も五件確認され[20]、戦後、再出発した国立学校の整備に多くの旧軍用地が充てられたことが窺える。

(3) 住宅政策と「公的住宅」案件

戦後の住宅政策は、終戦直後の住宅不足に対応するために公共団体、住宅営団などによる応急簡易住宅や国庫補助庶民住宅の建設から始まった。これを継承した公営住宅法（一九五一年）を受け、公共団体による低所得者向け住宅の定常的な供給が開始された。前述した国有財産特別措置法による減額措置もあり、公営住宅としての転用案件は三四件にも上った(21)。終戦直後、旧軍用地は応急簡易住宅の建設用地となったが、平常時の住宅政策においても旧軍用地が、低所得者向け住宅用地の供給源となったのであった。

また、勤労者のための住宅供給を目的とした日本住宅公団法（一九五五年）制定後、全国に公団住宅が建設された。公団住宅への転用案件は二四件、面積三五三ヘクタールにも及んでおり(22)、多くの旧軍用地が住宅公団に現物出資されることとなったことが分かる。尚、住居系で一〇ヘクタール以上の案件九件のうち八件が公団住宅であり、住宅公団香里団地（枚方市／東京第2陸軍造兵廠香里製造所／一一五ヘクタール）のように極めて規模の大きい案件もあった。旧軍用地を活用することで、大規模な公団住宅の整備が進められたと言える。

(4) 産業政策と「産業系」案件

一九五〇年の国土総合開発法の制定以降、工場の地方分散が図られることとなった。しかし、実際に政府主導の工業開発が全国的に展開されるのは、一九六二年の全国総合開発計画の策定を契機としてのことであり、同年、この全総を受けて制定された新産業都市建設促進法により一五箇所の新産業都市が指定され、二年後の一九六四年の工業整備特別地域整備促進法により六箇所の工業整備特別地域が指定された。こういった産業政策と旧軍用地転用との関係は、既往研究[23]によっても指摘されているが、工業整備特別地域に指定された東三河地域、周南地域の案件が確認され[24]、大規模な旧軍用地の存在が指定の契機となっていた可能性もある。

おわりに

旧軍用地の処分決定の大部分は、農村部における自衛隊用地や自作農創設用農地としての決定であったが、それでも五〇八二ヘクタールという大量の旧軍用地が様々な都市施設整備に充てられることとなった。特に工場・倉庫としての処分件数が多かったほか、公園、学校、公営住宅、公団住宅の件数も比較的多く、高度経済成長下の都市化の進展が、こういった都市施設の整備を迫り、旧軍用地がその受け皿となることで、都市問題の緩和に貢献したと考えられた。

都市的用途案件に絞った考察からは、旧軍用地が果たした役割と、転用上の特徴として次のような指摘ができる。

まず、旧軍用地が果たした役割の一つ目は、当時の都市問題に対応したという点である。首都機能整備のための官公庁施設の整備、大都市圏を中心に逼迫していた公園、学校、公的住宅の整備など、高度経済成長下の都市化に伴う都市問題に、旧軍用地を活用することで対応しようとしていた。この場合、各地域の都市問題への対症療法として、旧軍用地の転用が進められたと言える。旧軍用地は、変わりゆく都市の在り様に柔軟に対応するという役割を果たした。旧軍用地が果たした役割のもう一つは、戦後改革の実現に貢献したという点である。戦後の行政改革、学制改革、住宅政策、産業政策に関連して作られた法律や計画に基づく都市施設の整備用地として活用された旧軍用地も多かった。この点において旧軍用地の転用は、結果的に、戦後の制度改革や政策の実現への貢献という積極的な役割を果たしたと言える。

転用上の特徴の一つ目は、公的利用という基本的方向が確認できるという点である。旧軍用地の処分先は、国（省庁）、公共団体、特殊法人・公益法人等の公的機関が中心であった。多くが国公有地として活用されることとなったため、再び土地利用転換の必要が生じても、国や公共団体が転用用途を直接コントロールすることが可能という点で、転用後の公共性も留保されたと言える。さらに、国有財産法などに基づく公共団体などに対する特別措置は、旧軍用地の転用用途を、公園、学校、公営住宅、道路など、重要な公共施設へと誘導するものであった。この点で、旧軍用地の公的利用という基本的方向は、法制度によっても側面的に推し進められたと言えよう。

転用上の特徴のもう一つは、地域や施設固有の条件を踏まえた活用がなされたという点である。財務局別にみると、地域によって主要な転用用途が異なっており、都市施設需要の違いや産業政策、国土計画の影響が窺える。それぞれの地域のもつ事情や地域政策上の目標に沿って、旧軍用地の活用が図られたと言える。また、従前用途との関係では、軍需工場を工場として、あるいは飛行場を空港として使用するなど、残存施設を活用することで機能が継承された場合もあり、施設固有の条件を踏まえた活用も見られた。

このように、旧軍用地の転用と都市施設整備との関係において、旧軍用地が果たした役割には、高度経済成長下の都市問題への対応と、戦後改革の実現への貢献という二つの側面があり、処分決定上の特徴としては、公的利用という基本的方向が見出せる一方で、地域や各施設に固有の条件との関係も見られたのであった。

注

1　佐藤昌『日本公園緑地発達史　上巻』（六六七頁、都市計画研究所、一九七七年）

2　国有財産地方審議会は、一九五六年四月の閣議決定「国有財産審議会の設置について」により、国有財産中央審議会（大蔵省）とともに各財務局に設けられた諮問機関で、民間有識者や公共団体等から成り、各地域の国有財産の管理及び処分について調査審議する働きを担った。尚、翌年の国有財産法の一部改正により、国有財産法に基づく機関となった。国有財産地方審議会が設置される以前は、国有財産処理地方協議会（一九四七年設置）が旧軍財産等の処理に当たっていたが、管理処分事務に対する批判の中、国有財産行政の根本的刷新を目途として新たな諮問機関が設けられた。

3　都市計画法第一一条によらず、公共・公益施設のほか、民間の住宅、商店、工場なども含めて、何らかの営造物（但し、自衛隊利用は除く）の総称として、用語「都市施設」を用いている。

4　一九五六～一九六五年度における『国有財産地方審議会の審議経過』の分析を通して把握できるのは、高度経済成長期前半における全国的な旧軍用地の処分決定状況であって、実際の旧軍用地の転用状況ではない。しかし、旧軍用地は、国有財産地方審議会の審議結果に基づいて処分されるのが原則であったため、分析作業を通じて得られる旧軍用地の処分決定の傾向をもって、実際の転用傾向に敷衍できると考えてもよい。

5　但し、全国レベルでの網羅と言っても、旧軍港市（横須賀市、呉市、佐世保市、舞鶴市）は除かれていると考えたほうがよい。旧軍港市には、別途、旧軍港市国有財産処理審議会が設置されており、旧軍用地の処分決定の大半はそこで審議されていたと思われる（本書第五章参照）。『国有財産地方審議会の審議経過』（第一集～第一〇集）においても、この四都市の処分決定案件は見られるが、件数はそれ程多くない。

6　該当したのは、中央航空研究所（東京都／内閣府）、同（茨城県／内閣府〈鹿島実験所〉）、国際飛行場（名古屋市／逓信省航空局）。

7　該当したのは、中島飛行機株式会社前橋第一工場（群馬県）、同尾島工場（群馬県）、同小泉工場（群馬県）、同太田工場（群馬県)、同太田小泉飛行場(群馬県)、航空兵器製造川崎第二工場(川崎市)、住友金属工業株式会社静岡工場(静岡県)、東海飛行機株式会社挙母工場(愛知県)、三菱重工業株式会社付属官有飛行場(岡山県)、九州飛行機株式会社(香椎工場:福岡市)、神戸製鋼所中津工場(大分県)、三菱重工業株式会社熊本工場(熊本県)。

8　一九四二年公布。主に航空機製造のための軍需工場を官設民営で整備することを目的とした法律。

9　「交換」の決定があった案件は七九件。

10　処分先に関わらないとはいえ、使用承認二八件中二六件が国(省庁)に対するものであり、所管換前の一時的措置という意味合いが強い。

11　処分先の内訳は、都道府県一三件、市区町村二五件、学校法人一七件。

12　大蔵省財政史室編『昭和財政史——終戦から講話まで——第九巻』(六六頁、東洋経済新報社、一九七六年)によれば、官民問わず合計三八九工場が賠償物件として指定され、機械設備は賠償のために撤去・引渡しが行われるまでは完全な状態で保守管理されることとなった。政府が直接保守管理に当たったのは、陸軍関係四九、海軍関係四五、研究所三三の合計一二七施設。第二章第四節に詳述。

13　帯広空港(帯広市/帯広陸軍飛行場)、新潟空港(新潟市/新潟補助飛行場)、八尾飛行場(大阪府八尾市/大正飛行場)、松山空港(松山市/松山海軍航空基地)など。

14　宮木貞夫「関東地方における旧軍用地の工場地への転用について」(『地理学評論』37巻9号、五〇七~五二〇頁、一九六四年)

15　松山薫「関東地方における旧軍用飛行場跡地の土地利用変化」(『地学雑誌』106巻3号、三三一~三五五頁、一九九七年)

16　旧軍用地における「一団地の官公庁施設」の決定と官庁街整備については、名古屋は第八章第二節において詳述している。名城郭内団地内の案件とは、東海電気通信局電話局等施設(輜重兵第3連隊)、県庁第一分庁舎(海軍人事部、野砲兵第3連隊)、市西庁舎(野砲兵第3連隊)、愛知用水公団庁舎(第3師団司令部、第5旅団司令部)。

17　更正施設としては、宇治少年院（京都府宇治市／大阪陸軍兵器補給廠宇治分廠）、婦人補導院（福岡市／香椎軍需品集積所）、養成学校としては、航空大学校（宮崎市／宮崎海軍飛行場）、近畿管区警察学校（堺市／金岡練兵場）など、特殊法人の庁舎や研究所としては、専売公社名古屋地方局（名古屋市／輜重兵第3連隊）、国民金融公庫小倉支所（北九州市／小倉陸軍兵器補給廠）、NHK放送センター（東京都渋谷区／代々木練兵場）、電電公社小倉電話局分局（北九州市／小倉陸軍造兵廠）、放射線化学中央研究所（高崎市／東京第2陸軍造兵廠岩鼻製造所）、理化学研究所（埼玉県／陸軍予科士官学校）など。

18　区立中学校（東京都板橋区／東京第2陸軍造兵廠板橋製造所）、市立中部中学校（愛知県春日井市／名古屋陸軍造兵廠鳥居松製造所）など。

19　他に、茨城大学（茨城県／霞ヶ浦航空隊／三四・七ヘクタール）、静岡大学（静岡県／第1航空情報連隊／二八・六ヘクタール）、京都学芸大学（京都市／歩兵第9連隊、輜重兵第16連隊ほか／二一・一ヘクタール）など。

20　高知工業高等専門学校（高知県南国市／高知航空隊）、舞鶴工業高等専門学校（京都府舞鶴市／第3海軍火薬廠第二区）など。

21　県営住宅（金沢市／師団野村倉庫、輜重兵第52連隊、工兵第52連隊）、市営住宅（名古屋市／名古屋陸軍造兵廠千種製造所）など。

22　鶴山台住宅（大阪府和泉市／信太山演習場）など。

23　前掲注14松山論文の三三九～三四〇頁

24　東都製鋼（愛知県豊橋市／豊橋海軍航空基地／東三河地域）、出光興産（山口県徳山市／大島燃料置場／周南地域）など。

第五章　旧軍港市四都市における旧軍用地の転用傾向

はじめに

旧軍用地などの国有財産の処分に係る審議の場は、第四章で着目した国有財産地方審議会の他に、旧軍港市四都市（横須賀、呉、佐世保、舞鶴）を対象とした旧軍港市国有財産処理審議会が設けられている。そして、この審議会での決定事項は、旧軍用地の転用がほぼ収束したと言われる一九七〇年代半ばまでは『旧軍港市国有財産処理審議会決定事項総覧』に整理されている。この文献は、一九五〇～一九七六年度（第一回～第六六回）の旧軍港市国有財産処理審議会における旧軍用地を中心とした国有財産の処分決定内容を案件ごとに記載したものである(1)。第四章で扱った『国有財産地方審議会の審議経過』と同様、個別の案件ごとに、口座名、処分決定年度、所在地（市区町村）、転用用途、処分面積、処分先、処分方法などが記載されている。やはり旧軍施設であるか否かについての表記はなく、陸軍省・海軍省から引き継いだと思われる財産、他省庁から引き継いだと思われる軍事関係の財産については、口座名から判断し、さらに土地が処分対象となっている案件を旧軍用地の処分案件として抽出できる。

また、後述するように軍港として発展してきた旧軍港市四都市は、それ以外の都市と異なる特殊性を有する。そのため、旧軍港市四都市における旧軍用地の転用は、第四章で明らかにした全国的な傾向とは異なるのではないだろうか。

そこで本章では、二次史料ながら旧軍港市の旧軍用地の転用状況を網羅的かつ定量的に知り得る『旧軍港市国有財産処理審議会決定事項総覧』を基礎資料として用い、旧軍港市四都市における旧軍用地の転用動向を明らかにしたい。

第一節　一九六〇年度までの旧軍用地の転用概況

第一項　旧軍港市の特性と旧軍港市国有財産処理審議会

表5-1　旧軍港市4都市の概要

		横須賀	呉	佐世保	舞鶴
軍港設置年		1884年	1889年	1889年	1901年
罹災面積		—	509 ha	178 ha	—
人口推移（人）	1940年	193,000	238,000	212,000	86,000
	1943年	359,000	404,000	288,000	86,000
	1945年	202,000	152,000	148,000	80,000
	1960年	287,000	210,000	262,000	100,000
	1975年	390,000	243,000	251,000	98,000

［注1］軍港設置年は鎮守府が開庁した年とした。

［注2］罹災面積は建設省編『戦災復興誌　第1巻』（pp.16-22、㈶都市計画協会、1959年）の坪表記を1坪＝3.3㎡として換算。

［注3］人口推移は各市の統計書より。横須賀では1950年に逗子が分離している。佐世保では1954～58年に六村が合併している。舞鶴では1957年に一町が編入されている。


旧軍港市四都市は、いずれも明治期に鎮守府が置かれて軍港が成立し、軍港の拡充に伴って発展した都市である（表5－1参照）。各都市には艦船の建造・修理を行う海軍工廠などが置かれ、戦時中は多くの工員が従事し、例えば、呉市は四〇万四〇〇〇人、横須賀市は三五万九〇〇〇人というように、ピーク人口は膨れ上がった。終戦によって海軍工廠などが接収されると、多くの失業工員は故郷へ戻っていった。また、呉と佐世保は空襲による被害も大きく、罹災面積はそれぞれ五〇九ヘクタール、一七八ヘクタールにも上った。そして、働く場と住む場の両方を失ったことで、より多くの住民が流出した。これを裏付けるように、終戦年の一一月の調査によれば、横須賀、呉、佐世保の人口は激減している。[2]その後、高度経済成長期に産業振興が進むと人口は回復していったが、一九六〇～一九七五年の人口動向をみると、横須賀を除いて、増加傾向が鈍化するか減少傾向となっている。

海軍工廠を中心とした企業城下町と言える旧軍港市では、終戦に伴って都市存立に係る産業基盤を失ったため、産業振興が必要とされた。また、軍施設拡充に伴う人口増に対し、生活基盤整備が追いついていなかった。[3]

旧軍港市四都市に共通するこうした特殊事情を踏まえ、旧軍用地を有効活用するために、地元議員らの運動の成果として、一九五〇年に旧軍港市転換法が制定された。そして、旧軍用地の転用については、旧軍港市国有財産処理審議会にて審議することとなったのである。[4]

第二項　旧軍用地の立地と一九六〇年度までの転用概況

史料の分析に入る前に、大蔵省による調査結果[5]から旧軍港市四都市に旧軍用地がどれだけあったかという保有状況と、一九六〇年度までの旧軍用地の転用状況を確認しておこう。

(1) 旧軍用地の保有状況

旧軍港市四都市は、海軍運輸部や海軍軍需部の倉庫、海軍工廠や航空廠などの工場、海軍砲術学校や海軍工作学校などの学校施設、海軍飛行場、海兵団の兵営のほか、砲台の置かれた要塞地帯も含め、広大な旧軍用地を抱えていた。そして戦後、四都市合計で六五二口座、一万〇二二七ヘクタールもの旧軍用地が、大蔵省へ引き継がれた（図5－1参照）。

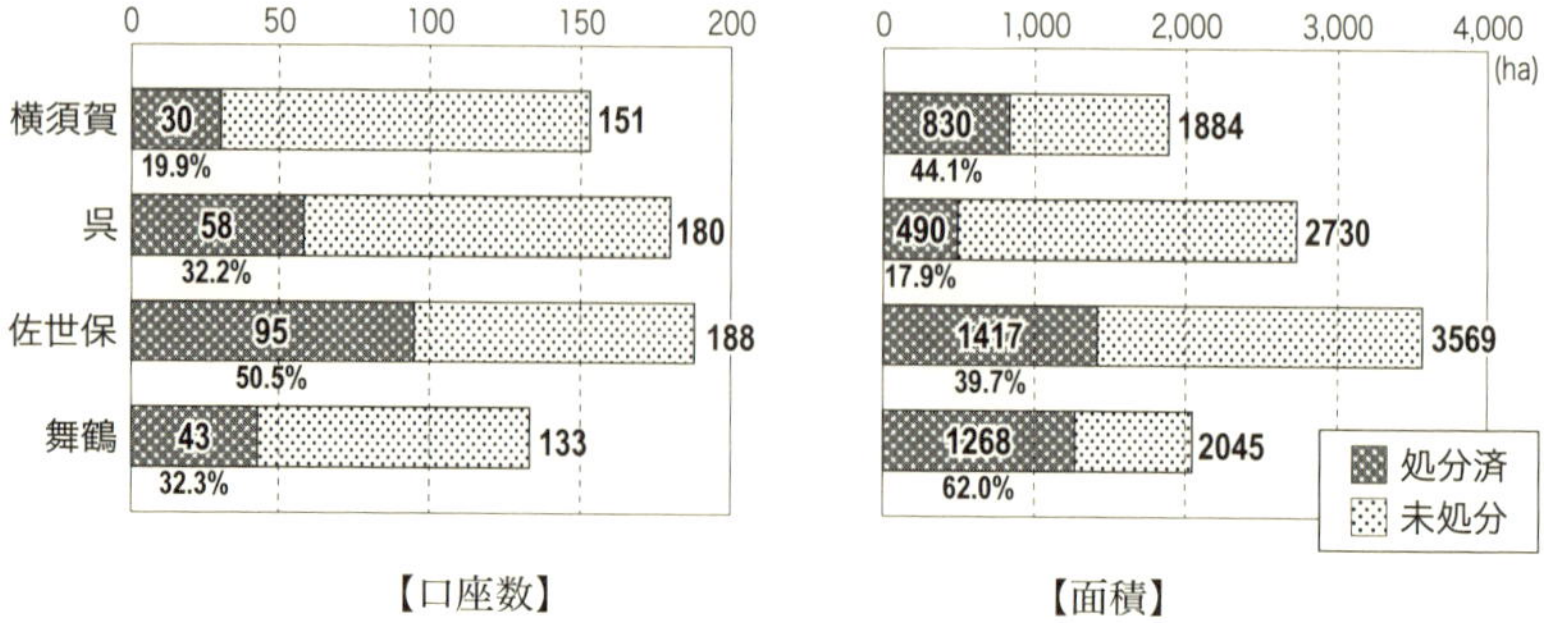

652口座	引受総量	10,227ha
226口座	処分量	4,005ha
34.7%	処分割合	39.2%

図5-1　各都市の旧軍用地と1960年度までの処分量

［資料］大蔵省財政史室編『昭和財政史――終戦から講和まで――第19巻（統計）』（p.338、東洋経済新報社、1978年）より作成。

［ 注 ］四捨五入の関係で、各都市の旧軍用地面積の合計と引受総量は一致していない。

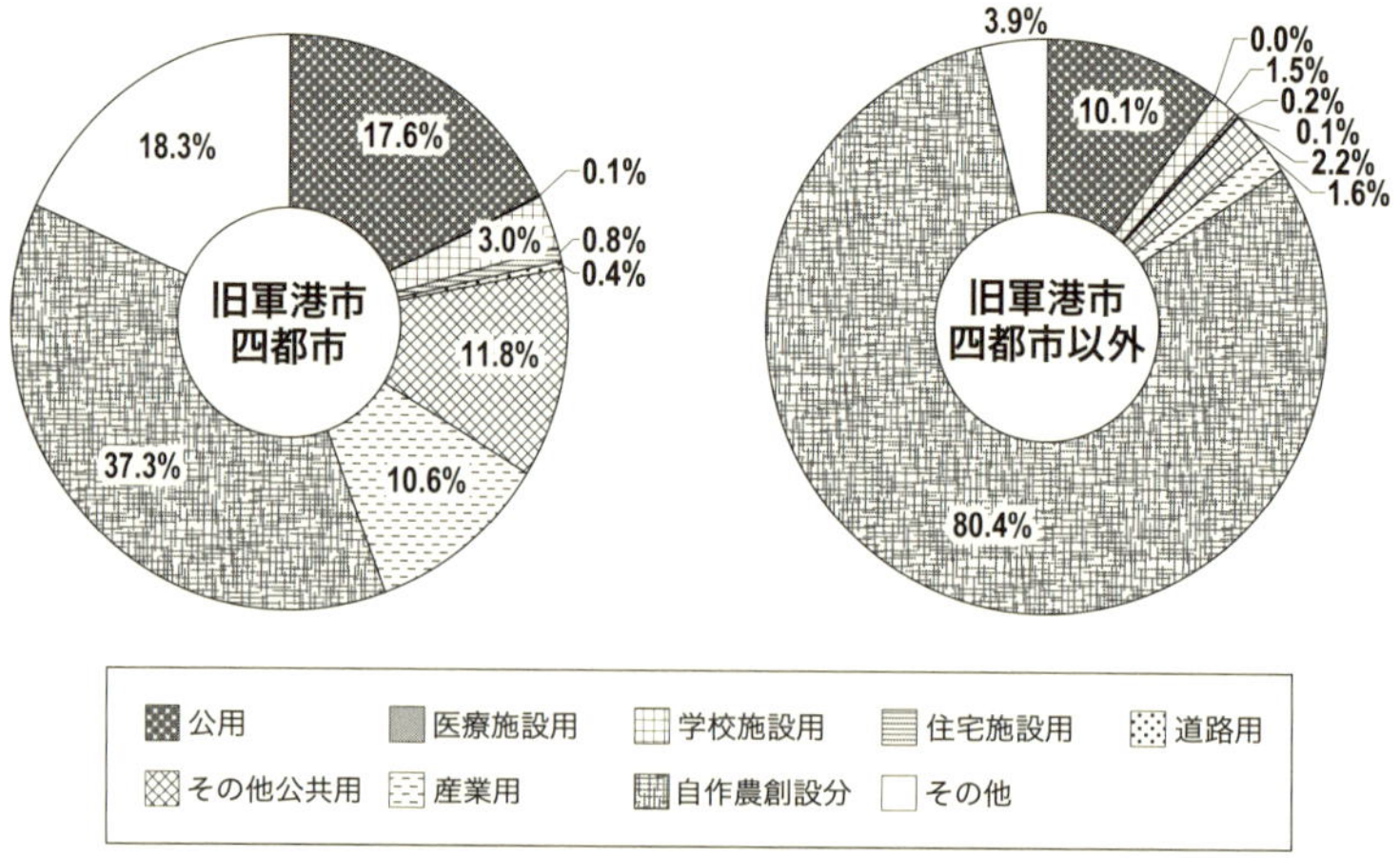

図5-2　1960年度までの転用用途

［ 注 ］公用：所管換（「自作農創設分」を除く）、公共団体に対し庁舎等として処分。
医療施設用：公共団体に対し医療施設、保健所として処分。学校施設用：学校として処分。
住宅施設用：公営住宅、引揚者・戦災者等の収容施設としての処分。
その他公共用：公共団体に対し上記以外の公共施設として処分。
産業用：予算決算及び会計令臨時特例を適用して産業等の保護奨励のため処分。
自作農創設分：自作農創設特別措置法に基づいて農地として所管換。

［資料］大蔵省財政史室編『昭和財政史―終戦から講和まで―第19巻』（p.345、東洋経済新報社、1978年）より作成。

これは、全国の旧軍用地三二万七六〇四ヘクタールの三・一%に相当する。(6)また、都市別にみると、面積は佐世保が三五六九ヘクタールで最大であり、最も少ない横須賀であっても一八八四ヘクタールという莫大な量であった。第3師団司令部が置かれていた名古屋の旧軍用地が約三三三ヘクタールとされることからも、旧軍港市四都市に残された旧軍用地が如何に大きかったかが分かる。(7)

⑵　一九六〇年度までの旧軍用地の転用概況

旧軍港市四都市に存在した旧軍用地のうち一九六〇年度までに処分されたのは四〇〇五ヘクタール（三九・二%）に留まっており、一九六〇年度時点において多くの旧軍用地が処分されずに残されていたことが窺える(8)（図5－1参照）。その理由の一つとして考えられるのが、旧軍用地の米軍基地利用であり、横須賀、呉、佐世保では、基地問題や返還跡地の活用問題として、今日的課題となっている。

次に、転用用途をみると、旧軍港市四都市では、それ以外の場合に八〇・四%を占めた自作農創設分は三七・三%に過ぎず、公用(9)（一七・六%）、その他公共用（一一・八%）、産業用（一〇・六%）、学校施設用（三・〇%）など、都市施設の整備のために転用された旧軍用地の割合が大きくなっていることが分かる（図5－2参照）。尚、自作農創設のための農地として処分された旧軍用地が少ない理由として考えられるのは、旧軍港市四都市において、開拓用地の中心的存在となった演習場や牧場（軍馬育成用）がなかったことである。

このように、大蔵省調査から、旧軍港市四都市では、一都市あたりの旧軍用地の量が非常に多かった点、一九六〇年度時点では多くの旧軍用地が未処分であった点、転用用途として都市施設の割合が大きかった点などが指摘できる。

第二節　旧軍用地の処分決定状況

第一項　旧軍用地の転用用途

(1) 転用用途別の処分決定件数及び面積

ここから先では、『旧軍港市国有財産処理審議会決定事項総覧』を基礎資料とした一九五〇〜七六年度の旧軍港市国有財産処理審議会（以下、審議会）での決定内容の考察を進めていく。分析の方法は、基本的に第四章での『国有財産地方審議会の審議経過』と同様である。つまり、①分析対象とした物件、②分析対象とした処分方法、③データベースの作成について、同様の方法によっているので、必要に応じて第四章第一節を参照していただきたい。

一九五〇〜七六年度の審議会において、処分決定された旧軍用地の転用用途を都市的用途九分類、非都市的用途三分類で集計した（表5—2参照）。旧軍用地の処分案件は総計六二六件、処分面積総計一七八一・六ヘクタールが確認された。都市的用途が、件数で六〇五件（九六・六％）、面積で一六五四・二ヘクタール（九二・八％）と九割以上を占めた。つまり、審議会で処分決定された案件の殆どが、都市的用途への転用であり、旧軍港市四都市の都市施設整備のために非常に多くの旧軍用地が転用されたことが分かる。特に、産業系への転用が非常に多く、二九二件、八二四・一ヘクタールで、件数、面積ともに約四六％を占めた。軍需産業という産業基盤を失った旧軍港市では、旧軍用地を産業系用途とし

表5-2　転用用途別の旧軍用地の処分決定件数及び面積（1950～1976年度）

<table>
<tr><th colspan="2">用途分類</th><th>件数</th><th>面積</th><th colspan="2">用途の内訳</th></tr>
<tr><td rowspan="16">都市的用途
605件
1,654.2ha</td><td rowspan="2">官公庁系</td><td rowspan="2">27</td><td rowspan="2">4.5</td><td>庁舎（21）</td><td>国・特殊法人・府県・市庁舎（6）、消防署（12）、警察署（3）</td></tr>
<tr><td>庁舎以外（6）</td><td>研究所・試験場（2）、保安施設（2）、研修所（1）、通信所（1）</td></tr>
<tr><td>商業系</td><td>6</td><td>3.7</td><td>商業・業務施設（6）</td><td>宿泊施設（2）、商店（2）、結婚式場（1）、事務所（1）</td></tr>
<tr><td>公園系</td><td>53</td><td>167.8</td><td>公園（53）</td><td>公園（50）、墓地（3）</td></tr>
<tr><td rowspan="3">文教系</td><td rowspan="3">89</td><td rowspan="3">163.1</td><td>学校（72）</td><td>大学（2）、高校（15）、中学校（31）、小学校（22）、その他（4）、不明（2）</td></tr>
<tr><td>文化施設（14）</td><td>文化会館等（7）、博物館（3）、図書館（2）、公民館（2）</td></tr>
<tr><td>運動施設（3）</td><td>運動場（2）、体育館（1）</td></tr>
<tr><td rowspan="2">医療福祉系</td><td rowspan="2">30</td><td rowspan="2">14.3</td><td>医療施設（8）</td><td>市立病院（5）、保健所（2）、療養所（1）</td></tr>
<tr><td>福祉・職業訓練施設（22）</td><td>職業補導所（7）、福祉施設（5）、保育所（3）、厚生施設（3）、その他（5）</td></tr>
<tr><td rowspan="3">住居系</td><td rowspan="3">34</td><td rowspan="3">58.5</td><td>公的住宅（15）</td><td>公営住宅（14）、公社住宅（1）</td></tr>
<tr><td>公的宿舎（4）</td><td>国家公務員宿舎（2）、公舎（2）</td></tr>
<tr><td>一般住宅（15）</td><td>個人住宅（7）、社宅（4）、立退代替住宅（3）、学生寮（1）</td></tr>
<tr><td>産業系</td><td>292</td><td>824.1</td><td>工場・倉庫（292）</td><td>工場・倉庫（292）</td></tr>
<tr><td rowspan="2">インフラ系</td><td rowspan="2">49</td><td rowspan="2">393.0</td><td>交通施設（12）</td><td>道路（6）、港湾（4）、車庫（2）</td></tr>
<tr><td>供給処理施設（37）</td><td>上下水道（32）、鉄塔敷地（2）、変電所（2）、無線中継所（1）</td></tr>
<tr><td>都市他</td><td>25</td><td>25.2</td><td>都市的その他（24）</td><td>市場（9）、宗教施設（5）、資材置場等（5）、整備工場（2）、競輪場（1）、屠場（1）</td></tr>
<tr><td rowspan="3">非都市的用途
21件
127.4ha</td><td>山林系</td><td>7</td><td>50.1</td><td>森林（7）</td><td>植林用地（7）</td></tr>
<tr><td>非都市他</td><td>1</td><td>0.1</td><td>非都市的その他（1）</td><td>築堤（1）</td></tr>
<tr><td>軍事系</td><td>13</td><td>77.2</td><td>自衛隊用地（13）</td><td>自衛隊用地（13）</td></tr>
<tr><td colspan="2">合計</td><td>626</td><td>1,781.6</td><td></td><td></td></tr>
</table>

［注1］面積の単位はha。
［注2］「用途の内訳」の項目の（　）内数字は件数。1つの案件で複数の用途が決定されている場合に別々にカウントしたため、合計が一致しないことがある。

て活用し、産業振興を図る必要があったと言える[10]。

この他に件数が多く、面積も大きな用途としては、文教系（八九件、一六三・一ヘクタール）、公園系（五三件、一六七・八ヘクタール）、インフラ系（四九件、三九三・〇ヘクタール）、住居系（三四件、五八・五ヘクタール）などであった[11]。尚、第四章の全国的傾向においても、ほぼ同様の用途が多いことを指摘しているが、旧軍港市四都市では官公庁系が二七件、四・五ヘクタールと少ない点が異なっていた。中小都市である旧軍港市では、官公庁施設の需要が多くなかったためであろう。

文教系では、特に学校への転用が七二件、一五二・二ヘクタールと多かった。第四章の全国的傾向では、大学・高専への転用が多い点を指摘したが、中小都市である旧軍港市四都市では大学の用地需要は少なく、大学への転用は二件（私大）のみであった。一方、小・中・高校への転用は六八件にも及んだ。

尚、インフラ系では、特に上下水道が多く、しかも、このうち二〇件、三七八・〇ヘクタールは上水道やその水源地であった。旧軍港市四都市の上水道は旧軍用地の転用によるところが大きかったのだが、この理由については後述したい。

このように旧軍港市四都市では、産業振興のために多くの旧軍用地を工場・倉庫へと転用し、人口回復とともに必要となった学校（小・中・高校）や公園などの生活基盤のために、旧軍用地を活用していったと言える。

(2) 都市別の処分決定件数及び面積

都市別にみると、横須賀が一九九件、六二三ヘクタールで件数最多、面積最大であったが、面積の最も少ない佐世保であっても三一七ヘクタールという大量の旧軍用地が転用されており、いずれの都市においても、旧軍用地の転用が都

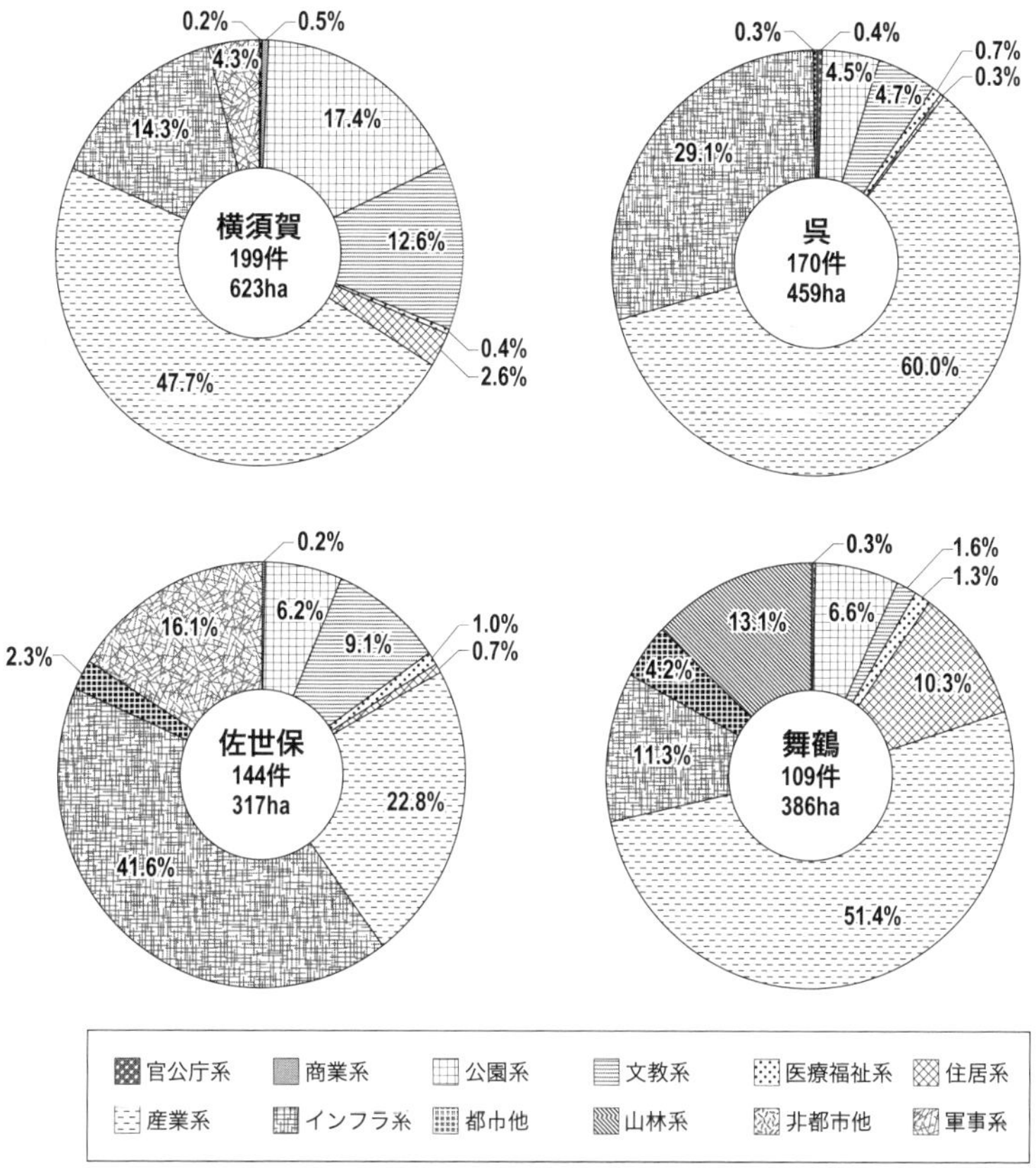

図5-3　都市別の旧軍用地の転用用途（面積割合）

市施設の整備に大きな役割を果たしていたことが窺える（図５−３参照）。

ここからは転用用途について、面積割合から都市別に検討していきたい。まず横須賀では、産業系（四七・七％）の割合が最も高かったものの、公園系（一七・四％）や文教系（一二・六％）も比較的見られた。大都市に近く、高度経済成長期の人口急増に対応する必要があったため、多くの旧軍用地が学校や公園などの生活基盤の整備に活用されることになった。呉と佐世保は、人口規模、戦後の人口推移、罹災などのバックグラウンドは近いが、呉では産業系が六〇・〇％を占めたのに対し、佐世保では産業系は比較的高かったものの二二・八％に留まり、文教系（九・一％）、インフラ系（四一・六％）、軍事系（一六・一％）の割合は呉に比して高く、転用用途の構成比は異なった。また、舞鶴では、他都市に比べ、山林系（一三・一％）、住居系（一〇・三％）の割合が比較的高かった。このように、産業系はいずれの都市も比較的高い割合を示していたが、それ以外の転用用途において、都市ごとに異なる特徴が見られた。

第二項　処分上の特徴

(1) 処分決定件数及び面積の推移

年度ごとに処分決定件数と面積の推移をみると、年度によって差が激しく、かなりのばらつきがあるため、一定の傾向を見出しにくい[12]（図５－４参照）。そこで、五年ごとに区切って件数と面積を集計し、その推移をみると、件数、面積ともに減少傾向が見られた。しかし、急減しているわけではなく、件数については一九六〇年代前半にピークがみられ、面積については一九六〇年代前半や一九七〇年代前半に増加に転じることもあり、どの年代でも比較的多くの件数、面積が確認できた。一九六〇年代以降も旧軍用地の転用は継続的に行われ、その間、旧軍用地は様々な都市施設に転用可能な土地資源（＝遊休都市ストック）として存在し続けていたと言える。

また、転用用途別の推移では、工場・倉庫、公園、学校への転用において、特徴的な傾向が見られた（図５－５参照）。工場・倉庫への転用は、件数、面積ともに一九六〇年代前半をピークとして、一九五〇年代後半から一九六〇年代後半にかけて、特に多い期間となっていた。工場・倉庫への転用が、高度経済成長とシンクロしていたことが分かる。公園への転用には、二つの山が見られた。一つ目の山は一九五〇年代で、特に件数が多いのが特徴的であった。面積に対し

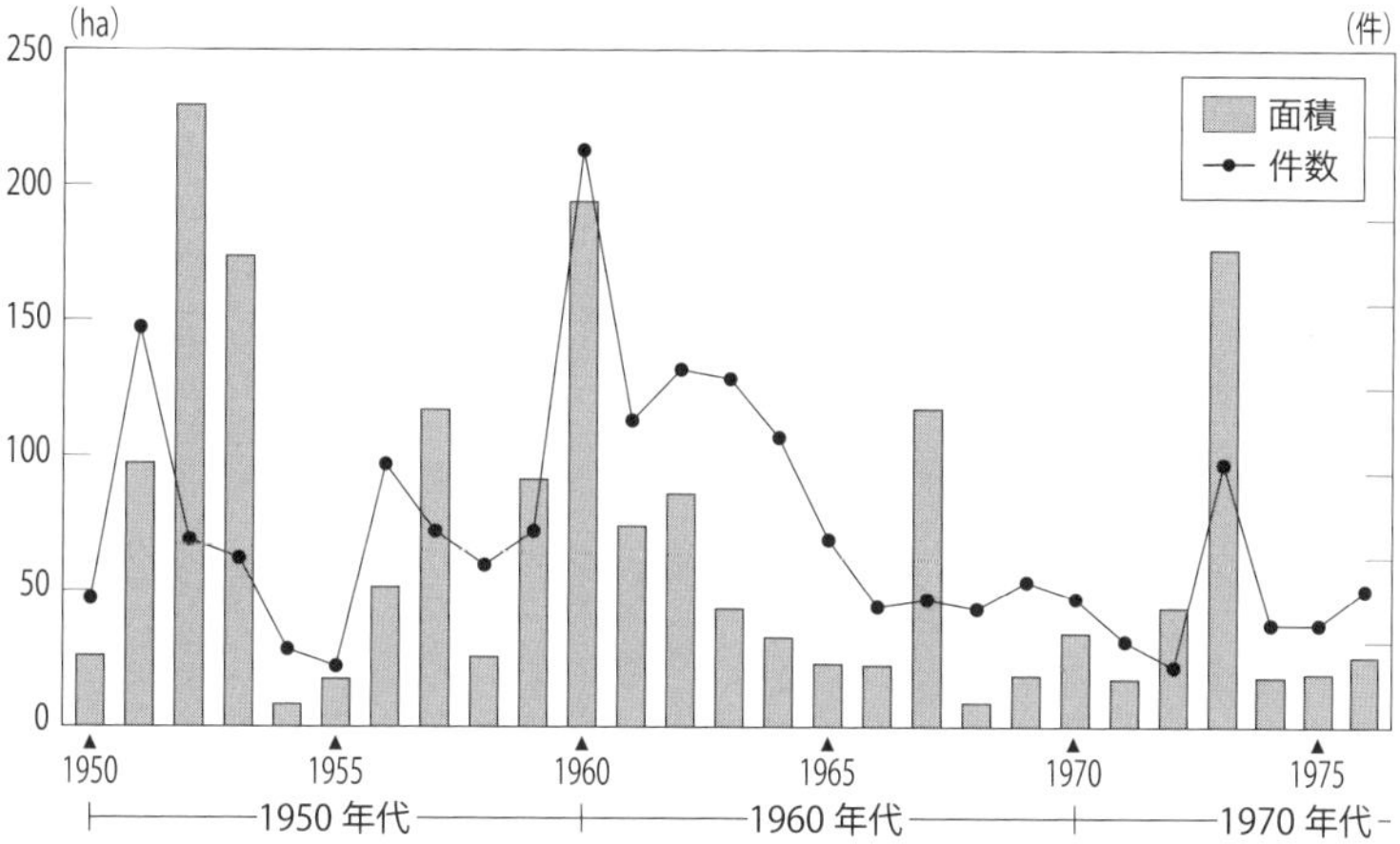

	1950年代		1960年代		1970年代
	前半	後半	前半	後半	前半
件数	113	104	223	83	75
面積(ha)	533	301	427	187	290

図5-4　処分決定件数及び面積の推移

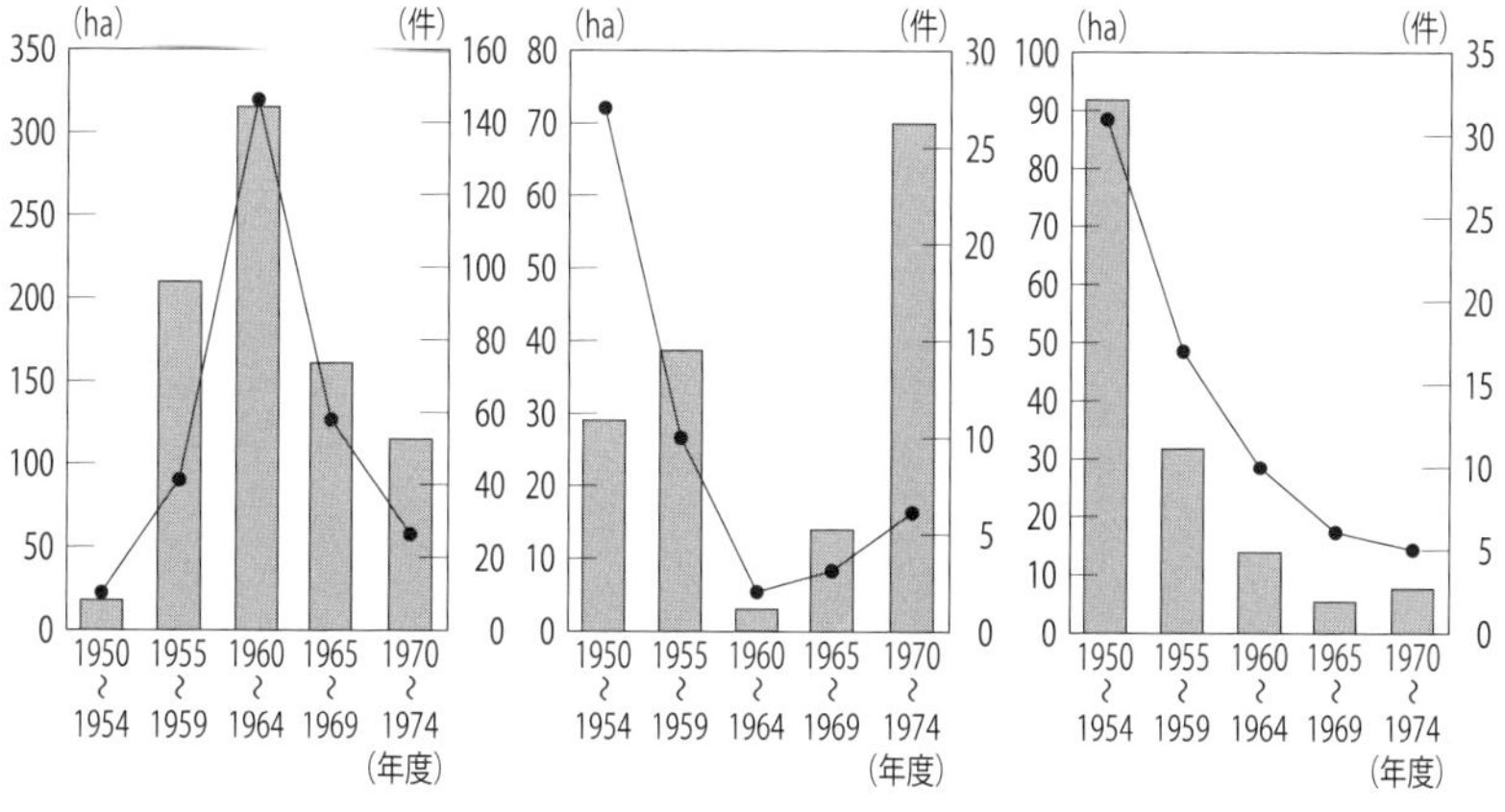

図5-5　主要転用用途の処分決定件数及び面積の推移

［注］凡例は、図5-4に同じ。

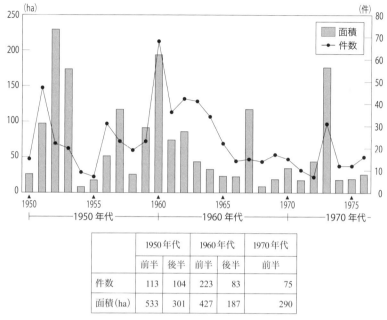

て件数が多いため、一件当たりの面積は小さく、一～四〇〇〇平方メートル程度の児童公園への転用が多くなっていた[13]。二つ目の山は一九七〇年代前半であり、件数は多くないものの面積が大きかった。これは大規模な公園への転用があったためである[14]。即ち、一九五〇年代には多くの小規模公園の整備に、一九七〇年代前半には少数ながら大規模公園の整備に、旧軍用地が役立てられたと言える。学校への転用は、件数、面積とも一九五〇年代前半に非常に多く、その後急減する傾向が見られた。特に一九五〇年代前半に多いのは、学校教育法（一九四七年）による新制中学校（一八件）であり、旧軍港市四都市においても、学制改革へ対応するために多くの旧軍用地が転用されたことが分かる。

⑵ 処分先

旧軍用地の所有者である国（省庁）は、二一件（三・四％）、八一ヘクタール（四・五％）に過ぎず、処分先として多かったのは、三一一件（五〇・〇％）、八六七ヘクタール（四八・六％）の法人・個人や二五九件（四一・六％）、七四〇ヘクタール（四一・五％）の公共団体であった（図5－6参照）。旧軍港市四都市においては、殆どの旧軍用地が公共団体や法人・個人などの手に渡り、利用されていったことが分かる。また、処分先が公的機関であったか民間であったかという視点で見ると、公的機関への処分が二八七件（四六・一％）、八四九ヘクタール（四七・六％）であったのに対し、民間への処分は三三四件（五三・七％）、九三六ヘクタール（五二・四％）であり、民間への処分が過半を占めていた。第四章の全国的傾向では、旧軍用地の転用は公的利用が中心であったと指摘したが、旧軍港市四都市では民間利用が公的利用を上回っていた。その要因としては、公的な土地需要を大きく上回る大量の旧軍用地が存在していた点、軍需産業に代替する産業振興が必要であった上、民間事業者（ここでは法人及び個人事業主が該当）が転用し得る海軍工廠などの軍需工場が多かった点などが考えられる。

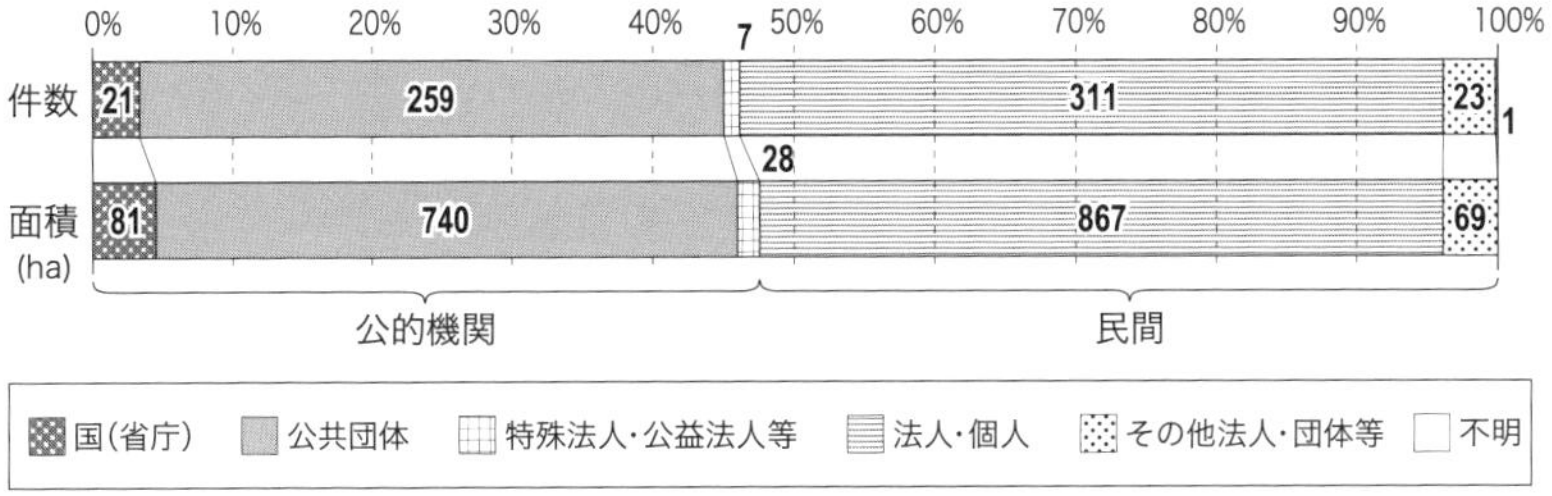

図5-6　処分先

［注］「法人・個人」の「個人」には、個人事業主が含まれる。複数の「個人」へ処分された場合もある。「その他法人・団体等」には、学校法人、社会福祉法人などが含まれる。

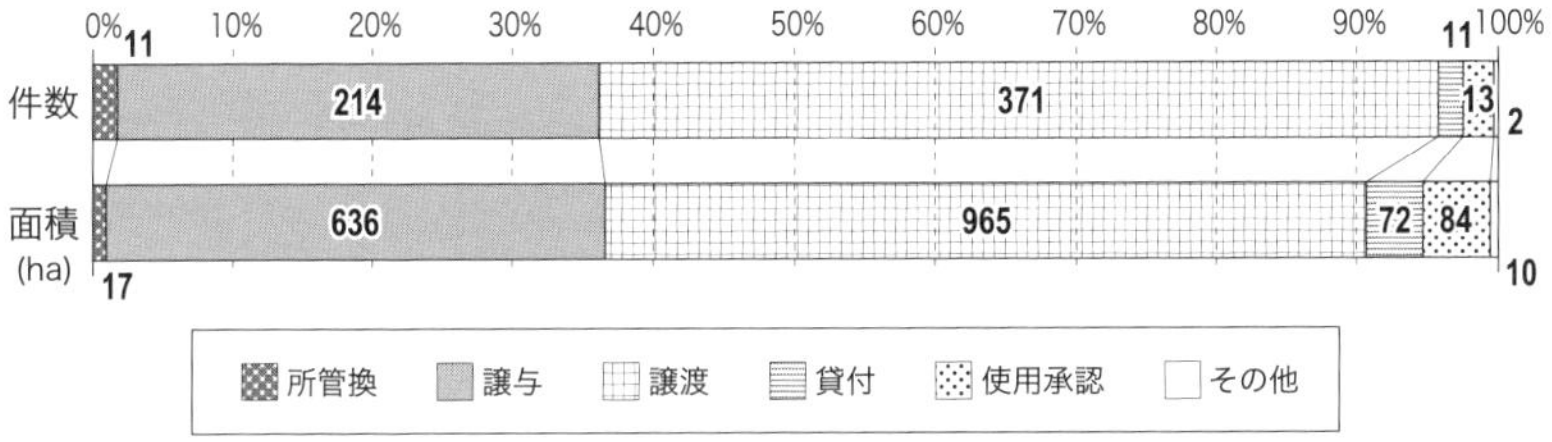

図5-7　処分方法

表5-3　旧軍港市転換法による特別措置

特別措置	処分先	対象となる用途
減額譲渡[注1]	公共団体	・医療施設 ・社会事業施設 ・引揚者寮 ・学校[注2]
譲与	公共団体	・旧軍港市転換事業の用に供するために必要があると認める場合 取扱細目で定められている施設[注3] ・公共施設（公園、運動場、広場、緑地、溜池、排水施設） ・公企業施設（上水道、下水道） ・港湾施設（待合所、野積場、貯木場、貯炭場、危険物置場など） ・教育施設（小学校、中学校、高校、図書館、公民館） ・勧業施設（物産展示会館、商工物産陳列館、貿易振興会館、漁業会館） ・保健衛生施設（ごみ処理施設、し尿処理施設、保健所、伝染病院、共同便所、火葬場、墓地、と畜場など） ・社会福祉施設（児童福祉施設、無料宿泊所、職業訓練施設） ・防犯防火施設（水上警察所、消防署、防火貯水池など）

［注1］減額比率は5割以内。

［注2］学校法人の場合も適用可。

［注3］大蔵省管財局長から各財務局庁宛「旧軍港市転換法に基く国有財産処理標準の取扱細目について」（1974年5月17日）

(3) 処分方法

処分方法は、譲渡が三七一件、九六五ヘクタールで最も多く、譲与の二一四件、六三六ヘクタールが次いでいた（図5－7参照）。この二つで、件数の九四・〇％、面積の八九・七％を占めた。

また、旧軍港市四都市には、旧軍港市転換法（一九五〇年）に基づく特別措置が適用され、例えば、公共団体が旧軍用地を公園、上下水道、学校などとして使用する場合には、旧軍用地が譲与されることとなっていた（表5－3参照）。二一四件の譲与は、全て公共団体に対する案件であり、公共団体を処分先とする案件二五九件のうち八二・六％を占めていた。この他、公共団体に対する減額譲渡の適用も一一件あった。このように、旧軍用地を転用した生活基盤整備にあたり、旧軍港市転換法による特別措置が役立てられたことが分かる。

一方、譲渡の場合の処分先は、主に法人・個人であった。三七一件の譲渡のうち、法人・個人に対する案件が三〇六件で八二・五％を占めた。尚、公共団体のように減額譲渡の適用はなく、産業振興が必要であった旧軍港市であっても、旧軍用地における工場などの立地促進は、旧軍港市転換法以外での支援措置によっていた。

(4) 従前用途

口座名から判断した従前用途（旧軍用地の種類）と転用用途を照合させることにより、従前用途が引き継がれ、有効活用が図られた案件を確認することができた。

まず、工場・倉庫への転用では、二三八件（八一・五％）、五三五・八ヘクタール（六五・〇％）が、海軍工廠や軍需部倉庫などを継承した案件であった。占領軍による賠償指定の解除後、残存する建物や機械が工場や倉庫として有効活用されたのであった。[15]

また、特徴的な案件としては、上水道（水源地含む）への転用案件が挙げられる。二〇件中一四件（三七七・〇ヘクタール）が、軍用水道やその水源地を引き継いだものであった。[16] 艦船への水補給のために大量の水道水が必要であったため、海軍は大規模な軍用水道を敷設していた。戦前から都市住民に余水分与がされていたが、戦後、飲料用や工業用の水道として全面的に利用されることになったのである。

この他、学校への転用案件では、一七件（三九・二ヘクタール）において、旧軍の学校や工員養成所が引き継がれていた。また、公営住宅への転用案件において、工員等の宿舎が継承された案件が一四件中六件（二・九ヘクタール）で確認された。いずれも、終戦直後に従前用途を踏まえて建物などを有効活用するよう転用方針が出されていた用途であり、一九五〇年代以降も同様に建物などが有効活用された場合もあったのである。[17]

おわりに

旧軍港市四都市における旧軍用地の転用用途については、以下のようなことが指摘できる。

まず一点目は、特に産業系への転用が多かった点である。農地系や軍事系が大半を占めた全国的傾向と異なり、都市的用途への転用が九割以上を占めた。都市的用途の内訳において産業系が多いのは全国的傾向と共通だが、旧軍港市では、都市の存立基盤となっていた軍需産業に代わる産業振興が重要課題であったため、件数、面積ともに半分近くの旧軍用地が産業系へと転用された。

二点目は、全国的傾向と同様に、文教系、公園系、インフラ系、住居系など、人口回復で必要となった生活基盤への転用が多く確認された点である。しかし、官公庁系が少ない点、文教系では小・中・高校（全国的傾向では大学・高専）が多い点、インフラ系では上下水道（全国的傾向では道路、空港）が多い点は、全国的傾向と異なっていた。

三点目は、全国的傾向において地域ごとに転用用途の傾向が異なっていたように、旧軍港市四都市においても都市ごとに異なる傾向が見られた点である。

旧軍港市四都市における旧軍用地の転用上の特徴については、以下のようなことが指摘できる。

一点目は、一九七〇年代半ばまで、旧軍港市では継続的に旧軍用地の転用が行われていた点である。また、工場・倉庫、公園、学校への転用については、社会経済情勢や法制度などを背景に、転用が盛んに行われた特定の時期があった点も指摘できる。

二点目は、公的利用が中心という全国的傾向と異なり、処分先の過半は民間であった点である。また、公的機関でも殆どが公共団体で、国が処分先のケースは限られていた点も指摘できる。

三点目は、譲渡と所管換が大半を占めた全国的傾向と異なり、民間に対しては譲渡、公共団体に対しては譲与が主要な処分方法であった点である。譲与は、旧軍港市転換法に基づく特別措置であり、旧軍港市での処分方法の大きな特徴である。

四点目は、全国的傾向でも見られた工場・倉庫のほか、上水道、学校、公営住宅への転用案件においても、従前機能の継承が見られた点である。

注

1　一部に、物納財産や不要になった行政財産から移行された普通財産など、旧軍用財産以外のものも含まれているが、口座名から判断して旧軍用地を抽出することができる。

2　但し、舞鶴は他の三都市に比べ人口規模が小さく、戦時中の人口増加も殆どなかったため、終戦後の人口減少幅もそれほど大きくはなかった。

3　例えば呉市については、『戦災復興誌　第七巻』（都市計画協会、一九五九年）の四七六頁に「軍施設の拡充が都市施設の整備よりもはるかに急テンポであったため、なかなか都市施設の整備ができなかった」と記されており、生活基盤整備が追いついていなかったことが窺える。

4　第三三回審議会より、国有財産処理の促進を図るため、一定の額あるいは規模までの案件については、地方幹事会で処理し、旧軍港市国有財産処理審議会には報告のみされることとなった。『旧軍港市国有財産処理審議会決定事項総覧』には、この報告事項のほか、当然報告されるべきもので報告もれとなっている案件も補足されている。本研究では、こういった報告事項に該当する案件も含め、考察対象としている。

5　大蔵省財政史室編『昭和財政史――終戦から講和まで――第19巻（統計）』東洋経済新報社、一九七八年

6　前掲注5の三四五頁による。

7　本書第一章の注13を参照。

8　同じ大蔵省調査において、旧軍港市四都市以外の場合を集計すると、一九六〇年度までに八三・五％が処分されていることから、旧軍港市四都市での処分面積割合が低いことが分かる。

9　但し、「公用」には自衛隊用地としての所管換が大量に含まれている可能性がある。

10　例えば、旧軍港市転換法案要綱に「旧軍港各市が国家によって造成せられた都市であり、（略）此の地に産業を起こさざる限り、市民の生活を保証し得ない（略）旧軍港工廠等の残存施設を活用して、有力工場を此の地に誘致せざる限り地元産業の

振興は望み得ない」（細川竹雄『「軍転法」の生れる迄』、七七頁、旧軍港市転換連絡事務局、一九五四年）とあり、旧軍用地への工場誘致による産業振興が求められていたことが分かる。

11　他に、件数は多くないが面積が大きかった用途として軍事系があるが、これは自衛隊用地だけで、米軍への提供財産は含まれていない。

12　特に面積については、大規模案件がある年度の面積を大きく押し上げる場合があった。例えば、軍用水道施設→水道施設（佐世保／一〇三・〇ヘクタール／一九五二年度）、横須賀海軍航空隊→日産自動車（横須賀／一〇〇・四ヘクタール／一九六〇年度）、海軍舞鶴工廠本廠→舞鶴重工業（舞鶴／八七・〇ヘクタール／一九六七年度）、陸軍観音崎砲台→県都市公園（横須賀／六〇・四ヘクタール／一九七三年度）など。

13　田之浦公園（横須賀／横須賀海軍軍需部／一〇七九平方メートル）、御船町児童公園（佐世保／海軍工廠疎開地／一一八八平方メートル）など、一〜四〇〇〇平方メートル程度の公園への転用案件は二一件。

14　県都市公園（横須賀／陸軍観音崎砲台／六〇・四ヘクタール）、中央公園（佐世保／名切谷地区家族住宅／八・四ヘクタール）など。

15　軍需工場の賠償指定については、第二章第四節を参照。

16　旧軍港市四都市すべてにおいて、軍用水道や水源地を有効活用した案件が確認できた。大規模な案件としては、市水道施設（横須賀／海軍軍港水道／八三・二ヘクタール）、市水道施設（呉／呉軍港水道本庄水源地／九九・九ヘクタール）、市水道施設（佐世保／軍用水道施設／一〇三・〇ヘクタール）、上水道施設（舞鶴／舞鶴軍港水道有路水源地／三七・〇ヘクタール）。

17　学校への転用方針については、第二章第二節、住宅への転用方針については、第二章第三節を参照。

第二部　各都市で展開された旧軍用地転用と都市形成

第六章　旧軍用地の学校への転用と文教市街地の形成

はじめに

第二章第二節において、終戦直後に旧軍施設を学校として使用しようという方針が国から出され、大学をはじめとする全国の高等教育機関に対しては、旧軍施設の使用希望調査までおこなわれていたことに触れた。こういった国の動きを受け、各都市では旧軍施設の学校転用がおこなわれたはずだが、実態は不明である。旧軍用地の学校への転用がどの時期にどれくらい進んだのか、第四章や第五章に示したように定量的に分かる部分もあるが、各都市での実際の転用状況はどうだったのか。本章ではこの点に注目してみたい。

まずは名古屋を事例として、終戦から一九七〇年代半ばまでの状況を詳細に追ってみたい。一例ではあるが、これで戦後復興三〇年の間の旧軍用地と学校との関係を明らかにできる。また、戦後復興のなかで、旧軍用地の学校への転用が集中的になされた空間が生まれ、新たに文教市街地が形成されたケースがある。この点については、師団司令部の置かれた地方一三都市での考察を通して、文教市街地形成までのプロセスとともに明らかにしていきたい。

第一節　名古屋における旧軍用地の学校への転用

第一項　概況

名古屋市は、陸軍第3師団司令部の設置されていた軍事都市であり、且つ、陸軍名古屋造兵廠（熱田・高蔵・千種の各製造所）や名古屋兵器補給廠も設置されていたため、兵営、工場、倉庫など、後に罹災学校の代替施設となり得る旧軍施設が多く存在していた(1)。また、大都市であるため、大学などの高等教育機関も含め、多くの学校が設置されていたし、大きな戦災を受けたため、旧軍施設を必要とした罹災学校が多く存在した(2)。

名古屋市内には五地区の旧軍用地の集積地があったが、そのうち三地区において、学校への転用が見られた。そこで、旧軍用地に立地した各学校の一九七〇年代までの動向を図6－1に整理した。

城郭部の名古屋城地区には、第3師団司令部配下の各部隊の兵営が並んでおり、焼け残った兵舎も多かった。市街地縁辺部にあった千種地区、熱田地区には、名古屋造兵廠の工場や名古屋兵器補給廠の倉庫が並んでおり、多くは空襲で焼失したものの、焼け残った建物もあった。これらの旧軍用地の学校への転用は、転用の背景・時期によって、次の二つに大別できる。一つは、終戦後五年間に見られた罹災した学校の代替施設としての残存建物の利用であり、もう一つは、一九五〇年代以降に見られた学校の新設あるいは拡張による校地への転用である。

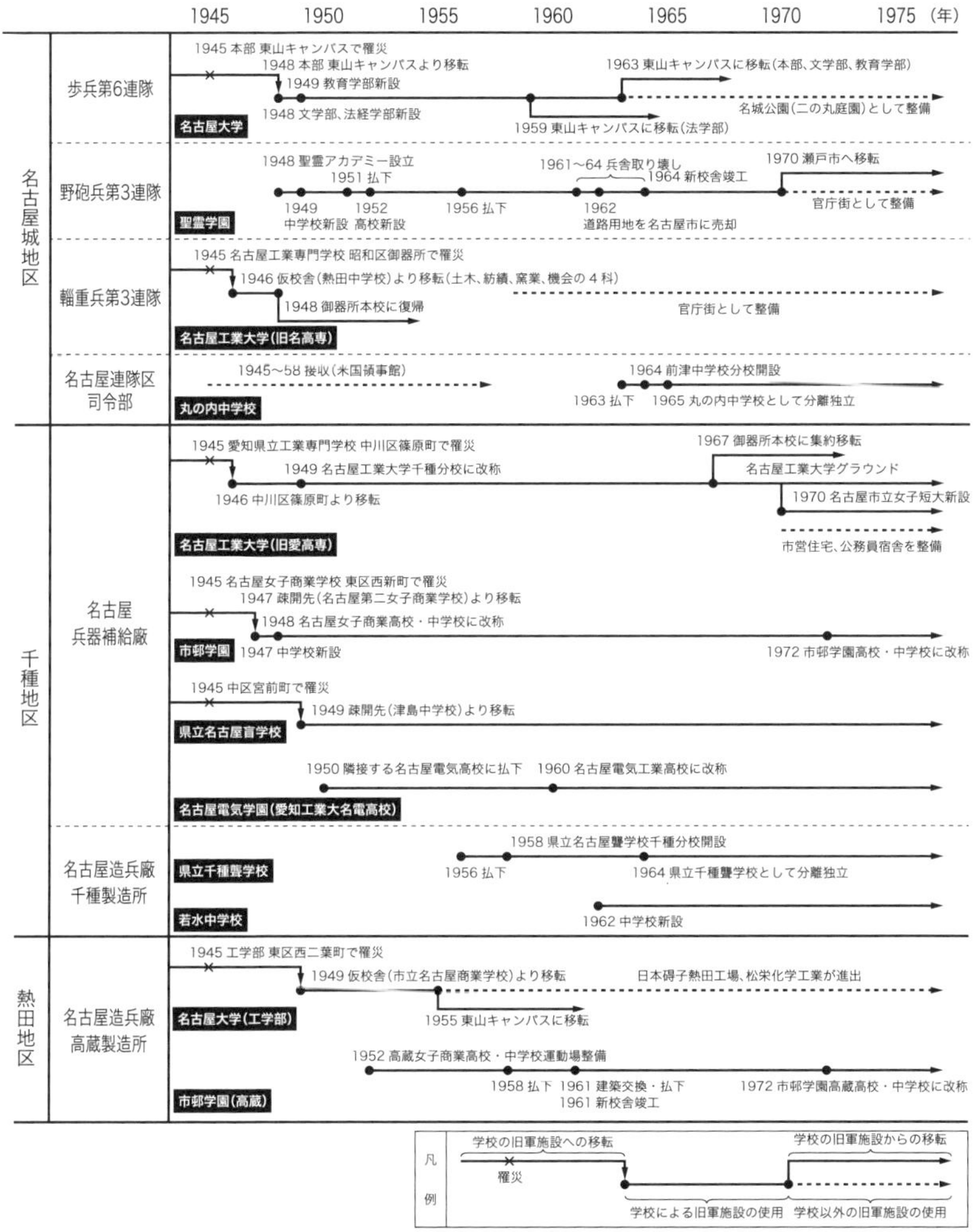

図6-1　名古屋市における旧軍施設を活用した学校の動き

［資料］神谷智『名大史ブックレット2　名古屋大学　キャンパスの歴史1（学部編）』（名古屋大学大学史資料室、2001年）、名古屋大学史編集委員会編『名古屋大学五十年史　通史二』（名古屋大学、1995年）、名古屋工業大学八十年史刊行委員会『名古屋工業大学八十年史』（名古屋工業大学創立八十周年記念事業会、1987年）、名古屋工業大学土木工学科八十年誌編集委員会編『名古屋工業大学土木工学科八十年誌』（名古屋工業大学土木工学科八十年誌編集委員会1987年）、作道好男・江藤武人『東海の邦のほまれに——名古屋工業大学70年史』（財界評論社、1972年）、名古屋聖霊学園『名古屋聖霊学園三〇年史』（名古屋聖霊学園、1981年）、市邨学園九十年史編纂委員会編『市邨学園九拾年史』市邨学園、1996年）、愛知県立名古屋盲学校記念誌委員会編『愛知県立名古屋盲学校創立八十周年記念誌』（愛知県立名古屋盲学校八十周年記念委員会、1981年）、愛知県立名古屋聾学校『名聾八十年史』（愛知県立名古屋聾学校、1981年）、創立六十年史編集委員会編『創立六十年史』（名古屋電気学園、1972年）

第二項　罹災学校の代替施設としての転用

罹災学校の代替施設として旧軍施設を利用した事例は、六校が該当するが、応急的な一時使用で済んだ事例と、結局、一時使用では済まず継続使用に切り替えられた事例とがあった。

前者として、例えば、名古屋工業大学の前身である名古屋工業専門学校は、一九四六年から名古屋城地区の輜重兵第3連隊の旧兵舎を校舎として使用し、一九四八年には元の御器所キャンパスに戻った。名古屋大学の場合は、罹災した本部に加え、新設された文学部、法経学部、教育学部が一九四八年から名古屋城地区の歩兵第6連隊の旧兵舎を使用した（図6―2参照）。また、工学部は熱田地区の名古屋造兵廠高蔵製造所の旧工場建屋を使用した。その後、名古屋大学では全学部の東山キャンパス（現在地）への集約移転が進められ、一九六三年には移転が完了している。このように両校とも、元のキャンパスや新キャンパスの整備を待って移転している。第八章において詳述するが、名古屋城地区は名城公園や官庁街として、熱田地区は工業地域として計画決定されていたこともあって、応急的な一時使用に留まった。

図6-2　名古屋大学名城キャンパス（1959年）

［資料］名古屋大学文学部二〇年の歩み編集委員会編『名古屋大学文学部二〇年の歩み』（口絵、名古屋大学文学部、1968年）

一方、千種地区の名古屋兵器補給廠跡地に移転してきた愛知県立工業専門学校、市邨学園、県立名古屋盲学校は、後者の事例である。例えば、愛知県

図6-3　名古屋工業大学北千種キャンパス（年代不詳）

［資料］名古屋工業大学八十年史刊行委員会編『名古屋工業大学八十年史』（挿絵、名古屋工業大学創立八十周年記念事業会、1987年）

立工業専門学校は、一九四六年に千種地区の名古屋兵器補給廠の旧倉庫を校舎として使用し、名古屋工業専門学校と合併して名古屋工業大学となった後も、千種分校（北千種キャンパス）として存続した（図6－3参照）。御器所本校隣接地に拡張用地が確保できたため、一九六七年に移転したが、千種分校用地の南半分約四・四ヘクタールはグランド及び寄宿舎として残され、北半分は名古屋市立女子短大へと引き継がれたほか、一部は市営住宅、公務員宿舎に転用された。名古屋兵器補給廠跡地においては、同じく罹災により移転してきた市邨学園や県立名古屋盲学校も、他所に移転することなく、そのまま継続的に使用することとなった。こういった継続使用が戦災復興計画に影響を及ぼすこととなり、千種地区の旧軍用地全域を計画区域としていた千種公園は、計画区域の大幅な縮小を余儀なくされた。

第三項　学校の新設・拡張に伴う転用

丸の内中学校（名古屋城地区）、名古屋電気学園、県立千種聾学校、若水中学校（以上、千種地区）、市邨学園高蔵（熱田地区）のように、一九五〇年代以降の学校の新設・拡張に伴う転用は、市街化による人口増加や戦後のベビーブーマーへの対応が背景にあった。そして、終戦直後に罹災学校が残存建物を必要としたのに対し、この時期の転用は学校用地、即ち土地の確保が目的であった。また、転用にあたっては、一時使用ではなく永続的な使用が想定されており、旧軍用地

表6-1　名古屋市における旧軍施設の学校への転用パターン

背景	転用時期	モデル図	転用の概要	該当学校名
罹災	終戦直後		建物を一時使用し、後年、移転。	名古屋大学（名古屋城地区、熱田地区）、名古屋工業大学（名古屋城地区）、名古屋工業大学（千種地区）の北半分
	終戦直後	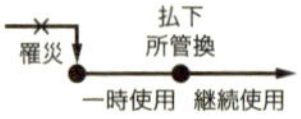	建物を一時使用し、後年、継続使用に切り替え（土地使用）。	名古屋工業大学（千種地区）の南半分、市邨学園、県立名古屋盲学校
学校の新設・拡張	1950年代以降		土地を通常使用。	名古屋電気学園、県立千種聾学校、市邨学園（高蔵）、若水中学校、丸の内中学校
	終戦直後		建物を一時使用し、後年継続使用に切り替え（土地使用）。さらに移転。	聖霊学園

の払い下げが実施された。このように、終戦直後の罹災対応と、一九五〇年代以降の学校の新設・拡張への対応とでは、全く異なる転用パターンであった。

尚、聖霊学園は、終戦直後（一九四八年）に新設された点、旧野砲兵第3連隊の残存していた兵舎を使用したという点で、学校新設に伴う転用事例としては例外的な事例であった。当時の愛知県教育委員会秘書室長兼渉外室長が、米軍第五空軍の管轄下にあった兵舎が返還されることを知り、聖霊会に対してこの兵舎を利用してカトリック教育を行うことを勧め、愛知軍政部との交渉の末に聖霊会が使用許可を受けた(3)という経緯があり、他の事例と全く異なっていた。

第四項　名古屋での転用パターンの類型化

以上の考察について、名古屋市における旧軍施設の学校への転用パターンとして表6－1に整理した。名古屋では、罹災学校は旧軍の兵舎や倉庫を校舎として活用することで、終戦直後の混乱期を乗り切っていた。しかし、名古屋大学や名古屋工業専門学校のように、当初の方針通り、一時使用で済んだ事例（罹災・一時使用タイプ）があった一方で、愛知工業専門学校や市邨学園、名古屋盲学校のように、継続的に使用されたために、戦災復興計画に影響を与える場合も生じた（罹災・継続使用タイプ）[(4)]。このように、「学校、兵営、倉庫、廠舎等ヲ文部省管下学校ニ使用セシムル件案」[(5)]に従って、当初想定された一時使用は、必ずしも守られなかった[(6)]。また、千種地区に立地した学校は、罹災・継続使用タイプあるいは新設・継続使用タイプであり、一九七〇年代には千種地区は七校が集積する文教市街地となっていた。

第二節　旧軍用地転用による文教市街地形成

第一項　概況

本節では、旧軍用地の転用が落ち着いたとされる一九七〇年代半ばの時点で、旧軍用地にどのような文教市街地が形成されていたかを考察したい。考察対象は、陸軍師団司令部の置かれていた地方一三都市、即ち、帝都東京を除く陸軍師団設置都市である。これら対象一三都市の旧軍用地範囲については、第一章第二節において既に特定している。ここでは各都市の一九七五年頃の住宅地図を用いて、その当時、旧軍用地に立地していた学校を把握したうえで、文教市街地として七事例を整理した[(7)]（図6―4参照）。尚、ここで使用している用語「文教市街地」は、「学校が集積して相当面積（概ね一〇ヘクタール以上）を占める市街地」としている。

立地場所でみれば、城郭部の事例は仙台、金沢に限られ、市街地縁辺部の事例のほうが五事例と多い。城郭部の旧軍

図6-4　旧軍用地に形成された文教市街地における学校立地状況（1975年頃）

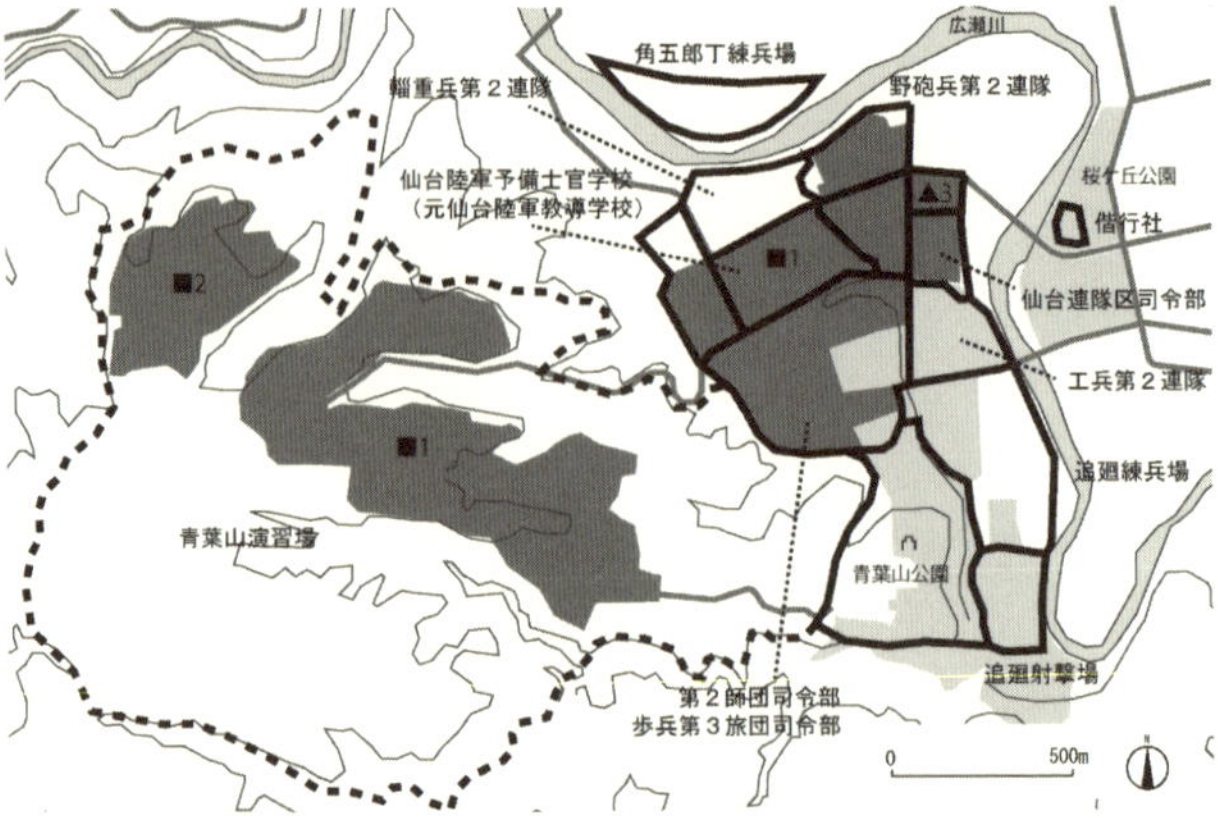

1東北大（1958拡張・移転：統合）
2宮城教育大（1965東北大より分離）
3仙台商高（1962移転：罹災）

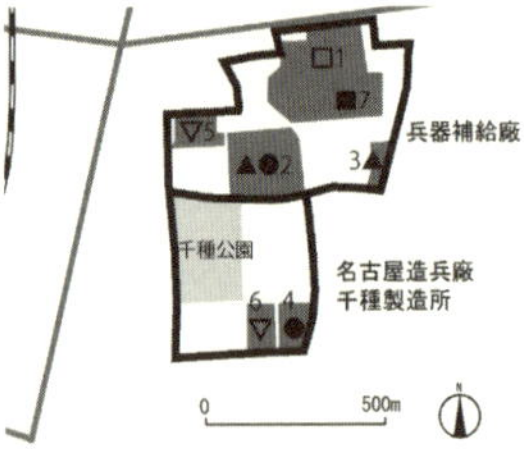

1市立女子短大（1970新設←名工大1946移転：罹災）
2市邨学園高・中※（1947移転：罹災）
3名古屋電気工業高※（1950拡張）
4若水中（1962新設）
5名古屋盲学校（1949移転：罹災）
6千種聾学校（1958新設）
7名古屋工大グランド（1946移転：罹災）

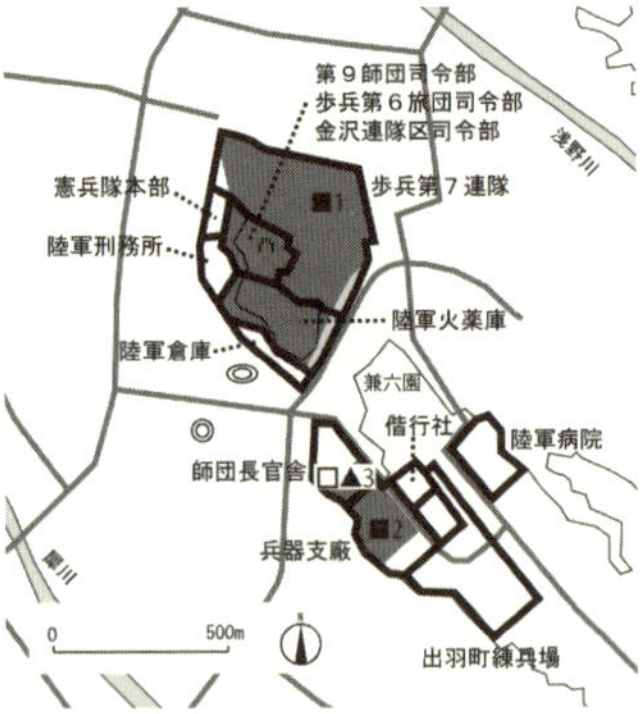

1金沢大（1949移転：統合）
2金沢美術工芸大（1946新設）
3金沢女子短大・高※（1946新設）

旧軍用地　旧軍用地（境界が判然としない場合）　学校敷地　公園

■ 大学　□ 短大・専門学校　▲ 高校　● 中学校　○ 小学校　▽ その他（盲学校・聾学校など）

［注1］学校名右の（　）内の数字は、当該地への立地年。数字の右は立地の背景。
［注2］学校名右に※印あるものは私学。
［資料］仙台：『東北大学百年史四 部局史一』、『東北大学百年史六 部局史三』、『東北大学工学部六十年史』、『仙商百年史』
金沢：『金沢大学50年史通史編』、『金沢美術工芸大学二十五年史』、『金沢女子短期大学二十年のあゆみ』
名古屋：図6-1参照

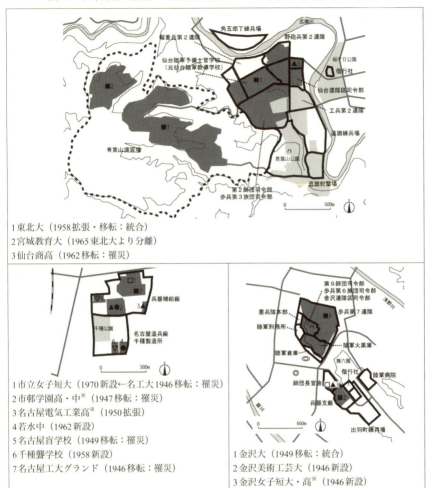

1熊本商科大・短大・高※（1952移転）
2熊本女子大（1950移転）
3熊本第一工高※（1956移転）
4白川中（1947新設）
5託麻原小（1954新設）
6熊本大グランド（1973拡張←熊本電波工高専1946移転）

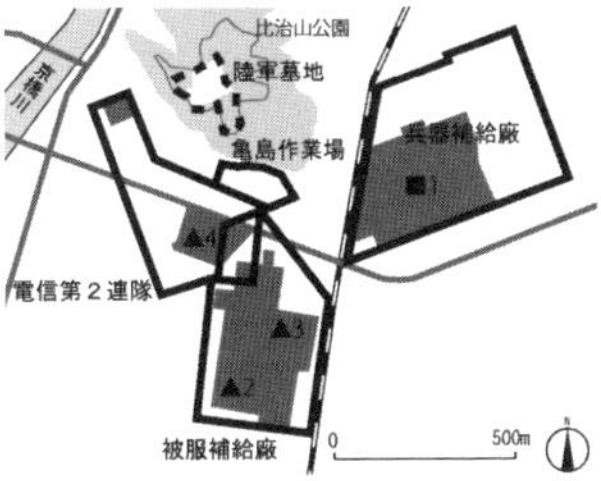

1広島大（医学部・病院）（1957移転：罹災）
2広島工高（1953移転：罹災）
3皆実高（1945移転：罹災）
4進徳女子高※（1946移転：罹災）

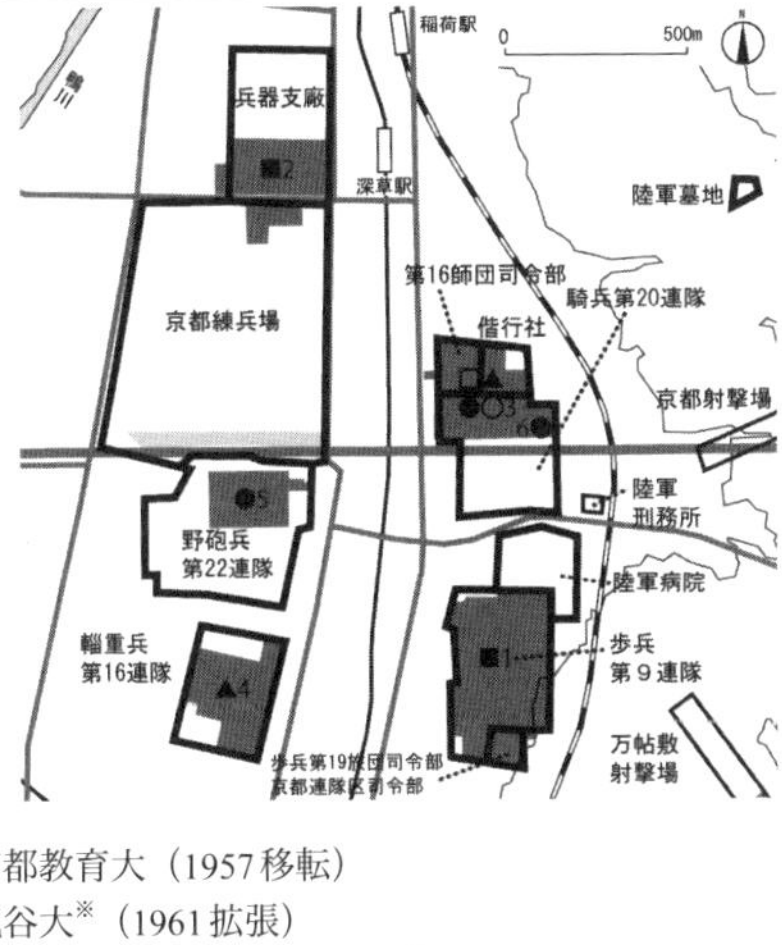

1京都教育大（1957移転）
2龍谷大※（1961拡張）
3聖母学院短大・高・中・小※（1949新設）
4京都教育大付属高（1966新設）
5藤森中（1948新設）
6深草中（1947新設）

1弘前大（1949拡張・移転：統合）
2東北女子大※（1969新設）
3弘前女子厚生学院※（1945移転）
4柴田女子高・中※（1948新設）
5弘前実業高（1960移転：統合）
6第三中（1948新設）
7文京小（1964新設）

広島：『広島大学医学部五〇年史 通史編』、『八十年史』（広島工高）、『皆実有朋八〇周年記念誌』、『皆実有朋百周年記念誌』、『進徳學園九十年史』

熊本：『熊本商科大学・熊本短期大学四十年史』、『熊本県立大学開学五十周年記念誌』（熊本女子大）、『託麻原30年』

弘前：『弘前大学二十年史』、『弘前大学五十年史 通史編』、『柴田学園六十年史』、『新編弘前市史 通史編5（近現代2）』（弘前実業高）、『60年のあゆみ』（弘前実業高）、『くめどもつきぬ 創立40周年記念誌』（第三中）、『ぶんきょう』（文京小）

京都：『京都府師範学校から京都教育大学へ　120年の歩み』、『龍谷大学三七〇年の歩み』、『聖母学院二十五年史』、『ふじのもり　創立50周年記念誌』（藤森中）、『創立三十三周年記念誌　深草』（深草中）

用地は城址公園や官庁街へ転用されることが多かったためであろう[8]。

七事例のなかで戦災を受けた都市は、仙台、名古屋、広島、熊本の四都市だけであるので、戦災の有無に関わらず、旧軍用地で文教市街地が形成されたと言える。既に名古屋を事例に詳細にみたように、文教市街地形成の背景には、罹災学校の移転、人口増加に対応した学校の新設や拡張があった。さらに名古屋以外の事例からは、新制中高大学校の設立、新制大学の統合移転（いわゆるタコ足の解消）など、終戦間もない一九四〇年代後半の学制改革[9]への対応もみられた。新制学校の設立では、既存学校を間借りして開校し、急ぎ旧軍用地に残る兵舎などの建物に移った場合も多かった[10]。なお、七事例のなかで少なくとも六校は、一九五六～六五年度に四～五割の減額措置を受けて払下げられたものであった[11]。

第二項　城郭部の旧軍用地での大規模大学キャンパス整備

仙台城址の東北大学や金沢城址の金沢大学は、城郭部の旧軍用地を大規模な大学キャンパスに転用した事例である。城郭部は城下町の顔であるため、シンボルとなる学校として国立総合大学が選ばれたのであろう。

仙台では、一九五七年、接収解除となる城郭部と裏手の青葉山一帯の旧軍用地の使用について、東北大学、県、市などで協議が行われ、キャンプ仙台処理計画として国有財産東北地方審議会で決定された。そして、メインキャンパスであった片平丁地区の狭隘化解消と新制東北大学に含まれることとなった包括学校の集約化を目的として、東北大学の大規模なキャンパスへと生まれ変わることとなった。城郭部の旧軍用地には、教養部が富沢分校、北分校から一九五八年に移転したのを皮切りに、大学の本部機能と文科系学部が集められた。また、青葉山演習場跡地には、工学部が一九六五年に移転を開始し、主に理科系学部が集められた。なお、宮城教育大は東北大学から教員養成課程が分離独立したも

図6-5　旧軍建物を転用した金沢大学城内キャンパス

［資料］金沢大学50年史編纂委員会編『金沢大学50年史通史編』（p.1053、金沢大学創立50周年記念事業後援会、2001年）

の、仙台商高は罹災後に移転した長町からの再移転である。

金沢では、終戦時、金沢医科大学、同付属薬学専門部、第四高等学校、金沢工業専門学校、金沢高等師範学校のほか、石川師範学校、石川青年師範学校といった高等教育機関が存在し、これらを母体とした北陸総合大学構想が、県及び市議会によって推進された[12]。当初、石川県（県知事を会長とする北陸総合大学期成同盟会）では、市街地縁辺部にあった野村練兵場の跡地を候補地として検討していたが[13]、一九四七年八月に旧軍用地の使用について実質的な許可権限を有していたＧＨＱの指示を受けて、候補地を城郭部の旧軍用地に変更した[14]。城郭部の旧軍用地に対しては、この他に、東本願寺から真宗宗教大学（北国大学）構想、石川県土木部からレクリエーション運動場構想、新制中学校教育研究会総務部会から新制中学校利用構想など、各方面から利用希望が出されていたが、教育改革に力を入れていたＧＨＱは、北陸総合大学構想を最適の案としたのであった[15]。そして、一九四七年一二月には、石川軍政部より石川県知事宛に「金沢城跡に関する覚書」が出され、城郭部の旧軍用地については、接収解除後は、北陸総合大学（金沢大学）として利用するよう指示がなされた[16]。金沢大学は、国立大学設置法公布（一九四九年）により、医・薬・工・理・法文・教育の六学部を有する新制大学として発足する。既存の高等教育機関の諸施設をそのまま利用するとともに、城郭部の旧軍用地に新たに整備された城内キャンパスでは、師団司令部の庁舎は大学本部として、歩兵第7連隊の兵舎は教養部の校舎や寄宿舎として、師団の残した建物が有効活用された（図6－5参照）[17]。その後、城内キャンパスは、施設の増築や更新を繰返しながら、大学本部のほか、理・法文・教育の三学部が置かれる金沢大学のメインキャンパスとして一九九四年まで存続することとなる。

また他に、市立金沢美術工芸大学（旧金沢美術工芸専門学校）や、市の協力を得た金沢女子短大（旧金沢女子専門学園）が新設され、城郭部に隣接する旧軍用地の残存倉庫を活用して立地している。このように金沢では、県や市が旧軍用地での高等教育機関の設立に積極的に関わり、県や市の主導で軍都から学都への転換が図られた。

第三項　市街地縁辺部の旧軍用地での様々な学校集積

ここでとりあげるのは、市街地縁辺部の旧軍用地に、小・中・高・大といった様々な学校が立地したことで、文教市街地が出現した事例である（名古屋、広島、熊本、弘前、京都）。周辺の住宅地の需要に対応するための小・中学校と、市街地に近接して広い用地を欲していた高・大学校が立地して形成されたと考えられる。概して、単科大学、単一学部、短大などの比較的小規模なキャンパスが多い点、小・中・高の占める割合が大きい点、私学が比較的多い点が特徴と言える。

この事例のうち戦災都市の事例は、名古屋を対象に本章第一節で詳述しているので、ここでは非戦災都市の事例として弘前を取り上げたい。弘前では、新制弘前大学の設置にあたり、母体の一つ旧制弘前高校に隣接する旧軍用地（師団司令部などの跡地）を拡張用地として取り込み、旧軍建物を活用して大学本部や文理学部を置いてメインキャンパスとした。さらに後年、農学部の新設（図6－6参照）や教育学部の移転（城郭部の旧軍用地から）もなされ、一九五六年には町

図6-6　旧第8師団司令部の庁舎を活用した弘前大学農学部本館（1962年）

［資料］弘前大学創立50周年記念事業実行委員会50周年史編纂専門委員会編「写真で見る弘前大学の50年」（p.15、弘前大学、1999年）

名も文京町となった。

野砲兵第8連隊跡地は、柴田学園が払下げを受け、一九四八年に新制高校を設置し、兵舎を校舎として活用した。翌一九四九年には東北栄養学校、一九五〇年には東北女子短大を同地に新設したが、この二校は一九五四年に創立地（上瓦ヶ町）に移転し、代わって一九六〇年に火災で校舎を焼失した柴田中学校が移転してきた。さらに一九六九年に東北女子大が新設され、柴田学園による旧軍用地での新学園建設が一通り成った[18]。

この他、旧制専門学校を設立した弘前女子厚生学院、市立商業高校、新制中学として発足した第三中学校などが、終戦直後から昭和三〇年代にかけて旧軍用地に立地し、師団通り周辺は様々な学校の並ぶ文教市街地へと変貌した。

第四項　他都市の罹災高等教育機関の誘致

師団の解体に伴って軍都としての存立基盤を失った弘前市は、軍都から学都への転換を図るため、終戦直後から青森市で罹災した青森師範学校、青森医学専門学校の誘致に乗り出している[19]。戦災を免れた弘前には、学校として利用可能な旧軍建物が多く残されており、これを校舎や寄宿舎に充てようと考えたのであった。程なく両校は青森市内での再建を断念し、弘前の誘致運動を受けて移転を決定した。一九四六年九月には、城郭部の兵器支廠跡地に青森師範学校が移転し、新制弘前大学発足後は弘前大学教育学部（付属小・中学校、幼稚園を含む）となり、一九六七年に火災を契機に師団司令部跡地に移転するまで利用した[20]。一方、青森医学専門学校（弘前大学医学部の前身）は、旧軍用地ではなく市立弘前病院を利用した。

また、弘前以外の師団設置都市の中では、善通寺も旧軍用地に罹災高等教育機関を誘致した事例である。輜重兵第11連隊跡地は、現在、四国学院大学が使用しているが、終戦直後は香川大学の前身である高松経済専門学校や香川青年師範学校を誘致して迎えたこともあった[21]。

おわりに

名古屋を対象とした旧軍用地の学校への転用実態については、以下の点が指摘できる。

終戦直後は罹災学校の応急的な代替建物需要、一九五〇年代以降は生徒増を受けた学校の新設・拡張のための土地需要が、転用の背景であった。また、終戦直後の転用事例も一時使用ばかりでなく、継続使用となった事例がみられ、一九五〇年代以降の継続使用を前提とした転用と合わせて、文教市街地が形成された点も指摘できる。

地方の師団設置都市一三都市を対象とした旧軍用地での文教市街地形成の全国実態については、以下の点が指摘できる。

戦災の有無に関わらず旧軍用地に形成された文教市街地が確認でき、城郭部では城下町の顔として国立総合大学が立地し、市街地縁辺部では周辺住宅地の需要に対応する小・中学校と、市街地に近接した用地を欲していた高・大学校が立地したため、城郭部での大規模大学キャンパス化と市街地縁辺部での小中高大の集積の二タイプが見られた。市街地縁辺部の場合、比較的小規模なキャンパスが多い点、小・中・高の割合が大きい点、私学が比較的多い点が特徴であり、官民の多様な学校により形成されたと言える。

また各校の動向からは、罹災学校の移転、生徒増に対応した学校新設、学制改革を受けた新制学校の設立や新制大学の統合など、様々な転用背景があったことが指摘できる。さらに、払下げにあたり減額措置を受けた学校が少なくとも六校確認でき、学校への転用を促す法制度が文教市街地の形成に少なからず影響を与えていたことも指摘できる。

なお、県や市が主導して転用を進めた金沢や、他都市から罹災学校を誘致した弘前は、軍都から学都への転換を目指し、旧軍用地の文教市街地化を図った事例と言えよう。

注

1　第一章第二節でもみたように、名古屋市内の旧軍施設は、主に五箇所に立地しており、本書では便宜的に名古屋城地区、千種地区、熱田地区、猫ヶ洞地区、名古屋港地区と呼んでいる。詳細については、第八章第一節を参照。

2　結局、旧軍施設を活用しなかった罹災学校も多くあった。例えば、建設省編『戦災復興誌　第一〇巻』（三〇九頁、都市計画協会、一九六一年）に記載されている罹災学校を列記すれば、名古屋市立大学、第八高等学校、明倫中学、中川中学、県立第一高等女学校、市立第二高等女学校、椙山高等女学校、愛知学園など。

3　名古屋聖霊学園『名古屋聖霊学園三〇年史』（一九～二一頁、名古屋聖霊学園、一九八一年）

4　継続使用となった要因として、旧校地よりも条件の良い用地を確保できた点が考えられる。愛知工業専門学校は、一九四三年に中川工業学校に併設されたもので、旧軍用地への移転で独立校地をもつこととなった。市邨学園は一九四七年に新制中学校の新設、一九五〇年代半ばからはベビーブーマーへの対応も見据えた施設拡充を図っており、罹災前よりも広い校地を必要としたが、約三〇〇〇坪の旧校地に対し、新校地は約一万五〇〇〇坪あった。名古屋盲学校は、「盲人は衝突するから極めて廣い運動場が必要」（『愛知県立名古屋盲学校創立八十周年記念誌』所収の『昭和二六年度管理案』）であったが、旧校地（約七三〇坪）は手狭で、約五〇〇〇坪の新校地のほうが格段に広かった。また、他の要因として、旧校地が復興区画整理事業区域内の市邨学園と名古屋盲学校では、その影響を検討したが、区画整理設計図を見る限り敷地形状にほとんど変更はなく、旧校地が使用不能になったとは考えにくい（換地と減歩の影響がどれほどあったかは不明）。

5　第二章第二節を参照。

6　この他、使用希望調査についても、必ずしもこれに沿った転用がなされていたわけではなかった。第二章第二節の表2－3及び表2－4によれば、名古屋市内の旧軍施設に対し、金城女子専門学校は名古屋師団司令部、椙山女子専門学校は東海第6部隊、名古屋帝国大学及び名古屋工業専門学校は名古屋造兵廠千種製造所の使用希望を出していたが、実際の転用状況をみると、これら使用希望は全く実現されていない。

7　仙台、名古屋、広島、熊本、弘前、金沢、京都の七都市。師団の中枢施設や配下の部隊の兵営は、仙台、名古屋、広島、熊本、金沢では城郭部に、弘前、京都では市街地縁辺部に集中して立地し、仙台、金沢、弘前、京都では、文教市街地となった。また、名古屋、広島では、市街地縁辺部の陸軍の工場や倉庫が、熊本では市街地縁辺部の兵営や練兵場が文教市街地となった。また、例えば、原爆で壊滅的被害を受けた広島でも比治山の影にあたる兵器補給廠の倉庫群は焼失・倒壊を免れたように、戦災都市であっても軍の建物が比較的残されていた。

8　対象一三都市の中では、名古屋、大阪、広島、熊本が該当する。

9　学校教育法（一九四七年）、国立学校設置法（一九四九年）。その後、国立大学総合整備計画（一九五一年）を受け、タコ足解消に向けたキャンパス整備が本格化した。

10　例えば、第三中（市立女子高に間借り、野砲兵第8連隊旧兵舎を使用）、深草中（深草小、竹田小に間借り。騎兵第20連隊旧兵舎を使用）など。

11　大蔵省発行『国有財産地方審議会の審議経過』（第一集〜第一〇集）をもとに一九五六〜六五年度の旧軍用地処分決定案件九四九件のなかから確認した。

12　金沢大学『金沢大学一〇年史』（一〜二頁、金沢大学、一九六〇年）によれば、第五一回（一九二六年）、第五二回（一九二七年）、第五六回（一九二九年）帝国議会にも「金沢市に総合大学設置に関する建議案」が提出されており、同様の構想は戦前からあった。

13　金沢大学五〇年史編纂委員会編『金沢大学五〇年史　通史編』（三四九頁、金沢大学創立五〇周年記念事業後援会、二〇〇一年）

14　前掲注13の三五四〜三五五頁

15　前掲注13の三五九〜三六〇頁

16　前掲注13の三六四〜三六五頁

17　一九四八年五月に石川県知事を委員長とする金沢大学実施準備委員会から文部大臣宛に出された「金沢大学設置認可申請書」に添えられた金沢大学設置理由書には、既存の高等教育機関に加え「金沢城跡内旧軍用地並びに軍用施設を併せ使用するならば、総合大学への再編成はさして困難ではない」（前掲注12の二四頁）とあるように、旧軍用地（場所）をキャンパスとして利用できるだけでなく、旧軍建物を校舎や寄宿舎として有効活用できることも、利点として考えられていた。

18　当初グラウンドとして使用し、市立女子高校と合併して、弘前市立実業高校が発足した際に、校舎が建設された。

19　弘前市史編纂委員会編『弘前市史　明治・大正・昭和編』（七七七〜七七八頁、弘前市、一九六四年）

20　弘前大学二十年史編纂委員会編『弘前大学二十年史』（四二九〜四三〇頁、弘前大学、一九七三年）によれば、一九六二年一月の火災を契機として、教育学部は文理学部の西側地区へ移転することが決定し、一九六七年三月までに移転を完了した。尚、教育学部付属の小・中学校、幼稚園については、別の区域（現学園町）に移転した。

21　善通寺市教育委員会市史編さん室編『善通寺市史　第三巻』（四一六〜四一八頁、善通寺市、一九九四年）によれば、『昭和二一年善通寺事務報告』の復興計画の項において「終戦ニ伴ヒ不用トナリタル元軍用施設ヲ活用シ、本町復興計画ニ基キ、文化都市建設ノタメ左記官庁・学校其ノ他ヲ誘致セリ」と記されており、旧軍用地を活用した学園都市づくりが目指されていたことが分かる。そして、輜重兵第11連隊跡地に高松で罹災した高松経済専門学校を一九四六年一月に誘致するが、二年足らずで高松に戻ってしまう。そこで、一九四八年三月、同じ旧軍用地に香川青年師範学校を誘致し、これが香川大学学芸学部善通寺教室（二年課程）となったが、一九五二年には香川大学の校地統合により閉鎖された。

第七章　東京における戦災復興緑地と旧軍用地

はじめに

陸海軍の枢軸であった帝都東京には、終戦時に莫大な量の旧軍用地が、遊休国有財産として残された。その量は東京二三区内で総計一一二六ヘクタール（区部面積の二・〇%）、島嶼を含めた都内全域では総計三六六一ヘクタール（都面積の一・八%）にも及ぶ[1]。この旧軍用地をどうするかは、東京の戦災復興の重要課題であったが、戦災復興院から各地方長官宛に出された通牒「軍用跡地ヲ都市計画緑地ニ決定スルノ件[2]」（一九四六年）によって、「大都市デハ市域ノ外周略々十粁、中小都市デハ同ジク六粁ノ範囲内ニアル旧演習場、練兵場ナドデ、建築物ノ少ナイ軍用跡地ハ、此ノ際都市計画緑地ニ決定シテオクコト」とされたことを受けて、旧軍用地のうち適当なものは、戦災復興公園緑地として決定されることとなった。そして、佐藤（一九七七[3]）が、代々木公園や世田谷公園を一例として挙げながら、「全国で大面積の公園として利用されているものは、軍用跡地であるものが甚だ多い」と指摘するように、旧軍用地を転用した大規模な公園緑地が整備された。

また、旧軍用地を公園緑地に転用することは、日比谷公園をはじめ、東京では明治期から昭和戦前期にかけて盛んに行われてきた。さらに、石川（二〇〇一）が帝都復興計画（甲案）について、「既存の公園に加え、御料地、軍用地等の大規模なオープンスペースを公園として計画し[4]」ていると説明しているように、軍用地を公園緑地として位置づけることが戦前においても行われていた。また、後述するように、東京緑地計画に位置づけられた軍用地もある。尚、戦前及び戦後の東京の公園緑地計画を扱った既往研究としては、先述の石川（二〇〇一）のほか、真田による戦前の東京緑地計画に関する一連の研究[5]、竹内らによる戦後東京の公園緑地政策に関する一連の研究[6]があるが、いずれも軍用地との関係には触れていない。

そこで本章では、戦前の公園緑地計画における軍用地の位置づけを整理したうえで、戦災復興緑地計画において、旧軍用地にどのような位置づけが与えられたのかについて、戦前の公園緑地計画での位置づけとの関連も含めて考察するとともに、その後の見直し状況にも触れ、戦災復興期における東京の公園緑地計画に対する旧軍用地の影響を明らかにしたい。

戦前の計画における軍用地の位置づけは、帝都復興計画（一九二三年）、東京緑地計画（一九三八年）を対象として、戦災復興期の計画における旧軍用地の位置づけは、戦災復興緑地計画（一九四六年）を対象として、さらに計画縮小の影響については、戦災復興計画の見直し計画である特別都市計画（一九五〇年）と、それまでの公園緑地計画を全面的に見直した改定計画（一九五七年）を対象として考察している。なお、主として東京都区部を対象とし、戦後の計画に関わる旧軍用地の範囲の特定にあたっては、『大東京区分図　三十五区』（東京地形社、一九三五〜一九三八年）を用いたうえで、さらに各区史や戦争遺跡関連の文献[7]から断片的に確認できたものを米軍撮影航空写真や終戦前後の地形図で推定する作業を行って補足した[8]。旧軍用地に決定された公園緑地の区域の特定にあたっては、戦災復興緑地計画については『東京復興都市計画指定図』（内山模型製圖社、一九四八年）を、特別都市計画については『東京特別都市計画指定図（用途・街路・公園・緑地）』（復興土地住宅協会、一九五一年）を用いた。また、一九五七年改定計画については、史料の制約で旧軍用地に決定された公園緑地の区域の特定が難しいため、計画面積から考察した。

第一節　戦前の公園緑地計画における軍用地の位置づけ

第一項　帝都復興計画における軍用地の位置づけ

一八八九年の市区改正においても、日比谷練兵場の跡地が中央公園として位置づけられ、日比谷公園が誕生したが、帝都復興計画において、旧軍用地及び使用中の軍用地が積極的に公園緑地として位置づけられた。

帝都復興計画（甲案）（一九二三年）においては、既転用の日比谷公園、明治神宮外苑に加え、当時、既に旧軍用地となっていた二箇所、即ち、震災で多くの犠牲者を出した旧本所被服廠、旧白金火薬庫（白金御料地）、さらに軍用地として使用中の東京砲兵工廠、大塚陸軍兵器支廠、陸軍戸山学校・戸山ヶ原射撃場・戸山ヶ原演習場、陸軍予科士官学校、代々木練兵場が、公園緑地として検討されていた（図7－1参照）。とりわけ山手地区では、大規模な公園緑地の殆どが、旧軍用地あるいは軍用地において検討されており、旧軍用地及び軍用地の存在が帝都復興計画の公園緑地計画にとって、如何に重要であったかが分かる。(9)

また、この頃、内務省都市計画局では、公園緑地系統を如何に樹立するか検討しており、一九二四年に刊行された「公

図7-1　帝都復興計画（甲案）の公園緑地

［注1］軍用地あるいは旧軍用地に計画された公園を⬭で囲んでいる。
［注2］●：旧軍用地転用公園　○：旧軍用地　◎：使用中の軍用地
［注3］名称の右側に※あるものは、東京緑地計画（1938）においても位置づけられたもの。
［注4］石川幹子『都市と緑地』（岩波書店、2001年）のp.226　に加筆して筆者作成。

園計画ニ就テ」では、「練兵場、飛行場ノ類」が、「公園系統ヲ樹立スルニ当リ、一般都市計画事項斟酌ノ外当該都市ニ於ケル現在左記諸設備、若クハ将来期待シ得ヘキモノニツイテハ其関係ヲ十分ニ考察スルヲ要ス」として挙げられた九項目の一つとされている。(10) 当時、練兵場などは訓練のない日には解放され、野球などが行われていたようで、(11) こういった利用実態も踏まえた検討がなされていた。

第二項　東京緑地計画における軍用地の位置づけ

東京緑地計画（一九三八年）では、「大公園」の細分類の一つである「運動公園」として、陸軍電信隊とその周辺の民有地を合わせた約一三ヘクタールの中野公園が計画されたほか、(12)「共用緑地」の細分類の一つ「学校園」として挙げられた一四箇所のうち、三箇所が陸軍関係の学校であり、そのうち陸軍予科士官学校と陸軍戸山学校が東京市内のものであった。また、社寺境内、海水浴場、競馬場などを緑地として認定した「公開緑地」に付して、「他ニ公開緑地ニ代用シ得ル陸軍用地」が設定されている。東京近郊の練兵場と演習場、計一〇箇所が挙げられており、そのうち駒澤練兵場、代々木練兵場、戸山ヶ原練兵場の三箇所が東京市内のものであった。なお、東京緑地計画で位置づけを与えられた東京市内の陸軍学校と練兵場は、駒澤練兵場を除き、いずれも帝都復興計画（甲案）で公園緑地とされたものであった（図7—1参照）。

このように帝都復興計画、東京緑地計画においては、公園緑地系統の樹立にあたり、旧軍用地のみならず、使用中の大規模な軍用地までも公園緑地計画に位置づけることが行われてきたことが分かる。

第二節　戦災復興緑地計画における旧軍用地の位置づけ

第一項　旧軍用地の分布と公園緑地への転用方針

戦災復興緑地計画における旧軍用地の位置づけを検討するにあたり、まず、当時（一九四六年）の東京区部における旧軍用地の分布状況を把握しておく（図7－2参照）。旧軍用地は、隅田川以東の下町には殆ど見られず、都心から山手にかけて分布していた。特に、都心の麹町区から隣接する赤坂区にかけては、多くの官衙・兵営が集中的に立地していた。さらに、その西側に当たる渋谷区、目黒区、世田谷区東部にかけての一帯には、兵営や大規模な練兵場が展開し、牛込区から淀橋区にかけては、学校が比較的多く立地していた。また、王子区・滝野川区・板橋区あたりには、陸軍造兵廠関連の工場・倉庫が集積していた。他には、隅田川沿い（荒川区、深川区、京橋区）と西郊（板橋区、杉並区、中野区、世田谷区）において、旧軍用地が点在していた。

なお、旧軍用地のうち、練兵場・射撃場・作業場や飛行場は、元々建物が少ない広大な空地であり、戦前の内務省の検討にもあったように、公園緑地に適していた。学校もまた、操練のための運動場を有している場合があり、実際、東京緑地計画において、学校園なる共用緑地が設定されていたように、公園緑地に適するものであった。

先述のように、戦災復興院の通牒によって、演習場や練兵場などで建物の少ない旧軍用地は、戦災復興計画において公園緑地として決定することとされた。帝都復興計画、東京緑地計画に内務省公園担当技師として関わった北村徳太郎

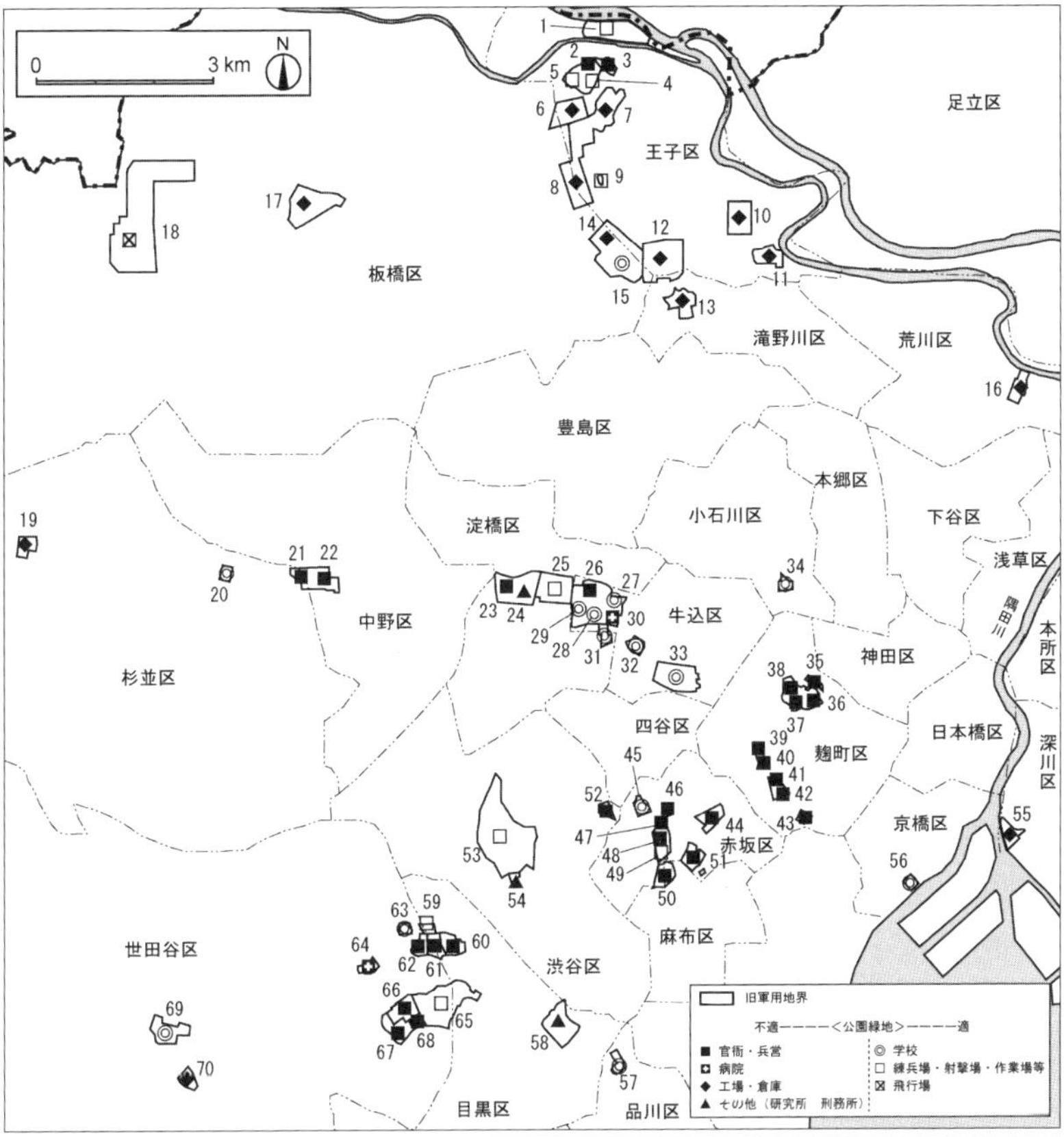

1近衛・第一師団工兵架橋演習場	15陸軍工科学校分校	29陸軍幼年学校	43海軍省	57海軍大学校
2近衛工兵第一連隊	16千住製絨所	30東京第一陸軍病院	44近衛歩兵第三連隊	58海軍技術研究所
3陸軍工兵第一連隊	17東京第一陸軍造兵廠倉庫	31陸軍砲工学校	45陸軍大学校	59陸軍駒場練兵場
4陸軍赤羽射撃場	18陸軍成増飛行場	32陸軍経理学校	46赤坂憲兵分隊	60輜重兵第一連隊
5陸軍工兵作業場	19中島飛行機製作所	33陸軍予科士官学校	47麻布連隊区司令部	61近衛輜重兵連隊
6陸軍赤羽火薬庫	20陸軍通信学校	34陸軍工科学校	48第一師団司令部	62騎兵第一連隊
7陸軍被服本廠	21中野憲兵分遣所	35憲兵司令部	49陸軍青山射撃場	63陸軍獣医学校
8陸軍兵器補給廠	22陸軍電信第一連隊	36東京防衛司令部	50歩兵第三連隊	64陸軍第二衛戍病院
9陸軍稲付射場	23陸軍技術本部	37近衛歩兵第一・第二連隊	51歩兵第一連隊	65陸軍駒沢練兵場
10東京第二陸軍造兵廠王子工場	24陸軍科学研究所	38近衛歩兵第一旅団司令部	52近衛歩兵第四聯隊	66近衛野砲兵連隊
11東京第二陸軍造兵廠堀船倉庫	25陸軍戸山射撃場	39陸軍築城本部	53陸軍代々木練兵場	67野砲兵第一連隊
12東京第一陸軍造兵廠	26近衛騎兵連隊	40兵器本廠航空本部	54東京衛戍刑務所	68野戦重砲兵第八連隊
13東京第一陸軍造兵廠瀧野川工場	27陸軍軍医学校	41陸軍省・参謀本部	55陸軍糧秣本廠	69陸軍自動車学校
14東京第二陸軍造兵廠	28陸軍戸山学校	42陸軍陸地測量部	56海軍経理学校	70陸軍衛生材料廠

図6-2　東京区部における旧軍用地の分布

［注1］下図及び区界・区名は戦災復興緑地計画が作成された1946年時点のもの（図6-4も同様）。

［注2］この図の範囲外では、蒲田区（現大田区、羽田空港の位置）に逓信省東京飛行場がある。

［注3］旧軍用地界は『大東京区分図　三十五区』（1935～1938年、東京地形社）を用いたうえで、さらに各区史や戦争遺跡関連の文献（14）（15）から断片的に確認できたものを米軍撮影航空写真や終戦前後の地形図で推定する作業を補足的に行って特定した。

［注4］旧軍用地の分類は、軍事施設名称から判断している。

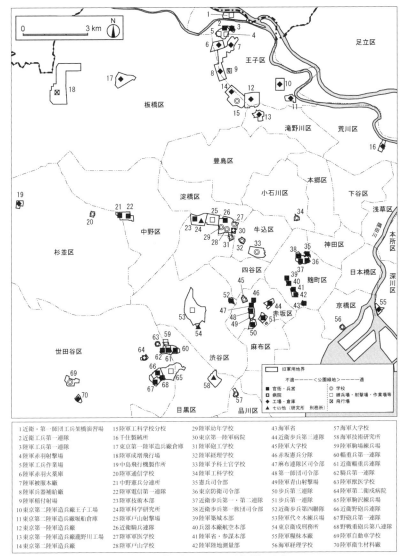

が、終戦後に戦災復興院施設課長となって出した通牒であり、戦前の検討、試みが戦後に引き継がれたと言ってよい。さらに北村は、大蔵省にかけあって、新国有財産法（一九四八年）の中に旧軍用地を始めとする普通財産を自治体が公園緑地として使用する場合に無償貸付ができる条項（第二二条）を盛り込むことに成功する。こうして旧軍用地を公園緑地に転用するための制度的な枠組みが整った。

第二項　戦災復興緑地計画における旧軍用地の位置づけ

では、戦災復興院の通牒を受け、一九四六年に作成された戦災復興緑地計画において、旧軍用地には如何なる位置づけが与えられたのであろうか。戦前の帝都復興計画と同様、山手地区で決定された大規模な公園緑地の殆どが、旧軍用地を含んでおり、旧軍用地の存在が戦災復興緑地計画にとって、如何に重要であったかが分かる（図7―3参照）。

詳細に見てみると、軍事施設が集積していた都心及びその周辺の区と、王子区・滝野川区・板橋区において、大半の旧軍用地がその周囲も含めて緑地として決定されていた（図7―4参照）。

むしろこの区域では、緑地として決定されなかった旧軍用地のほうが限られている。[13] 一方、より西郊では、緑地ではなく緑地地域が決定されることもあって、旧軍用地が緑地として決定されることはなかった。[14] 即ち、まとまった緑地の確保が難しい、既に市街化していた区域を中心に立案された戦災復興緑地計画においては、旧軍用地を積極的に緑地として決定することで、公園緑地系統を確立しようとしていたと言える。

また、戦前に軍用地を公園緑地として位置づけたことが継承されている点も指摘できる。帝都復興計画（甲案）で公園

図7-3　戦災復興緑地計画

［注1］1950年の特別都市計画での公園の単位をベースとして、旧軍用地を含む緑地のまとまりを⬭で囲んでいる。

［注2］石川幹子『都市と緑地』（岩波書店、2001年）のp.262に加筆して作成。

緑地とされた当時使用中の軍用地五箇所のうち三箇所（図7－3参照）、東京緑地計画で「学校園」あるいは「他ニ公開緑地ニ代用シ得ル陸軍用地」とされた軍用地五箇所のうち四箇所が、戦災復興緑地計画に取り込まれている（図7－4参照）。

さらに、どういった種類の旧軍用地が戦災復興緑地として決定されたかという点について検討したい。戦災復興院の通牒では、具体的に「演習場」「練兵場」が例示され、建物の少ない旧軍用地を緑地として決定するよう指示されていた。しかし、陸・海軍省や師団等の司令部などの官衙（No.35、36、38、41、42、43、47、48）、陸軍各部隊の兵営（No.2、3、26、37、50、52、66、67、68）、病院（No.30）、陸軍造兵廠（No.11～14）など、比較的建物が多く、公園緑地に適すると考えられない旧軍用地であっても緑地として決定されていた。

また、後楽園（No.34）、皇居外苑・日比谷公園（No.35～38、41～43）、明治神宮外苑（No.45、52）、青山墓地（No.47～50）、明治神宮内苑（No.53）、白金御料地（No.57）のように、一九四六年当時、既に存在していた公園緑地あるいはそれに類するオープンスペースに隣接する旧軍用地を緑地として決定し、一体的に大規模なオープンスペースを創出しようとした意図も窺える。つまり、建物の多寡に関わらず、公園緑地系統の確立という観点から、配置と既存のオープンスペースの位置に留意して、旧軍用地が戦災復興緑地として決定されていたと解釈できる。

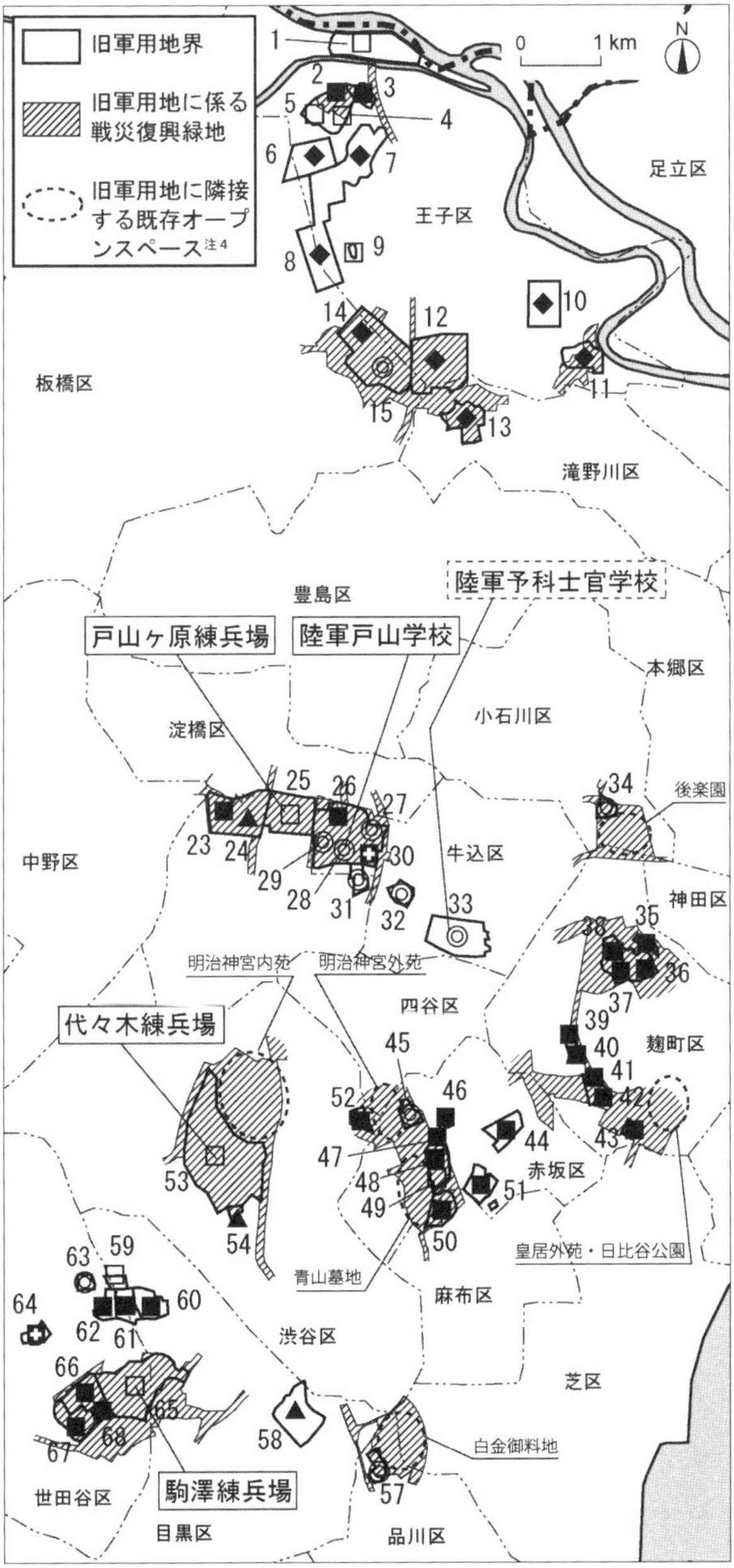

［注1］図の範囲外の旧軍用地で戦災復興緑地が決定されたものはない。

［注2］旧軍用地の種類に関する凡例および番号は図7-2と共通。

［注3］戦前の東京緑地計画で位置づけられた旧軍用地のうち、戦災復興緑地が決定されたものは▭、されなかったものは⬚で、旧軍用地名称を示した。

［注4］既存オープンスペースとは、戦災復興緑地計画が作成された際に、既に存在していた公園緑地などのオープンスペースのことをさす。

図7-4　戦災復興緑地が決定された旧軍用地の位置及び種類

第三節　戦災復興緑地計画の見直しと旧軍用地

第一項　一九五〇年特別都市計画での見直し

国有財産法第二二条により、旧軍用地をはじめとした国有地の公園緑地への転用に、無償貸付という道が開かれていたものの、国も地方も財政状況が厳しいなか、都市計画決定されただけで事業化の見通しが不明なものに対して、大蔵省が無償貸付の決定をすることはなく、戦災復興計画で決定された公園緑地の整備は進まなかった。そして、ドッジライン[15]への対応が図られた一九四九年の閣議決定「戦災復興都市計画の再検討に関する基本方針」を受けて、全国の戦災復興公園緑地計画も大幅に縮小されることとなった。

ここでは、戦災復興緑地計画で旧軍用地に決定されていた計画区域（図7－4参照）が、この再検討でどうなったのか、一九五〇年特別都市計画における各公園の計画区域を見てみたい（図7－5参照）。

袋町公園、後楽園公園、代々木公園は計画区域自体が殆ど縮小されておらず、世田谷公園では旧軍用地周辺の計画区域は縮小されたものの、旧軍用地に係る部分は残された。また、下板橋公園、戸山公園、中央公園、明治公園、青山公園では、一部の旧軍用地が計画区域から外されたが、なお広大な旧軍用地が計画区域に含まれていた。このように、東京全体で四割以上の面積が廃止された再検討[16]でありながら、旧軍用地に係る計画区域に対する影響はそれほど大きくなく、まとまった緑地の確保が難しい既成市街地において、旧軍用地を緑地として決定することで、公園緑地系統を確立しようという意図が引き続き窺える。

なお、計画区域内に現存する建物用途を考慮して変更する[17]こととされていたのもあって、計画区域から外された旧軍用地はいずれも、元来、建物が多かった官衙・兵営、工場・倉庫、学校などの跡地であった。

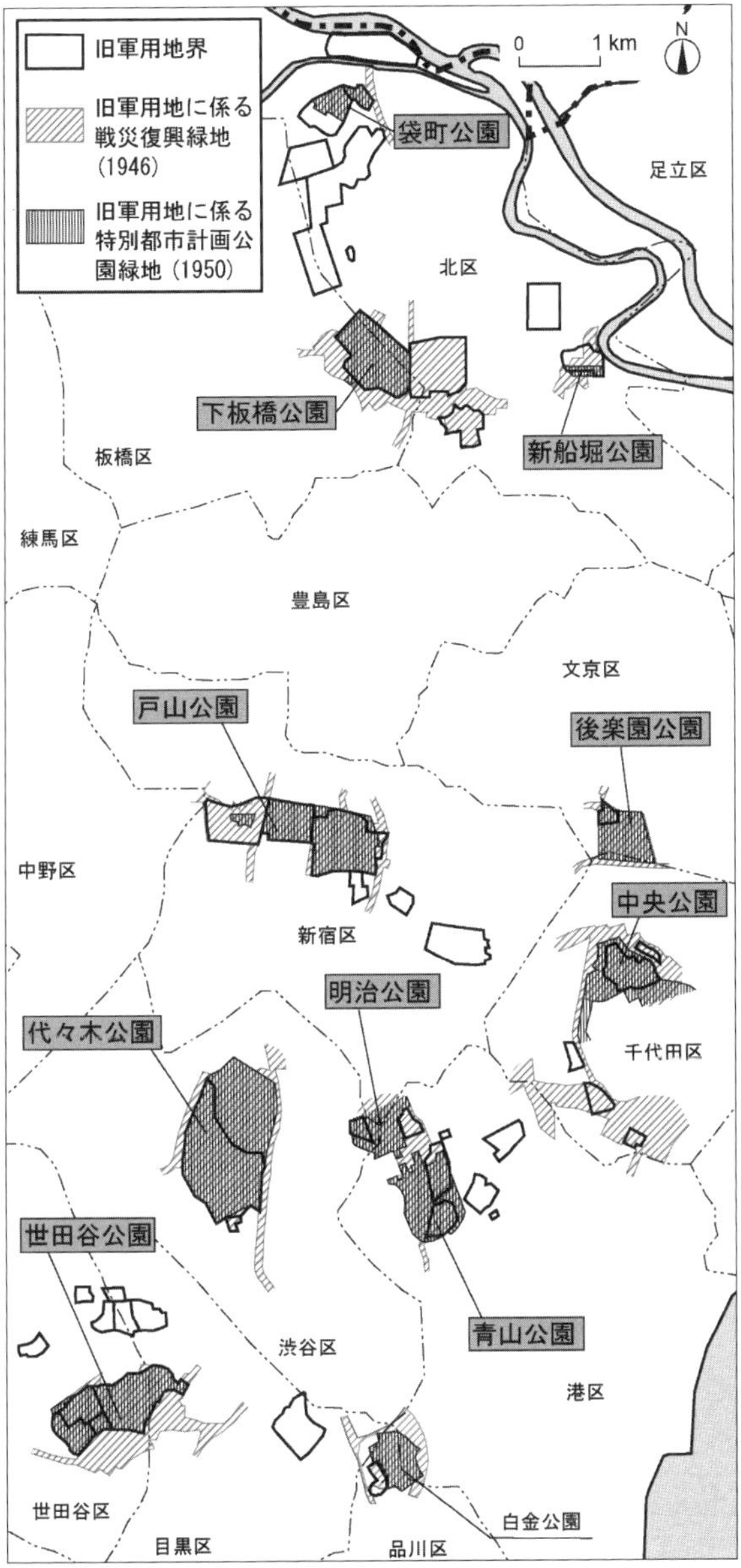

図7-5　旧軍用地に係る特別都市計画公園

［注1］下図及び区界・区名は特別都市計画が作成された1950年時点のもの。
［注2］　　は、旧軍用地が1950年の計画区域に含まれる公園。

表7-1　旧軍用地に係る公園緑地一覧

公園名[注1]	当該区域に該当する戦前計画[注2]	戦災復興緑地（1946）		特別都市計画（1950）での計画面積[注3]	改定都市計画（1957）での計画面積[注3]
		該当する緑地名	既存隣接オープンスペース		
袋町公園	――	東北線	――	17.40ha	7.90ha
下板橋公園	――	石神井川	――	51.57ha	廃止
新船堀公園	――	王子線	――	1.98ha	1.40ha
戸山公園	帝・緑	内環状	――	81.98ha	52.84ha
後楽園公園	（帝）	江戸川	後楽園	50.51ha	27.17ha
中央公園	――	御濠	皇居外苑 日比谷公園	163.13ha	160.50ha
明治公園	（帝）	内環状	神宮外苑	89.92ha	67.80ha
青山公園	――	内環状	青山墓地	56.53ha	41.20ha
代々木公園	帝・緑	山手環状	神宮内苑	160.98ha	153.28ha
世田谷公園	緑	蛇崩川	――	81.84ha	81.84ha
白金公園[注4]	（帝）	内環状	白金御料地	23.82ha	21.65ha

［注1］特別都市計画（1950）での公園の単位をベースに整理した。網掛けの公園名は、1950年時点の計画区域全域が旧軍用地であるもの。

［注2］帝：帝都復興計画（1923）、緑：東京緑地計画（1938）。（帝）は当該公園のうち、旧軍用地に隣接するオープンスペースが該当するもの。

［注3］末松四郎（1980）「東京における公園緑地計画の推移について（その1）」『公園緑地』71号、pp.8-22、東京都公園協会による。

［注4］戦災復興緑地計画では、旧軍用地が計画区域内にあったが、特別都市計画で白金公園となった以降は、旧軍用地が計画区域から外れている。そのため、1950、1957年の計画面積は旧軍用地を含んでいない。

第二項　一九五七年改定計画での見直し

一九五七年には、事業化困難区域を廃止する一方で、事業化の必要のない河川や社寺境内を公園として決定する全面見直しがおこなわれた。この見直しによって具体的にどの部分が計画区域から外されたか分からないが、一九五〇年との比較で計画面積の変化を把握することができる（表7―1参照）。

一九五〇年時点の計画区域全域が旧軍用地の場合は、計画面積の減少量そのもので旧軍用地がどれくらい計画区域から外されたのかが分かるので、まずはこれら五公園についてみてみたい。下板橋公園は廃止され、また、同じ北区では袋町公園も計画面積を半分以下にまで減じている。これらは、戦前計画で位置づけられたものでもなく、また、他のオープンスペースと一体に計画されたものでもなかった。一方、世田谷公園[18]はこの見直しの影響をまったく受けておらず、戸山公園は大幅に縮小されたものの計画面積は五二・八四ヘクタールもあり、広大な旧軍用地がなお公園緑地として位置づけられていた。そして、これら二公園はいずれも戦前計画で位置づけられたものであった。

他の公園については、計画面積の減少分が旧軍用地の区域のものかどうか不明だが、中央公園と代々木公園については、計画面積が殆ど減少していないことから、旧軍用地も殆ど計画区域から外されなかったことが分かる。

このように旧軍用地に決定された戦災復興緑地は、無償貸付によって用地確保もできる状況にあったが、実際に整備するとなると予算の問題もあって遅々として進まず[19]、また、他の都市施設需要との兼ね合いもあって、縮小の方向に傾いていった。しかし、一九五〇年の見直しの影響は限定的であり、また一九五七年の見直しでも、世田谷公園や戸山公園のように戦前計画を継承したものについては、大規模な公園緑地としての位置づけは変わらなかった。

おわりに

戦前の公園緑地計画、即ち、帝都復興計画や東京緑地計画では、後の戸山公園、後楽園公園、代々木公園、世田谷公園となる軍用地が公園緑地として位置づけられていた。また、内務省でも練兵場や飛行場などを公園緑地の対象と認識していた。これらの点から、大正期から昭和戦前期にかけ、使用中の軍用地も公園緑地系統の中に組み込もうとしていた、ということが分かる。

戦災復興緑地計画では、建物の多寡に関わらず旧軍用地を積極的に緑地として決定したことが窺え、この点で公園緑地系統の確立に向け、旧軍用地に大きな期待がかけられていたと言える。ただし、旧軍用地に決定された戦災復興緑地は、王子区・滝野川区・板橋区を除き、戦前から公園緑地として検討されてきたものを継承するか、戦前から存在したオープンスペースと一体的に計画したものであることから、当時使用中であった軍用地の活用も含めて構想された戦前の公園緑地系統の影響があったと言える。

一九五〇年の戦災復興公園緑地の見直しでは、建物の多かった旧軍用地を中心に廃止された。しかし、東京全体における計画面積の縮小に比して、旧軍用地に係る公園緑地の計画縮小は、それほど大きくなかった。一九五七年の見直しにおいても、戦前の帝都復興計画あるいは東京緑地計画で位置づけられていなかったものは、廃止あるいは小規模な公園へと変更されたが、戦前の計画で位置づけられ、戦災復興計画でも継承されたものは、大規模な公園としての位置づけが維持されていた。

旧軍用地を転用した公園・緑地というと、当然、旧軍用地が発生した終戦後、戦災復興計画などで位置づけられたのであろうと考えるわけであるが、東京においては、既に戦前の帝都復興計画や東京緑地計画で検討され、それが戦災復興計画に引き継がれたものも多く、しかもそれらは、その後の計画縮小の検討の影響をあまり受けていないと言えよう。

注

1　東京都総務局調査課編『東京都下における旧軍用地並に旧軍用建物調査』、二頁、東京都総務局調査課、一九四八年

2　佐藤昌『日本公園緑地発達史上巻』、四三四〜四三五頁、都市計画研究所、一九七七年

3　前掲注2の四三七頁

4　石川幹子『都市と緑地』、二二六頁、岩波書店、二〇〇一年

5　真田純子「東京緑地計画における環状緑地帯の計画作成過程とその位置づけに関する研究」『都市計画論文集』38巻3号、六〇一〜六〇六頁、二〇〇三年
同「東京緑地計画景園地の計画意図に関する研究―計画作成過程と立地に着目して―」『都市計画論文集』39巻三号、九〇一〜九〇六頁、二〇〇四年
同「東京緑地計画作成の理論的背景としての公園および緑地の意味づけに関する研究」『都市計画論文集』40巻3号、二四七〜二五二頁、二〇〇五年

6　竹内智子・石川幹子「都市計画篠崎公園を事例とした東京都市計画公園緑地の変遷に関する研究」『ランドスケープ研究』70巻5号、六五三〜六五六頁、二〇〇七年
同「神田川上流域における公園緑地施策の変遷に関する研究」『都市計画論文集』42巻3号、七〜一二頁、二〇〇七年
同「新都市計画法制定以降における東京周辺区部の公園緑地政策と実態に関する研究」『ランドスケープ研究』71巻5号、七一七〜七二二頁、二〇〇八年
同「東京周辺区部における一九五〇〜六〇年代の緑地施策に関する研究」『都市計画論文集』43巻3号、一九九〜二〇四頁、二〇〇八年
同「都市拡張期における首都圏近郊地帯予定地内の緑地施策に関する研究―北多摩地域を対象として―」『都市計画論文集』44巻3号、八七七〜八八二頁、二〇〇九年
竹内智子「首都圏整備法制定期におけるオープンスペース確保策の変遷と実態に関する研究」『ランドスケープ研究』73巻5号、六一九〜六二四頁、二〇一〇年

7　東京都歴史教育者協議会編『写真と地図で読む！　知られざる軍都東京』、洋泉社、二〇〇六年
同『新版　東京の戦争と平和を歩く』、一七〜五一頁、平和文化、二〇〇八年

8　秘匿施設として記されていない陸軍造兵廠など一部の軍事施設や、大東京区分図発行後（戦時中）に建設された飛行場など

は、周辺文献によって補足する必要があった。

9　帝都復興計画は大幅に縮小され、旧軍用地及び軍用地に計画された公園緑地は整備に至らなかったが、帝都復興事業で整備された三大公園の一つ、錦糸公園は旧陸軍糧秣廠に設けられたものであった。

10　内務省都市計画局「公園計画ニ就テ」（初出一九二四年）、『都市計画』通巻176号、一〇五～一一四頁、日本都市計画学会、一九九二年

11　北村徳太郎「復興瑣談一断面」『新都市』14巻12号、一九六〇年

12　実際には中野公園は実現せず、陸軍電信隊跡地には一九三九年に陸軍中野学校が移転してくる。

13　王子区の一部（No.5～10）、淀橋区の一部（No.31）、牛込区（No.32、33）、麹町区の一部（No.39、40）、赤坂区の一部（No.44、51）、渋谷区の一部（No.54）、目黒区・世田谷区の一部（No.58～64）は、緑地として決定されていない。

14　旧陸軍成増飛行場（No.18）は、緑地地域に含まれることとなる。

15　GHQが示した経済安定九原則の一つで、昭和二四年（一九四九）三月に実施された財政金融引き締め政策。

16　建設省編『戦災復興誌　第一巻』（一七三頁・一七五頁、都市計画協会、一九五九年）によれば、全国九一都市で決定された合計一万一六三二ヘクタールの戦災復興公園緑地は、この再検討で九七五五ヘクタールに縮小されている。特に、東京は三三四八・七ヘクタールから一九六〇・四ヘクタールへと四一・五％も減少させており（他の九〇都市の減少率は五・九％）、再検討の影響が大きかった。第三章第二節参照。

17　「戦災復興都市計画再検討実施要領」（一九四九年六月二四日建設省都市局長から各都道府県知事宛）

18　首都建設計画（一九五二年）において、とりあえず数箇年のうちに整備する一八箇所のうちの一つとされていた。東京都都民室首都建設部編「公園緑地に関する計画」『首都建設資料　首都建設問題の経過概要（資料編）』、二八九～二九一頁、東京都都民室首都建設部、一九五二年より。

19　小林昭「公園整備事業の展開――一〇〇年の回顧と最近の動向――」『公園緑地』61巻4号、一二～二一頁、二〇〇〇年

第八章　名古屋市における旧軍用地転用と都市構造再編

はじめに

本章では、名古屋市を対象として、旧軍用地が転用されていく具体的なプロセスとともに、旧軍用地の転用結果が都市構造再編に与えた影響を明らかにしたい。

名古屋市には、明治初期に鎮台が置かれ、終戦まで陸軍第3師団司令部の所在する重要な軍事都市として、城郭部、市街地縁辺部（市街地内）、郊外部、港湾部の各々に様々な軍事施設が置かれていた。また、戦災復興にあたっては、かつて内務省名古屋土木出張所長であった田淵寿郎を技監として迎え、一〇〇メートル道路を始めとした大胆な戦災復興計画を立案、実施したことが知られている。このような名古屋市の戦災復興の取り組みは、全国の戦災都市の中で比較的高い評価を得ており、戦災復興計画による都市づくりの好例でもある。

そこで本章では、都市部の様々な場所に立地していた旧軍用地を戦災復興計画の中に如何に位置づけ、転用プロセスの中で、どういったことが起こり、どういった対応がなされてきたのか、都市計画行政の対応を中心に明らかにするとともに、旧軍用地の転用結果が都市構造再編にどういった影響を与えたのかを検証したい。

まず第一節では、名古屋市内の旧軍施設の立地状況と戦後の名古屋市における空間に関わる構想・計画を概観した上で、名古屋市内の旧軍用地と戦災復興計画及び特別都市計画との関係について、戦災復興公園計画、復興土地区画整理事業、地域地区の指定の三点から整理する。その上で、第二節においては、各旧軍用地の転用プロセスを都市計画行政との関係を中心に追うとともに、旧軍用地の転用が都市構造再編に与えた影響を直接的影響と間接的影響の双方から検証することとしよう。

第一節　旧軍施設の立地と戦災復興計画

第一項　旧軍用地と戦後名古屋の構想・計画

⑴　旧軍施設の立地状況

終戦時、名古屋市内には比較的規模の大きな旧軍用地が五箇所存在した[1]（図8－1参照）。師団司令部や各陸軍部隊の兵営をはじめとした第3師団の中枢施設は、殆ど城郭部（名古屋城地区）に集積していた。名古屋城址は名古屋離宮であった本丸部分と、騎兵第3連隊が転出した跡に愛知県庁、名古屋市役所が置かれた三の丸の一角を除き、第3師団によって使用されていたのである（一部は護国神社）。そして、城郭部の旧軍建物は、一部は罹災

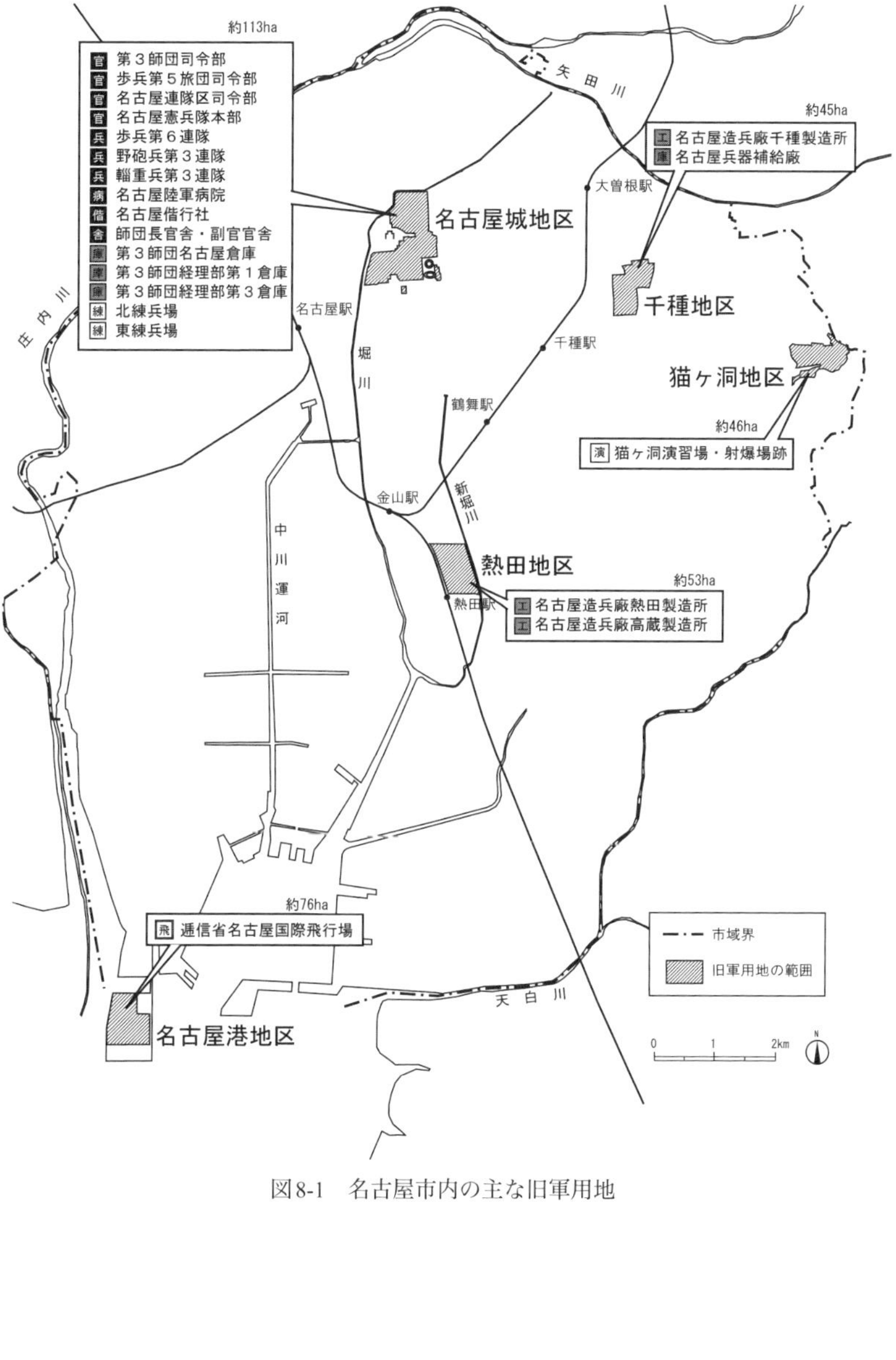

図8-1　名古屋市内の主な旧軍用地

したものの焼け残ったものも多かった。また、市街地縁辺部には、陸軍省直轄の兵站施設が置かれていた。千種地区には名古屋兵器補給廠と名古屋造兵廠千種製造所、熱田地区には名古屋造兵廠熱田製造所と同高蔵製造所があり、工場や倉庫の建物の大部分は罹災したが、使用可能な建物も一部残っていた。尚、この二地区とも終戦時には市街地に取り込まれていた。市街地から離れた郊外部に目を移すと、東方には丘陵地を利用した猫ヶ洞射撃場・射爆場があった[2]（猫ヶ洞地区）。さらに、港湾部（名古屋港地区）には、埋立地第一一号地に逓信省名古屋国際飛行場が設けられていた。これは一九四一年に民用飛行場として開港し、一九四四年より海軍の管理下に置かれて終戦を迎えたものである。

これらの旧軍用地は、終戦後に全て大蔵省（東海財務局）に移管され、GHQの使用許可や接収解除を受けて転用が図られ、戦後名古屋の都市づくりに大いに活用されることとなった。

(2) 戦後名古屋の構想・計画における旧軍用地の扱い

終戦によって出現した遊休国有地である旧軍用地に対し、名古屋市はどういった活用の絵を描いていたのだろうか。戦後の名古屋市の空間に関する構想あるいは計画を整理しながら、検討してみたい（表8－1参照）。

まず終戦直後、一九四五年一〇月一五日に「名古屋市復興都市計画実施原案」が公表され、また、一二月六日に名古屋市復興調査会[3]によって「大中京再建の構想」が新聞紙上で発表された。これらの中において、旧軍用地を名古屋市としてどう扱うかについて全く触れられていなかった。

明けて一九四六年三月一四日に、名古屋市における戦災復興計画の基本方針として「名古屋市復興計画の基本」が決定された。やはり、この中にも旧軍用地の扱いに関する記述はない。但し、「焼け跡の墓地は一定区へ移転整理せんと

表6-1　戦後名古屋の主要な構想・計画

年月日	公表された主要な構想・計画
1945年10月15日	名古屋市復興都市計画実施原案
1945年12月 6日	大中京再建の構想（復興調査会）
1946年 3月14日	名古屋市復興計画の基本
1946年 6月27日	復興都市計画土地区画整理区域決定
	復興都市計画街路決定
1947年 2月10日	復興都市計画土地区画整理区域変更（追加）
1947年 5月 6日	復興都市計画公園決定
	復興都市計画墓地決定
1951年 4月23日	特別都市計画地域地区変更
1957年 9月	名古屋市将来計画要綱
1962年 1月	名古屋市将来計画基本要綱
1968年12月24日	名古屋市将来計画・基本計画

す」という方針が打ち出されており、後に墓地移転先として猫ヶ洞地区の旧軍用地に目が向けられた。猫ヶ洞地区の旧軍用地は、終戦後すぐに農地開発営団が開拓用地としての使用について愛知県の了承を得ていたが、技監田淵寿郎らの働きかけによって墓地公園へと変更されるのであった(4)。

一九四六～四七年にかけては、土地区画整理事業、街路、公園、墓地に関する復興都市計画が決定された。また、一九五一年の特別都市計画において、戦前決定の地域地区の見直しが行なわれた。詳しくは第二項でみていくことにするが、こういった一連の戦災復興に係る都市計画決定の中で、それぞれの旧軍用地には位置づけが与えられた。戦災復興計画の立案にあたっては、技監田淵寿郎が中心的な役割を果たしていたが、彼の著作には、名古屋城地区について「この軍用地をいかにするかは問題だったが、ムヤムヤのうちに何かの置場に流用されては困るので、いち早くここの大部分を公園ということにして押さえた。このため練兵場の一部に戦後の応急住宅を建てたが、大部分を保留することができた。（略）その後、北練兵場や名古屋城は純粋の公園としても、兵舎の跡はその必要もないのでここを立派な官庁街にすることを企図し」たと記されている(5)。この記述から、当時、すぐに必要な具体的な利用用途があったのではなく、都市計画行政としてとりあえず押さえておくという留保地的発想があり、後年、改めて利用用途を決定したことが窺える。

一九五〇年代後半からは、都市計画とは別に、現在の総合計画的なものとして、名古屋市将来計画が検討されていた。ここでは、「名古屋市将来計画要綱」（一九五七年）、「名古屋市将来計画基本要綱」（一九六二年）、「名古屋市将来計画・基本計画」（一九六八年）をみてみたが、既に旧軍用地の転用が個別に進んでいたこともあってか、特に旧軍用地の扱いに関する記述はない。当時、名古屋市で問題となっていた工業用地の確保についても「内陸部における工業用地としては旧軍用地・工場廃止跡地等がその供給源となっていたが、大中企業の進出によりこれら用地は払底し」という認識であり、旧軍用地の扱いはもはや問題とされていなかった。(6)

第二項　戦災復興計画と旧軍用地との関係

(1) 戦災復興公園計画と旧軍用地

既に第三章でみたように、一九四六年五月に戦災復興院から各地方長官宛に出された通牒「軍用跡地ヲ都市計画緑地ニ決定スルノ件」で、名古屋のような大都市では一〇km圏にある旧演習場、練兵場などの建物の少ない旧軍用地を、さらに地方計画上特に確保する必要がある場合は一〇km圏外の旧軍用地も、都市計画緑地として決定するよう指示された。

さて名古屋の場合、一九四七年五月に三一箇所、約八八一ヘクタールの公園と、二箇所、約二一九ヘクタールの墓苑が計画決定された（図8－2参照）。このうち、旧軍用地に計画決定されたのは、名古屋城地区の旧軍用地のほぼ全域を含む名城公園（一三〇・〇ヘクタール）、千種地区の旧軍用地の全域を含む千種公園（三九・六ヘクタール）、猫ヶ洞地区の全域を含む東墓苑（一一四・一ヘクタール）であった。(7)

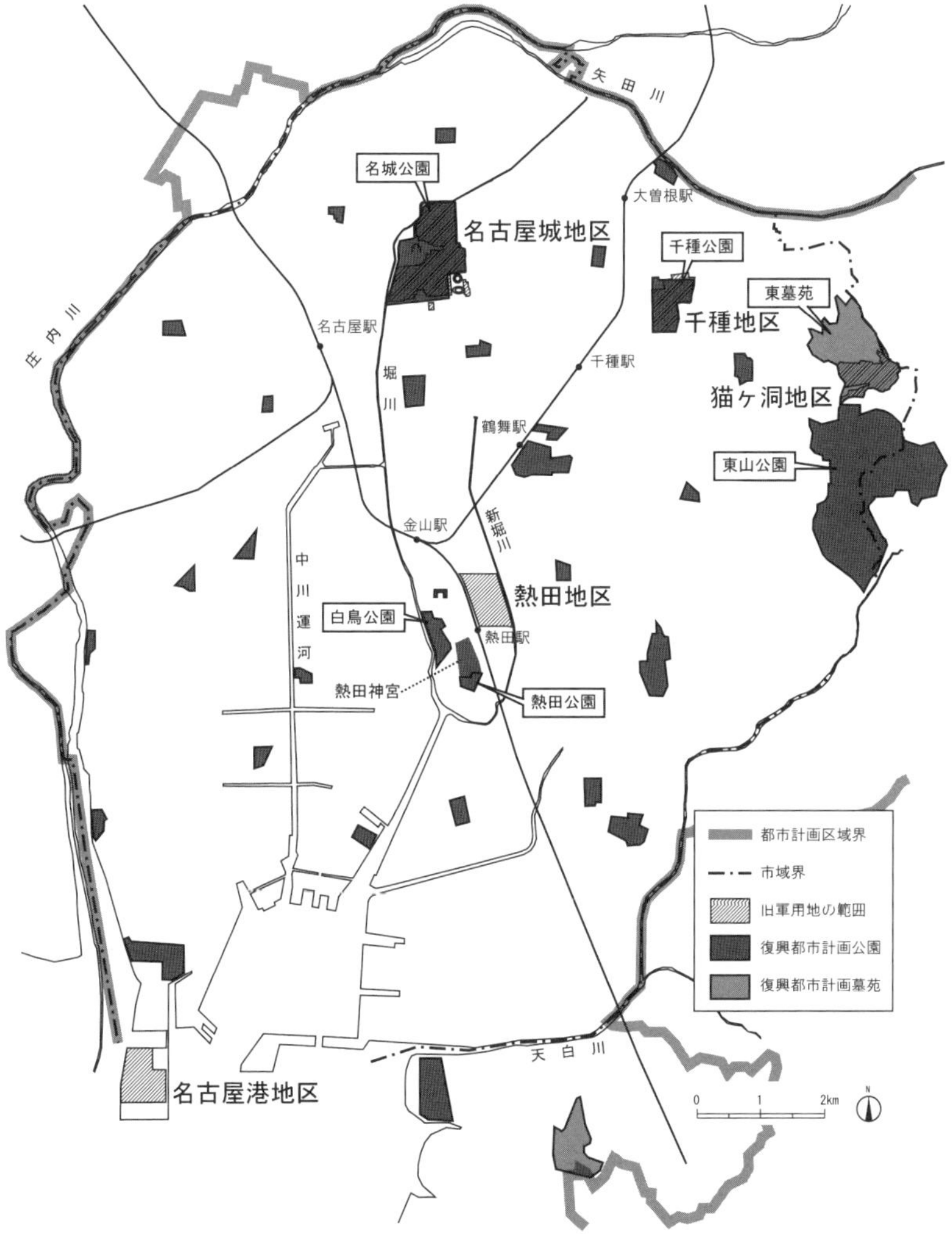

図8-2　名古屋市における戦災復興公園計画（当初計画）

戦災復興院から具体的に例示されていた演習場、練兵場の跡地はどうなったかというと、猫ヶ洞演習場・射爆場の跡地が東墓苑、北練兵場及び東練兵場の跡地が名城公園の計画区域となっているように、全てオープンスペースとして計画決定された。さらに、名古屋城地区では官衙、兵営、病院など罹災を免れた建物の残る旧軍用地も名城公園の計画区域とされ、また、一部の工場、倉庫の建物が罹災せずに残存していた千種地区も全域が公園として計画決定された。名古屋市では、旧軍用地をかなり積極的に戦災復興公園や墓苑として計画決定しており、旧軍用地を大規模なオープンスペースとして位置づけることで、公園緑地系統の構築を図ろうとしていたことが窺える。

⑵ 復興土地区画整理事業と旧軍用地

第三章でみたように、一九四五年一二月の閣議決定「戦災地復興計画基本方針」により、復興土地区画整理事業区域内の旧軍用地は、官公庁施設、街路、公園などの都市施設（公共用地）や市街宅地として活用することとなっていた。

名古屋においては、一九四六年六月、罹災区域約三八五八ヘクタールを中心に、一体的に整備すべき非罹災区域約五四九ヘクタールを含む計四四〇七ヘクタールが、復興土地区画整理事業の施行区域として計画決定された（図8－3参照）。旧軍用地では、名古屋城地区、千種地区、熱田地区の全域が、この復興土地区画整理事業区域に含まれた。

しかし、前述したように一年後には、名古屋城地区と千種地区は公園として都市計画決定された。そして最終的に、実際に復興土地区画整理事業が施行されることになったのは、熱田地区の全域と千種地区の一部だけであった。熱田地区は、名古屋造兵廠熱田製造所及び高蔵製造所の跡地であり、第二章第四節でみたように、終戦直後には民間工場への転用が検討されていた。そして後述するように、結局、熱田地区は工業系用途の市街宅地として整備されることになる。

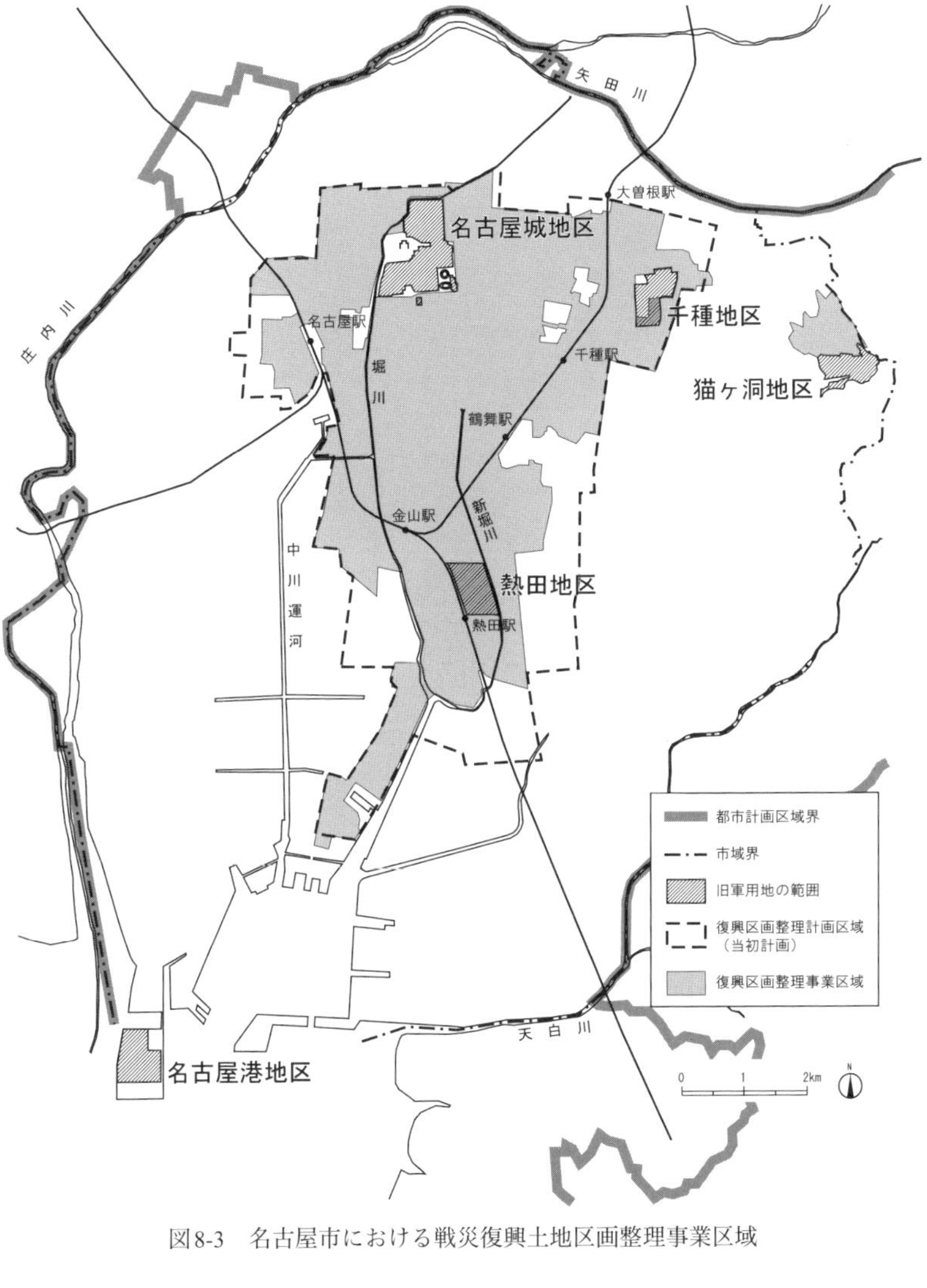

図8-3　名古屋市における戦災復興土地区画整理事業区域

(3) 特別都市計画による地域指定と旧軍用地

一九五一年に戦前の用途地域の全面見直しが行なわれ、名古屋特別都市計画として新たな地域指定が行なわれた（図8―4参照）。既に公園あるいは墓苑として計画決定されていた名古屋城地区、千種地区、猫ヶ洞地区には、住居地域が指定された。これに対し、復興土地区画整理事業が施行されることになっていた熱田地区、埋立地である名古屋港地区には、工業地域が指定された。

尚、一九四三年に計画決定された戦前の地域指定においては、名古屋城地区、猫ヶ洞地区は住居地域、千種地区、熱田地区は工業地域となっており、一九五一年の地域指定で変更されたのは千種地区だけであった。名古屋港地区の場合、戦前は地域指定の対象とされておらず、新たな地域指定であった。

以上、名古屋市内の主な旧軍用地五箇所について見れば、戦災復興計画あるいはそれに続く特別都市計画において、名古屋城地区、千種地区、猫ヶ洞地区は、大規模な公園あるいは墓苑として位置づけられ、公園緑地系統に組み込まれることとなり、熱田地区、名古屋港地区は、大規模な工業用地として位置づけられ、経済発展の礎となることが期待された。即ち、同じ旧軍用地であっても、住宅地化が進んでいた市域北部では、市民の余暇空間として、戦災復興院の例示（旧演習場や旧練兵場を都市計画緑地に決定）以上にオープンスペースに充て、名古屋港と運河により水運の期待できる市域南部では、産業用地として活用するというように、周辺との関係を考慮した上で、旧軍用地には明確な役割が与えられていたと言える。

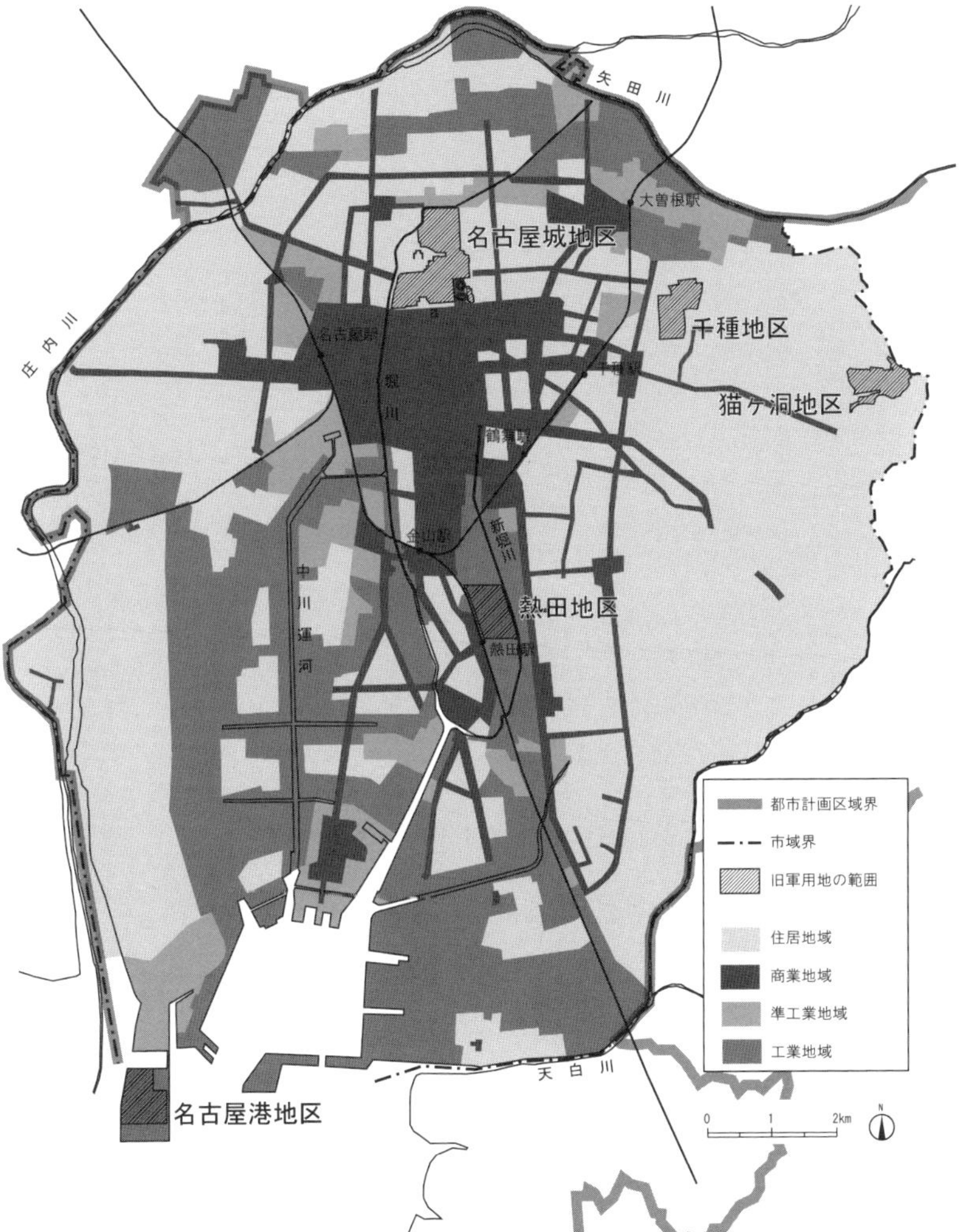

図8-4　名古屋特別都市計画における地域指定（1951年）

第二節　旧軍用地転用による都市構造再編とその評価

第一項　都市構造再編への直接的影響

前節でみたように、名古屋市の主な旧軍用地五箇所は、それぞれ戦災復興計画によって位置づけられていたが、実際にどのように転用されていったのか、そのプロセスを紐解きながら、転用結果が直接的に都市構造の再編にどういった影響を与えたのかを明らかにしたい。

(1) 都心オープンスペースと官庁街の形成（名古屋城地区）

終戦直後、第3師団司令部や歩兵第6連隊の跡地に対して、金城女子専門学校、椙山女子専門学校から利用希望が出されていた。[8] しかし、前節でみたように一九四七年に名古屋城地区のほぼ全域が名城公園（約一三〇ヘクタール）として計画決定された。戦災復興院の通牒に従えば、北練兵場や東練兵場といった建物の少ない旧軍用地だけが公園区域となってもよいものだが、官衙や兵営、病院までも公園区域に含めたことに、平時では既成市街地内で新たに設けることが困難なオープンスペースを積極的に確保しようとした市当局の意図が読み取れる。また、一九二六年の最初の都市計画決定の際に、城址一帯を名城公園とすることが都市計画愛知地方委員会に付議されたものの、軍用地であるために保留削除されたという経緯もあった。[9] そして、公園にできなかった城址を一九三九年に風致地区に指定していた市当局に

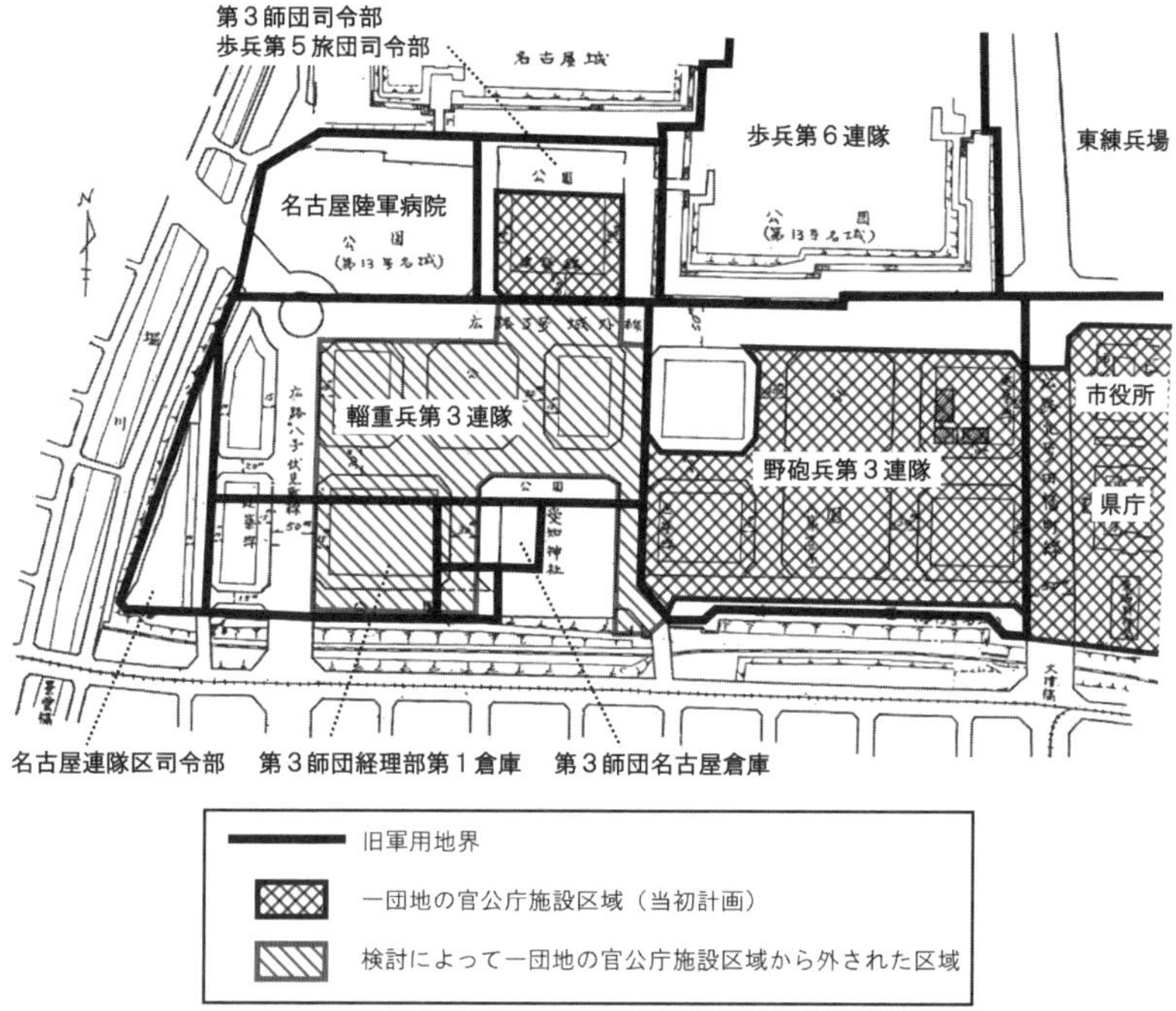

図8-5　公館地区計画と「一団地の官公庁施設」の計画区域

［資料］名古屋市建設局計画課編『名古屋市都市計画概要（昭和30年）』（p.76、名古屋市、1955年）を下図に使用。

とって、戦災復興計画における名城公園の計画決定は宿願と言えるものであった。さらに実際には、名古屋市の都市構造を考える上で城郭部は非常に重要な要であるという認識のもと、本章第一節でも指摘したように、都市計画行政としてとりあえず押さえておくという留保地的発想もあった。

やがて城郭部を全域公園化するという大胆な計画は、縮小を余儀なくされる。第3師団司令部、輜重兵第3連隊、野砲兵第3連隊の跡地など、三の丸の一帯の利用方法について、一九五一年に人事院名古屋地方事務所の建設要望が出されたことを契機として、東海財務局、愛知県、名古屋市の三者で官公庁地区構想の検討が始められたのである。(10) 一九五三年には、ブロック割が決定され、三の丸の一帯は公園区域から削除されて都市計画街路の追加が行われた。そし

図8-6　ほぼ完成なった名古屋城地区の官庁街（1968年）

［資料］久住典夫監修『目で見る名古屋の100年（下巻）』（p.42、郷土出版社、1999年）

て、第3師団司令部及び野砲兵第3連隊の跡地（但し、当時、聖霊学園の校地のあった街区を除く）に、愛知県庁、名古屋市役所のある街区を加えた約二〇ヘクタールが、一九五九年に一団地の官公庁施設として計画決定された（図8－5参照）。米軍の将校用住宅地（キャッスルハイツ）として利用されていた輜重兵第3連隊の跡地は、検討によって一団地の官公庁施設の区域から外されはしたが、一九五八年の接収解除を受け、官庁街として整備が進められた。こうして、三の丸一帯の旧軍用地に全国有数の規模の官庁街が出現した（図8－6参照）。

官庁街の建設にあたっては、戦前から風致地区の区域であること、計画決定した公園区域から削除した上での官庁街計画であることから、郭内処理委員会（東海財務局、中部地方建設局、愛知県、名古屋市）において申し合わせ事項を定め、美観風致に配慮した公園的雰囲気をもつ官庁街の形成が目指された。[11]尚、図8－5の下図が掲載されている『名古屋市都市計画概要（昭和三〇年）』には、次のように記されており、美観的にも優れた理想的なシビックセンターを建設すべく、公館地区計画を作成し、接収地の解除を駐留軍に働きかけながら、一部では先行的に事業を進めていったことが分かる。

市、県庁舎前一帯の地域、即ち現在駐留軍の使用地となっている土地についてその将来の利用計画として、既設の県、市庁舎、その他の公館とともに公館地区として計画を促進し将来理想的なシビックセンターにせんとするものである。

既に斯る構想の下に此の地域を都市計画第一三号名城公園から削除し、三〇米巾員の都市計画街路で区切り、一部のブロック及び周囲を公園に残して緑化をはかり、其の他のブロックに防火地域を指定し建築物については耐火構造三階建以上とし建築線を一五米以上後退させ、美観的にも優れた地区として名城公園とともに都市美の源泉ともなさんとするものである。なほ一部駐留軍使用解除地、即ち市役所前ブロックについては公共建築物の計画的な建設に着手されているが、なほその他の区域についても早期解除方申請中である。

一方、終戦直後から応急簡易住宅用地となっていた北練兵場跡地の東側は、公務員宿舎や市営住宅として、継続的に利用されることとなった。また、東練兵場には戦時中から名古屋陸軍病院東練兵場分院が置かれており、戦後もしばらくは国立名古屋病院分院として利用され、一九五五年に新病棟が完成すると東練兵場跡地の分院が本院となって継続利用されることとなった[12]。こういった状況の中で、北練兵場跡地の東側と東練兵場跡地は、一九五〇年に公園区域から削除された。

また、一九五〇年に公園事業が決定されながら、事業が遅れていた北練兵場跡地の西側の一角には、一九六四年に名城下水処理施設が計画決定されたため、その部分が公園区域から削除されて公園区域は益々縮小していくこととなった。しかし、下水処理施設の整備にあたって、公園としての機能を損なわないようにする一つの試みがなされた。既に作成されていた名城公園の設計において、下水処理施設の計画された区域にテニスコートを設けることとなっていたことに鑑み、全国初の試みとして、下水処理施設上部にテニスコートが整備されたのである（図8－7参照）。

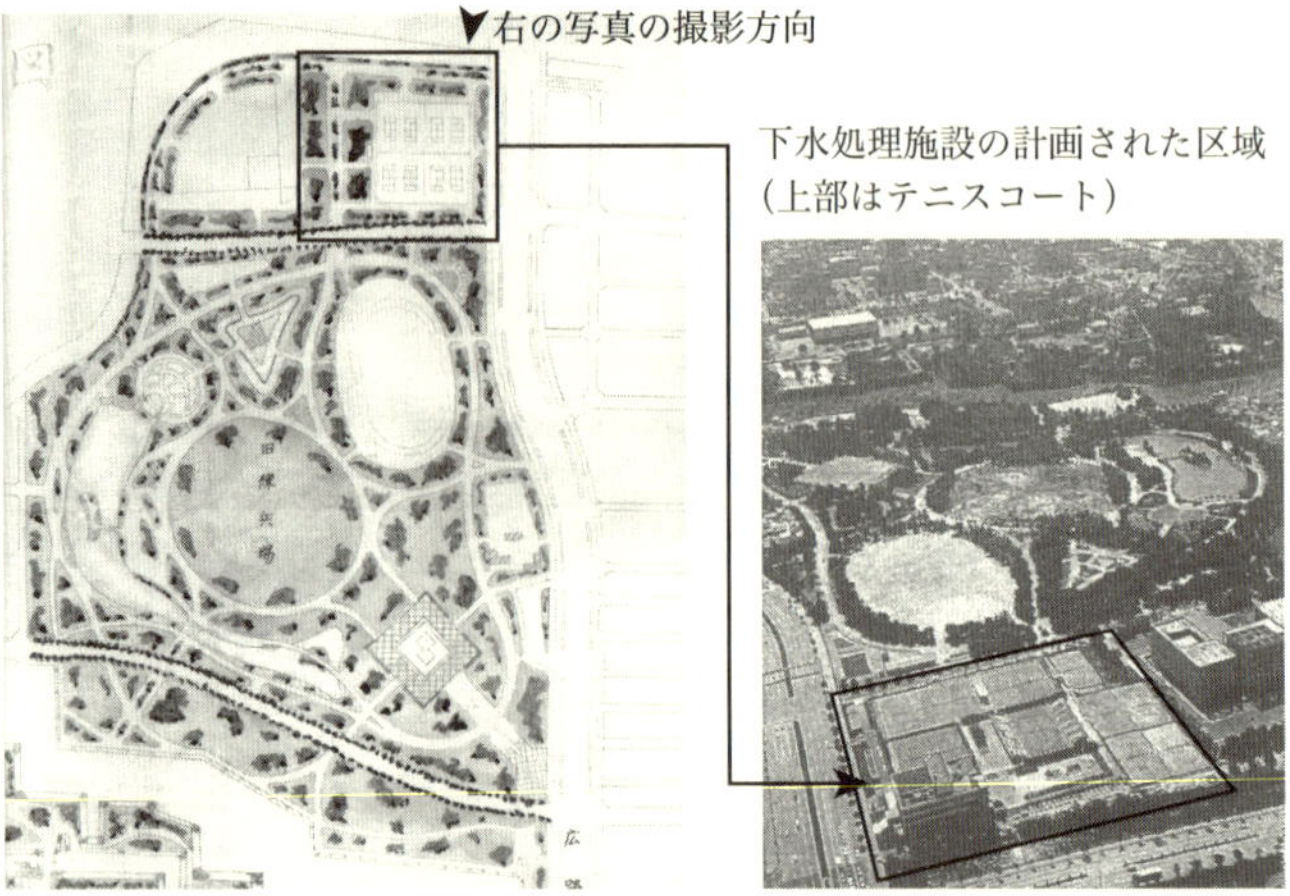

図8-7　名城公園計画図（北練兵場跡地の部分）と名城下水処理場

［資料］左：「附図第十一号　名城公園計画図」『名古屋都市計画公園変更並びに追加について（1958年1月14日）』（愛知県公文書館蔵）
右：名古屋市下水道局編『名古屋市下水道事業史』（p.363、名古屋市下水道局、1991年）

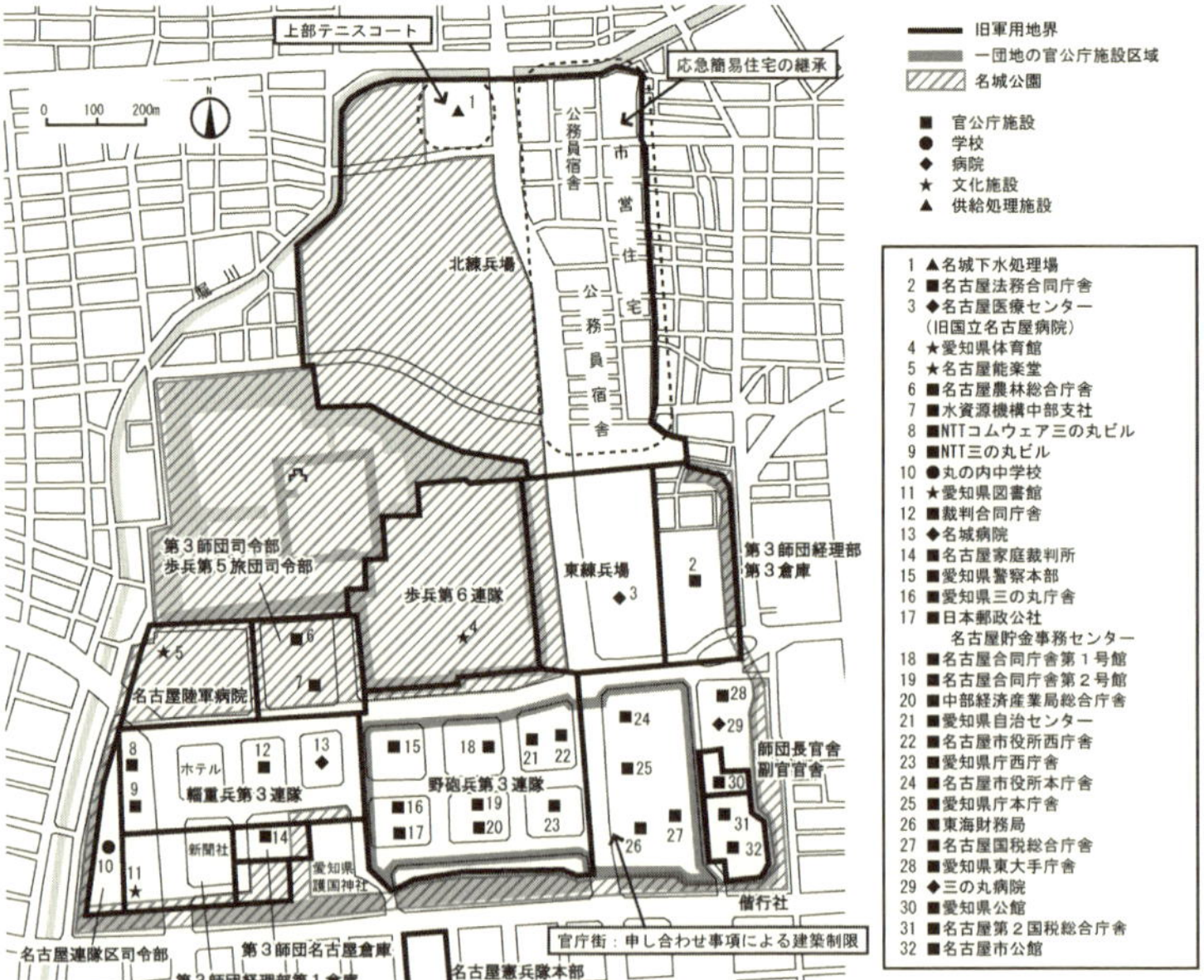

図8-8　名古屋城地区（2005年頃）

［資料］『ゼンリン住宅地図　名古屋市北区』『ゼンリン住宅地図　名古屋市中区』（ゼンリン、2005年）を元に筆者作成。

こうして名古屋城地区は、都心の大規模オープンスペースとしての名城公園（約八二ヘクタール）、中部のシビックセンターとしての官庁街が同居する名古屋の核となった（図8－8参照）。そして、当初の公園計画を大幅に縮小させていく中で、出来る限り公園的雰囲気や公園としての機能を残すために、官庁街における建築に関する申し合わせ事項や下水処理施設上部へのテニスコート設置といった工夫が施された。こういった都市計画的配慮があったため、緑豊かなオアシスの中に官庁街があるような、他都市に類を見ない都心が出現したのである。

⑵ 文教・住宅市街地の形成（千種地区）

名古屋造兵廠千種製造所跡地には、終戦直後に具体的な転換計画があった[13]。しかし、戦災復興計画においては、千種地区全域が千種公園（約四〇ヘクタール）として計画決定された。千種地区の周辺は土地区画整理事業によって既に住宅市街地化しており、市北東部の基幹的な大規模公園として計画されたのであった（図8－2参照）。尚、賠償指定工場となったため、名古屋造兵廠千種製造所跡地の活用は暫くできなかった。

一方、名古屋兵器補給廠跡地には、第六章第一節でみたように、旧軍建物を校舎に転用するという国の方針に従い、一九四六年に愛知県立工業専門学校（現名古屋工業大学）、一九四七年に名古屋女子商業学校（現名古屋経済大学市邨高校）が移転してきた[14]。両校とも罹災し、代替校舎として残存倉庫に目を付けたのであった。当初、こうした利用は一時的なはずであったが、新たな移転用地確保が困難なことから、利用継続を認めざるを得なくなっていった。

加えて、一九四九年に制定された国家公務員宿舎法を受けての公務員宿舎建設や、周辺の市街化に伴う病院や学校の

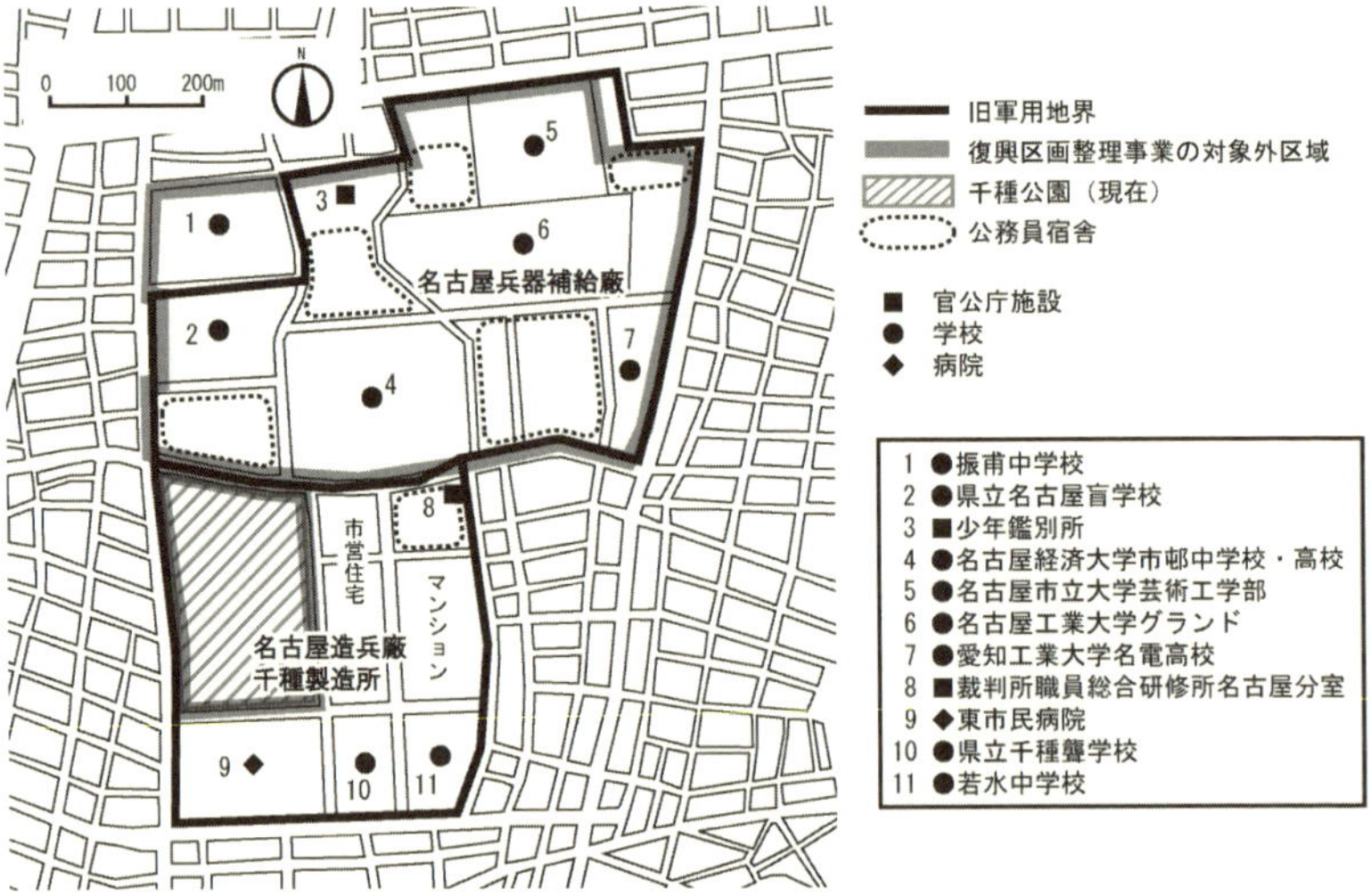

図8-9　千種地区（2005年頃）

［資料］『ゼンリン住宅地図　名古屋市千種区』（ゼンリン、2005年）を元に作成。

需要増加に対応する必要が生じ、千種公園は一九五四年に五・八ヘクタールにまで縮小され、公園から削除された区域は、上記の用途に転用されていった。しかし、名古屋城地区の官庁街のように計画的な転用がなされたわけではなく、施設配置の調整が十分になされないまま、各都市施設の整備主体である国、県、市によって部分的な転用が個別になされたため、様々な都市施設がばらばらに立地した。そのため、例えば公務員宿舎は、千種地区のあちらこちらに散在する結果となった。

また、当初は全域が公園区域であったために、復興土地区画整理事業の施行区域とならず、公園区域削除後も名古屋造兵廠千種製造所跡地（但し、千種公園は除く）だけが復興土地区画整理事業区域（千種第一工区）となり、既に名古屋工業大学や市邨学園などの学校に利用されていた区域の多かった名古屋兵器補給廠跡地は、復興土地区画整理事業区域から除外されたままであった。そのため、名古屋兵器補給廠跡地には、軍事施設時代の構内道路や水路をそのまま利用したと思われる道路も見られ、結果的に不整形な街区となっている部分もある。

千種地区は、中・高・大・盲・聾学校といった様々な学校や、公務員宿舎、市営住宅が集積し、千種公園、東市民病院を擁する文教・住宅市街地となった（図8－9参照）。しかし、それは計画的な転用によるものとは言い難い。それでも周辺の街区と比べれば分かるように、比較的ゆとりのある文教・住宅市街地が形成されたのは、一部を除き、殆どが国、県、市といった公的機関や、民間であっても学校法人による利用であり、敷地の細分化や効率至上の土地利用を免れたためであろう。

(3) 内陸工業地域の形成（熱田地区）

名古屋造兵廠熱田製造所及び高蔵製造所の跡地である熱田地区は、賠償指定の解除後に、復興土地区画整理事業が施行され、工場・倉庫用地として民間事業者へ払下げられた。熱田地区は、名古屋造兵廠の跡地である点、市街地縁辺部に立地しており終戦時には市街地に取り込まれていた点、敷地規模が五〇ヘクタール前後であった点、罹災したものの焼け残った建物も存在していた点、具体的な転換計画[15]が作られていた点、戦前に工業地域に指定されていた点など、千種地区とよく似た条件を備えていたが、前節でみたように戦災復興計画での位置づけは全く異なった。

熱田地区が、千種地区のように公園として計画決定されることなく、工業地域に指定されて復興土地区画整理事業が施行されることになった要因として、周辺の状況からみて新たな大規模公園が必要でなかった点、工業用地に適する計画条件が備わっていた点が指摘できる。

熱田地区の西方には熱田神宮の森があり、さらにその周辺には、戦前から整備されていた白鳥公園（約一九ヘクタール）、熱田公園（約五ヘクタール）が存在していた（図8－2参照）。即ち、熱田地区の周辺には、既に比較的まとまったオープ

図8-10　大同製鋼高蔵製作所

［資料］大同製鋼『大同製鋼50年史』（口絵、大同製鋼、1967年）

図8-11　日本碍子熱田工場（1958年頃）

［資料］日本経営史研究所『日本ガイシ75年史』（p.245、日本ガイシ、1995年）

ンスペースが確保されていたと考えることができる。そのため、公園配置のバランス上、熱田地区周辺においては既存のオープンスペースで十分と考えたのではないだろうか。

　また、工業用地に適する計画条件としては、新堀川運河の存在が大きい。昭和三〇年代まで輸送の中心は水運であった(16)。図8－4で分かるように、熱田地区のある新堀川をはじめ、堀川や中川運河など、戦前より工場用地の創出のために開削された運河沿いには、一九五一年の特別都市計画において工業地域が指定された。特に貨物駅でもある熱田駅に隣接する熱田地区は、水陸輸送の結節点ともなる重要な位置にあった。

　賠償指定が解除され、朝鮮戦争による特需を契機に急速に工業生産が復活していった一九五〇年代には、熱田地区の旧軍用地は民間事業者に払下げられて、大同製鋼(17)や日本碍子(18)の大規模工場をはじめ、多くの工場・倉庫が立地して産業

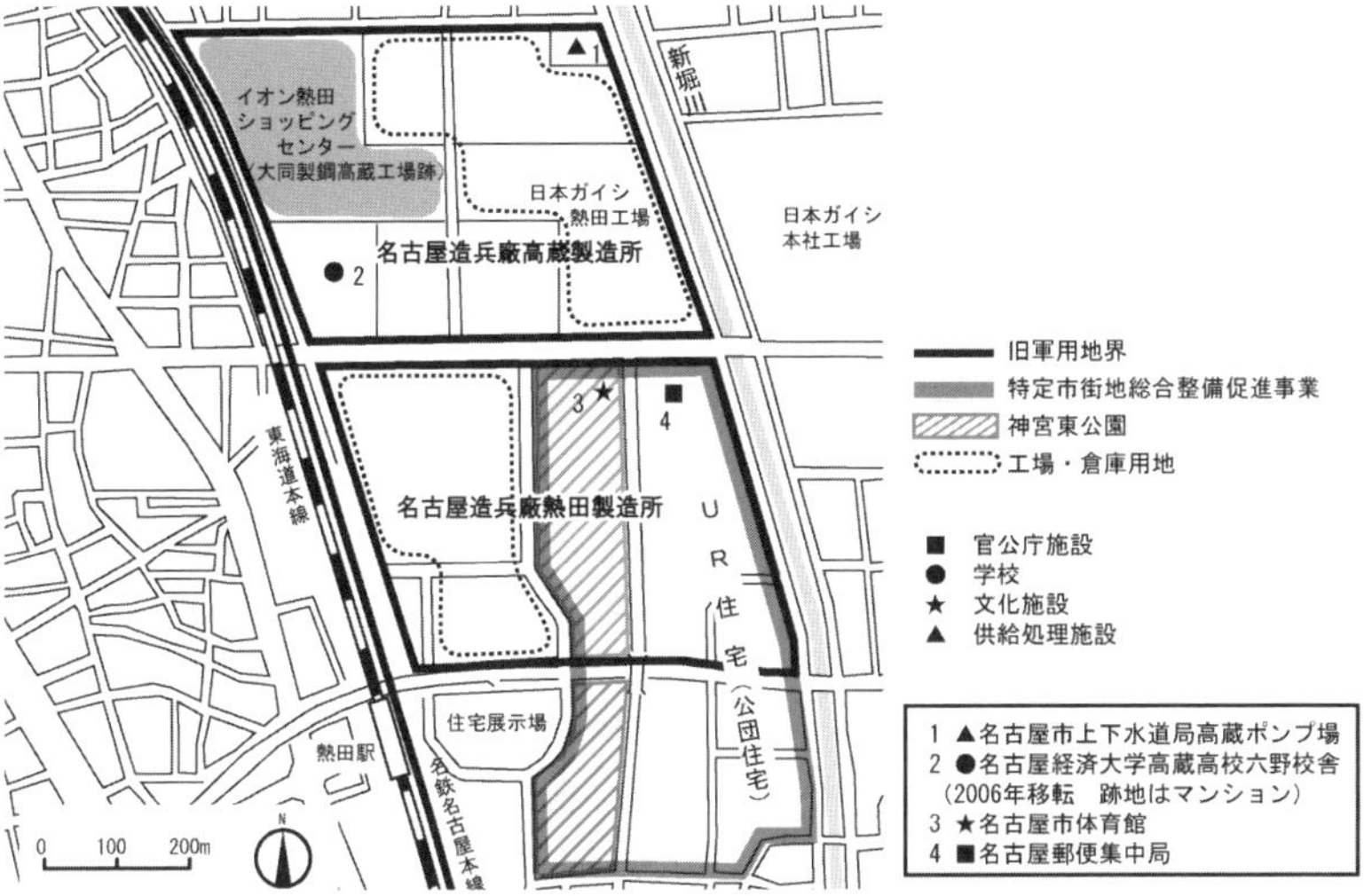

図8-12　熱田地区（2005年頃）

［資料］『ゼンリン住宅地図　名古屋市熱田区』（ゼンリン、2005年）を元に作成。

拠点（内陸工業地域）となった（図8―10及び図8―11参照）。

しかし、早くも一九六八年には名古屋財界有志が設立した熱田神宮外苑土地開発会社によって「熱田神宮外苑開発計画」が作られている。(19)これは公害防止のために工場を移転させ、跡地を明治神宮外苑のような大緑地帯とする計画であった。この構想は事業化されなかったが、名古屋市及び住宅・都市整備公団によって引き継がれ、一部の工場跡地において一九七九年に特定市街地総合整備促進事業として結実する。これにより熱田製造所跡地の東側には、神宮東公園と公団住宅が整備され、計画的な住宅市街地が出現した。

熱田地区は、払下げによって民有地となったため、土地所有者の事情で転用されやすくなっていた。工場跡地における土地利用転換は、特定市街地総合整備促進事業のように計画的に進められることばかりではない。現在でも大規模な工場や倉庫として利用されている区域もある中で、新たに広大な駐車場を有する大規模商業施設、高層マンションなども建設され、土地利用にやや混乱が見られる状況となっている（図8―12参照）。

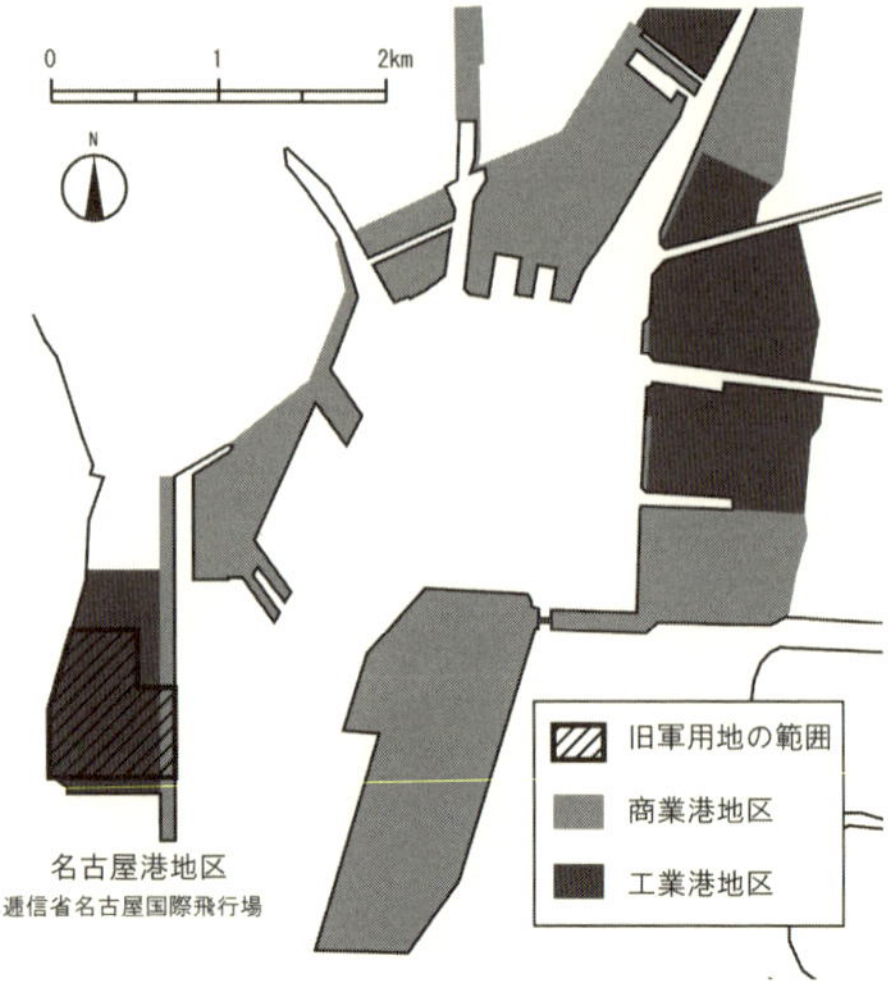

図8-13　名古屋港港湾計画（1961年）

［資料］「名古屋港利用計画平面図」（『港湾審議会第14回計画部会資料8』、名古屋港港湾管理者、1961年）

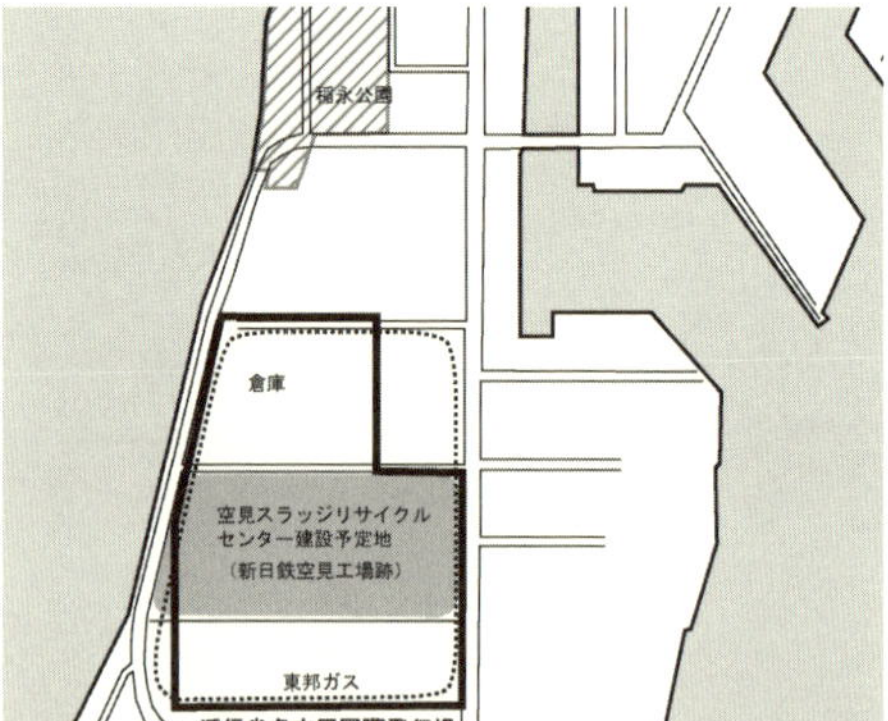

図8-14　名古屋港地区（2005年頃）

［資料］『ゼンリン住宅地図　名古屋市港区』（ゼンリン、2005年）を元に作成。

(4) 臨海工業地域の形成（名古屋港地区）

終戦直後、全国の飛行場の跡地は農耕地や塩田として利用することが検討され[20]、実際に多くが開拓用地となった[21]。しかし、この逓信省名古屋国際飛行場の跡地は、具体的な転用計画もないまま、GHQに接収されて一九五六年まで米軍通信部隊が置かれていた[22]。そういった状況下、図8－4で示したように、一九五一年の特別都市計画において名古屋港地区は工業地域に指定され、この工業地域指定は後の港湾計画においても踏襲された。例えば、図8－13に示したように、名古屋港港湾計画（一九六一年）では、名古屋港地区が工業港地区として指定されている。

そして接収解除後には、自動車工業の盛んな中京工業地帯への進出を画策していた八幡製鉄が圧延工場（八幡製鉄所名

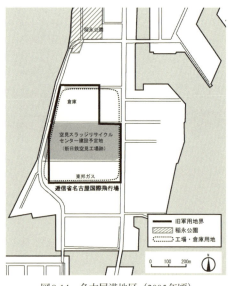

古屋工場）を建設し、臨海工業地域の一角を担った（図8－14参照）。

民間事業者に払下られた名古屋港地区では、他の埋立地と同様に更なる土地利用転換が進められている。例えば、新日鉄空見工場の閉鎖後、約一六ヘクタールの跡地を名古屋市が買い取り、下水終末処理場（空見スラッジリサイクルセンター）として利用されている。

⑸ 公園墓地による公園緑地系統の構築（猫ヶ洞地区）

名古屋市の戦災復興計画において、幅員一〇〇メートルの二本の道路と並ぶ目玉事業である墓地移転の計画地となったのが、猫ヶ洞地区である。墓地移転計画とは、既成市街地内に散在する墓地を郊外の一箇所に集約するという計画で、

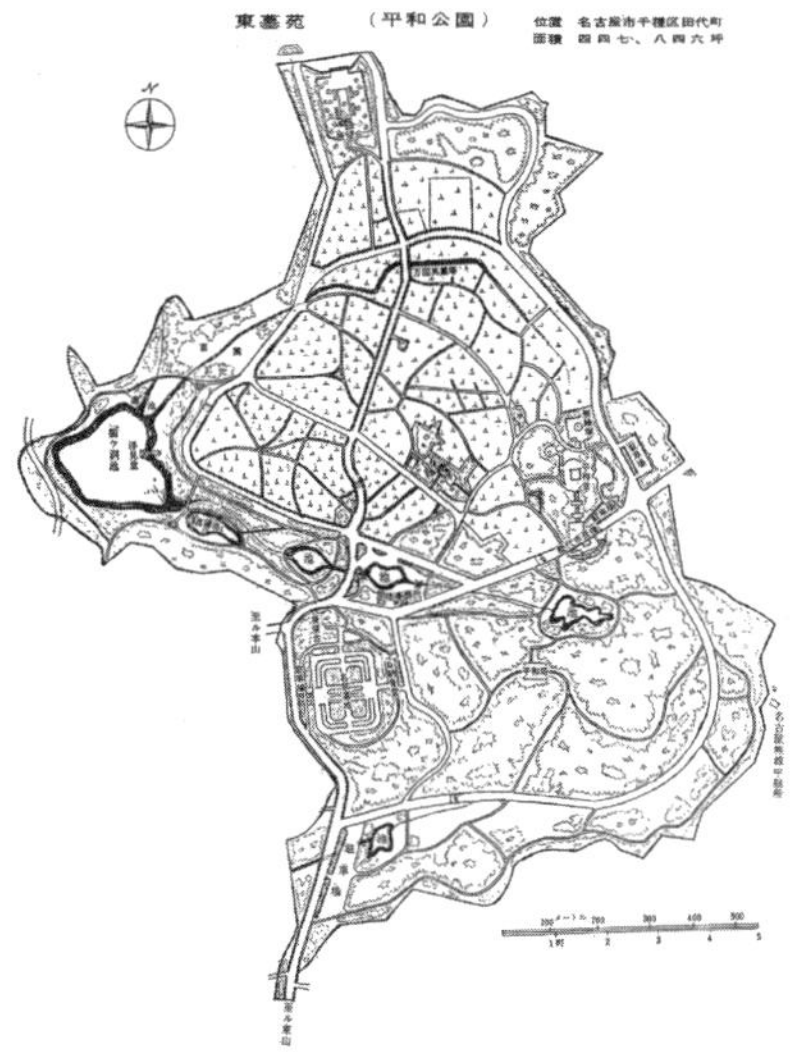

図8-15　東墓苑計画図

［資料］名古屋市計画局整地部補償第一課編『墓地移転』（p.9、名古屋市計画局総務課・名古屋市東山総合公園事務所、1961年）

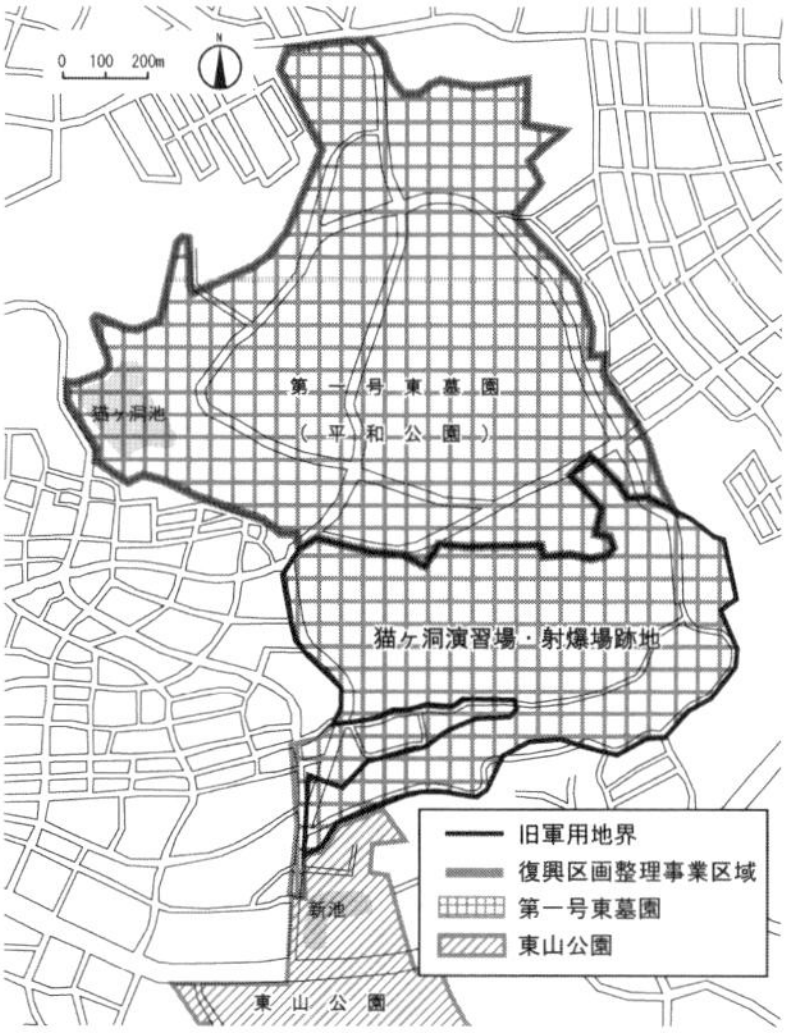

図8-16　猫ヶ洞地区（2005年頃）

［資料］『ゼンリン住宅地図　名古屋市千種区』（ゼンリン、2005年）を元に作成。

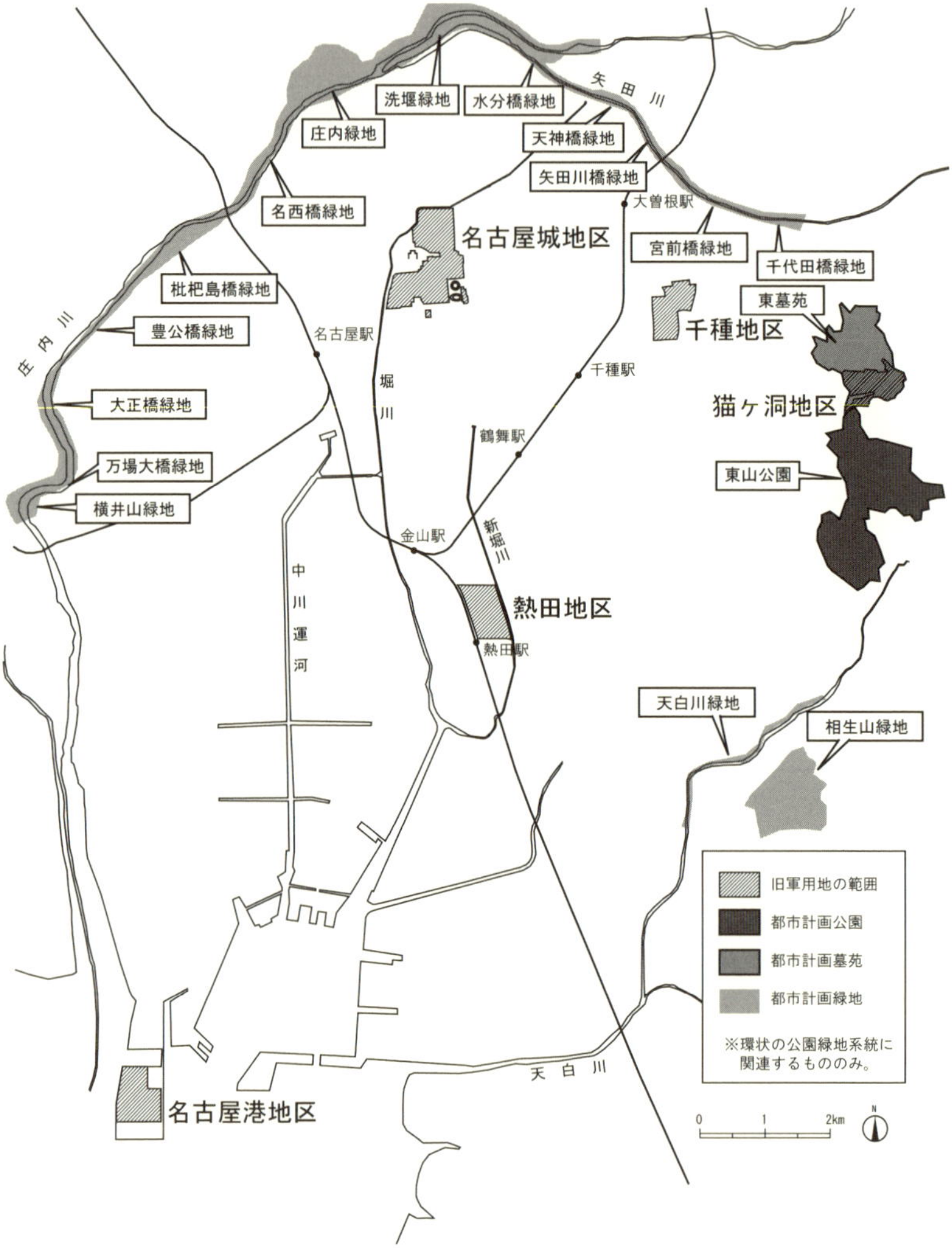

図8-17　東墓苑・東山公園を含む環状の緑の帯

［注］1969年発行の『名古屋都市計画図（施設計画）』から該当する緑地を抜き出して作図した。

一九四七年に猫ヶ洞演習場・射爆場跡地とその北側に隣接する民有地などの一帯が、東墓苑（約一一四ヘクタール）として決定された（図8―2参照）。この墓苑の通称は「平和公園」とされ、「公園」という言葉の通り、従来の暗いジメジメした墓地のイメージを一掃し、美観風致に配慮した明るいイメージの墓地公園として計画された（図8―15参照）。この発想は、戦前からの風致地区指定や、演習場を都市計画緑地として決定するという戦災復興院の通牒に沿ったものであった。

また、この東墓苑（平和公園）が、公園緑地系統の一部として計画された点にも注目すべきである。猫ヶ洞地区の南側隣接地には、名古屋市最大の公園である東山公園が、戦前から計画、事業化されていた。この東山公園に連続するように、猫ヶ洞地区を墓地公園として整備することで、東山の丘陵地に南北四㎞にも及ぶ帯状の大規模なオープンスペース創出を狙ったのであった（図8―2及び図8―16参照）。これが一つの布石となり、後年、西を庄内川沿いの緑地、北を矢田川沿いの緑地、東を東墓苑（平和公園）と東山公園、南を天白川緑地や相生山緑地によって取り囲む環状の公園緑地系統が実現した（図8―17参照）。

第二項　都市構造再編への間接的影響

名古屋市内五地区の旧軍用地は、公園あるいは墓苑、官庁街、文教・住宅地市街地、産業拠点として、都市施設整備の受け皿となって都市構造再編に直接的な影響を与えただけではなかった。これから挙げるのは、旧軍用地の転用が他の都市計画事業を促進させた例であり、都市構造再編に対して間接的な影響を与えたと例と言える。

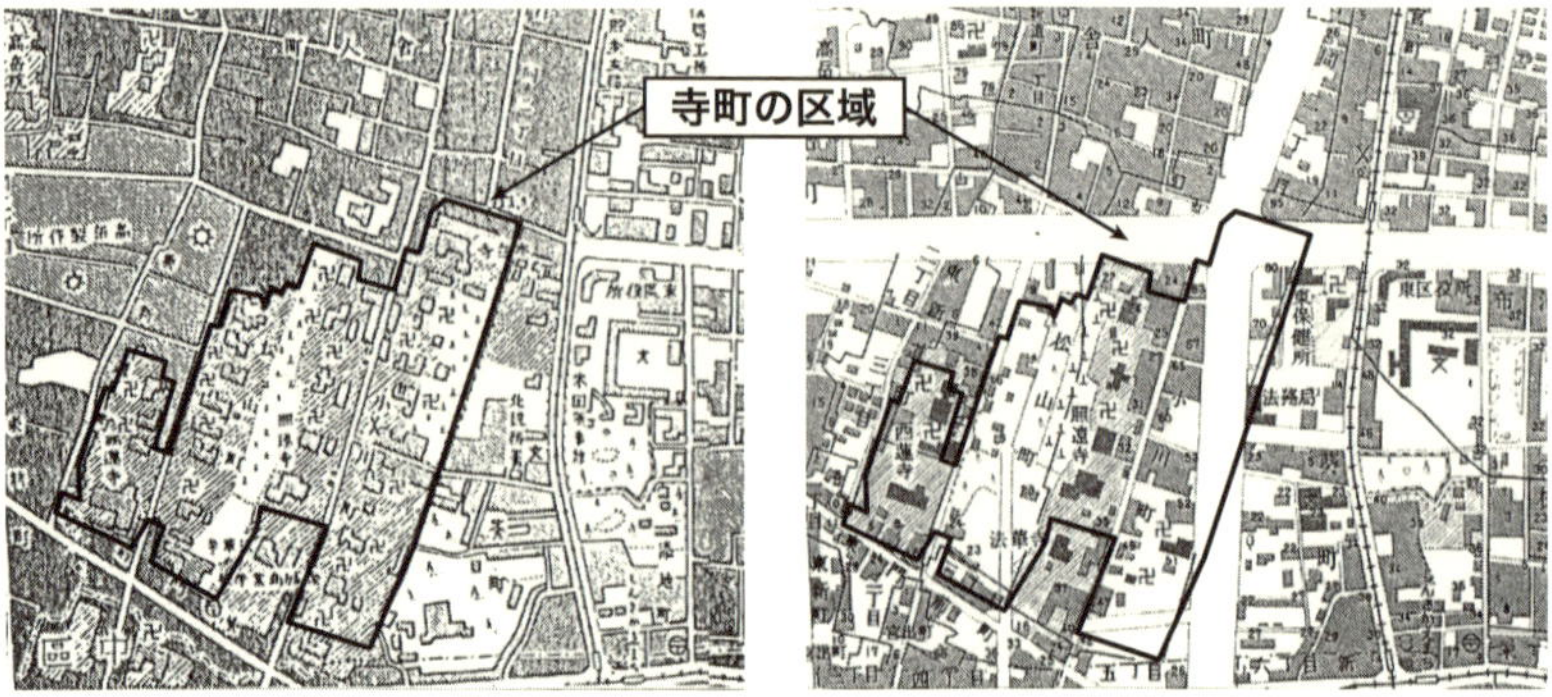

【1937年】　【1953年】

図8-18　復興土地区画整理事業区域内における寺町の変化（東第二工区）

［資料］1万分の1地形図（名古屋東北部）

(1) 復興土地区画整理事業の促進（猫ヶ洞地区）

前述した墓地移転は、そもそも復興土地区画整理事業の実現のために計画されたものであった。[23] 復興土地区画整理事業区域内には、約三〇〇の寺院があり、換地設計の際に墓地の存在が障害になるとともに、市街地内に墓地が残るのは美観の点からも好ましくないと考えられていた。また、将来の自動車交通に対応した街路計画とするためには、減歩率が極めて高率となることが予想された。そこで、これらの課題を一挙に解決するために、復興土地区画整理事業区域内の墓地を一箇所に移転しようという構想が打ち出されたのであった。[24]

禿山となっていた猫ヶ洞演習場・射爆場跡地とその周辺が、墓地移転の計画地として決定されると、東墓苑の北側の約九二ヘクタールは一九四七年に千種第四工区として復興土地区画整理事業に追加され、施行された。尚、南側の旧軍用地は、国からの無償貸付を受けることとなった。そして、東墓苑への墓地移転は、一九七九年度までに二七八寺院、一八万七四〇五基が完了した。これにより生まれた復興土地区画整理事業区域内の墓地跡地は、道路などの公共用地分として活用されていった。例えば、図8－18に示した東第二工区では、寺町の墓地が一掃されて幅員五〇メートルの幹線道路（復興都市計画街路　広路一一号葵町線）が南北方向に通されている。この東第二工区では、寺町の墓地移転によって多くの公共用地を生み出すことができたため、名古屋市における復興土地区画整理事業の全工区の平均公共減歩率が二〇・二％であった中で、三〇・七％という高い公共減歩率を実現した。[25]

名古屋都心の街路網が整然とし、大都市でありながら比較的円滑な自動車交通が実現できているのは、碁盤目状の城下町基盤が継承された点や、建物疎開による空地が戦後の幹線道路整備に活かされた点[26]も指摘されるが、猫ヶ洞地区の旧軍用地を活用した墓地移転によって、復興土地区画整理事業や広幅員道路の整備が促進されたという面も大きいと言える。

⑵ 名古屋大学の集約移転（名古屋城地区・熱田地区）

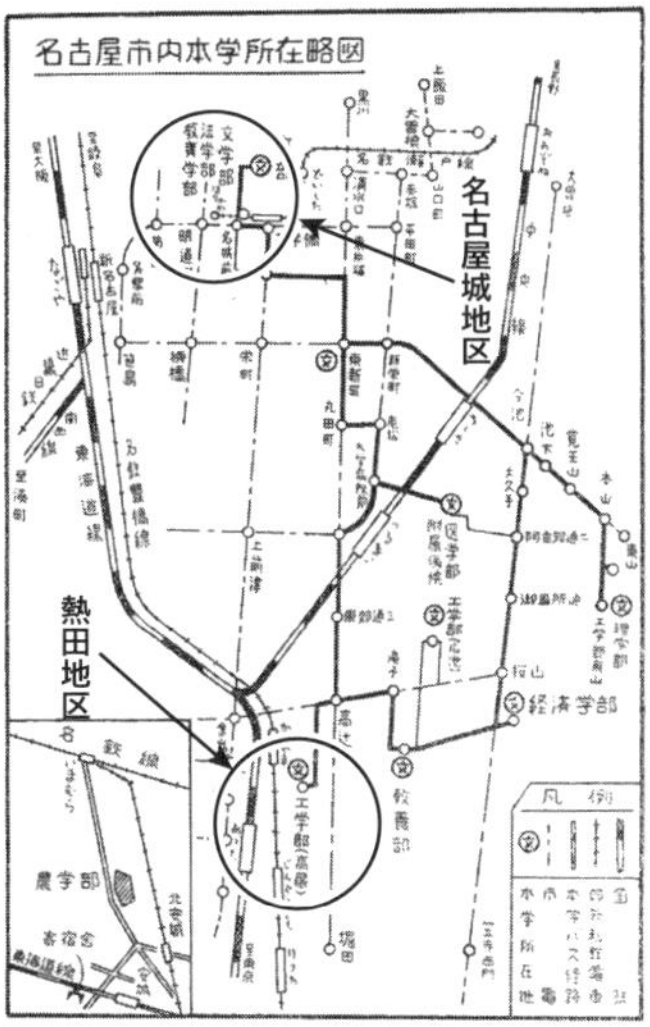

図8-19　集約移転前に分散していた名古屋大学キャンパス

［資料］神谷智『名大史ブックレット2　名古屋大学　キャンパスの歴史1(学部編)』(p.64、名古屋大学大学史資料室、2001年)

名古屋大学では、罹災した本部及び附属図書館と、さらに新制大学発足によって新設された文学部、教育学部、法学部が、名古屋城地区の歩兵第6連隊跡地の兵舎を一九四八～六三年にかけて利用した。[27] また、罹災した工学部は熱田地区の名古屋造兵廠高蔵製造所跡地を一九四九～五五年にかけて利用した。[28] 図8－19からも分かるように、終戦直後からしばらくの間、こういった旧軍用地をはじめ、名古屋市内外の九箇所にキャンパスは分散していたが、これらを一箇所にまとめる集約移転が検討された。そして、一九五四年に現在の東山キャンパスが都市計画学校として計画決定され、校舎整備の進展に合わせて旧軍用地などから順次移転が進められた。

このように名古屋大学は、旧軍用地を一時的な仮キャンパスとして使用することで、罹災や新制大学発足による学部新設に対応しながら、医学部を除く全学部の東山キャンパスへの集約移転を実行した。即ち、名古屋城地区、熱田地区の旧軍用地の一時利用は、教育活動継続のみならず、大学の集約移転を支えた一面があったと言える。

おわりに

名古屋における旧軍用地の扱いは、専ら戦災復興計画において検討され、比較的明解な位置づけが与えられた。具体的には、住宅地化が進んでいた市域北部、即ち、名古屋城地区、千種地区、猫ヶ洞地区は、大規模な公園あるいは墓苑として位置づけられて公園緑地系統に組み込まれることとなり、水運の期待できる市域南部、即ち、熱田地区、名古屋港地区は、大規模な工業用地として位置づけられた。

旧軍用地の転用が、名古屋の都市構造再編にどのような影響を与えたのか、という点については、直接的影響と間接的影響に分けて考察したが、まとめると次のようになろう。

まず、直接的影響であるが、市内五地区の旧軍用地が、公園あるいは墓苑、官庁街、文教・住宅地市街地、産業拠点となった。一言で言えば、不足する都市施設整備の受け皿となったということだが、結果的にこれまでと違う新たな性格の市街地が生まれたという点で、直接的に都市構造を再編したと言えよう。特に、都心及び郊外の大規模オープンスペースとして公園緑地系統の核となったこと、新たな官庁街としてシビックセンターを形成したことは、名古屋全体の都市構造をみたとき、重要な拠点となったという点で影響は大きい。

次に、間接的影響であるが、旧軍用地が墓地移転用地となったために、結果的に復興土地区画整理事業が促進された点や、旧軍用地を大学キャンパスとして一時利用していた間に、新たなキャンパスの整備が進められ、結果的に名古屋大学の集約移転をスムーズにおこなうことができたという点が指摘できる。復興土地区画整理事業も、名古屋大学の東山キャンパス整備も、名古屋の戦後都市計画において大変重要な事業であり、旧軍用地の転用が、これらの事業推進を側面から支えていたと考えると、その果たした役割も大きいと言える。

注

1　名古屋市内には、この五地区以外にも旧軍用地が存在していた。名古屋市内の旧軍用地を網羅的に把握できる史料は確認できていないが、戦争遺跡研究会編『愛知の戦争遺跡ガイド』（あいち平和のための戦争展実行委員会、一九九七年）に掲載されている愛知県内の旧軍用地の一覧が参考になる。

2　猫ヶ洞演習場・射爆場跡地は、終戦前の一九三六年に陸軍省から大蔵省に移管されたとされ、正確な区域は不明である。しかし、松本金吾「戦災復興事業について」『新都市』第5巻第10号（三四〜三八頁、都市計画協会、一九五一年）には、面積が約一八万坪（約五九・四ヘクタール）あったという記述がある。一九五一年より名古屋市へ無償貸付されている国有地約四六ヘクタールと、復興土地区画整理事業千種第四工区の区域の施行前にあった国有地約七ヘクタールと準国有地約三ヘクタールを合算すると約五六ヘクタールとなるので、これらがほぼ猫ヶ洞演習場・射爆場の区域に相当すると推定される。

3　一九四五年一〇月一八日に設置（前身の復興懇談会は一〇月六日開催）。関係官公署、県会、市会、商工経済会、学識経験者

ら三一名により構成され、道路網、高速度鉄道計画、盛り場計画、公園・緑地・墓苑等の配置計画、地域地区などの土地利用計画、土地区画整理事業等について、検討が行なわれた。

4　田淵寿郎『ある土木技師の半自叙伝』（一九一〜一九二頁、中部経済連合会、一九六二年）

5　前掲注4の二二五頁

6　名古屋市総務局企画部企画課「名古屋市将来計画基本要綱」（二八一頁、名古屋市、一九六二年）

7　本章で考察対象とした五地区以外の旧軍用地では、一九五四年に名古屋陸軍墓地の跡地の一部が新出来公園（〇・六ヘクタール）として追加決定された。

8　「陸軍施設使用希望調書（一九四五年一〇月文部省）」『陸軍土地建物施設処分委員会綴』（防衛省防衛研究所図書館蔵）

9　名古屋市計画局・名古屋都市センター『名古屋都市計画史』（二七一頁、名古屋都市センター、一九九九年）

10　前掲注9の四八五〜四八九頁

11　『中部地方建設局営繕事業三十五年史』（一四〜一七頁、営繕協会、一九八六年）によれば、一九五六年に郭内処理委員会（東海財務局、愛知県、名古屋市、中部地方建設局）が設けられ、「当地区は、都市計画公園を縮小変更し、官公庁施設の地区とした経緯を考慮し、建築物の外観、前庭、内庭を整備し、もつて都市の美観、環境の保全を図る」という目的で、壁面線後退による前庭の創出や内庭の緑化、建築物の高さ規制、電線等の地下埋設等が「郭内処理委員会申し合わせ事項」として定められた。

12　国立名古屋病院『国立名古屋病院20年史』（二〜六頁、国立名古屋病院、一九六六年）によれば、罹災を免れた本院と大半を焼失した東練兵場分院（バラック）をもって、国立名古屋病院は発足した。そして厚生省において、一九五二年に老朽化した国立病院の建て替えが全国的に検討される中で、東練兵場跡地に新たな病棟が建設されることとなった。一九五五年に新病棟が完成すると、一九六〇年までに本院からの移転が進められた。

13　「造兵廠施設の平和産業への可及的転換計画（一九四五年九月二九日陸軍兵器行政本部）」『陸軍土地建物施設処分委員会綴』

（防衛省防衛研究所図書館蔵）によれば、千種地区の名古屋造兵廠千種製造所では、ミシン、医療機器の製造が計画されていた。

14 名古屋工業大学八十年史刊行委員会『名古屋工業大学八十年史』（一六二～一六三頁、名古屋工業大学創立八十年記念事業会、一九八七年）

15 市邨学園九十年史編纂委員会『市邨学園九拾年史』（一一〇頁、市邨学園、一九九六年）

16 前掲注13によれば、熱田地区では、鉄道車両新調修理の他、靴・鞄、農業機械器具、家具類の製造（以上、名古屋造兵廠熱田製造所）、家庭用金属製品の製造、造幣局への移管（以上、名古屋造兵廠高蔵製造所）が計画されていた。

17 前掲注9の四一九頁に掲載されている表によると、新堀川における戦後の出入貨物数量は、昭和三〇年代は概ね増加傾向にあり、一九六六年には出荷量約四万八〇〇〇トン、入荷量約五三万トンであった。

18 大同製鋼『大同製鋼50年史』（一九一～一九二・二一五～二一七頁、大同製鋼、一九六七年）によれば、一九四五年一二月にGHQから旧名古屋造兵廠高蔵製造所の建物と機械設備の使用許可を受け、翌年一月から星崎工場高蔵製作所として操業した。その後、一九四八年七月から一九四九年三月までは賠償撤去のために操業を停止し、星崎工場分工場として再操業後、一九五二年一二月に払下を受けて高蔵工場として再出発した。尚、同年三月にGHQは日本の兵器生産を許可しており、高蔵工場では米軍から迫撃砲弾を受注するなど、武器製造も行ったという。

19 本社工場が新堀川を挟んで旧名古屋造兵廠高蔵製造所と隣接していた日本碍子では、名古屋大学工学部が一九五五年まで一時使用していた跡地の払下を受けて一九五七年に熱田工場を完成させている。

20 前掲注9の四七四～四七七頁

防衛省防衛研究所図書館所蔵の『陸軍土地建物施設処分委員会綴（一九四五年九～一〇月）』にある「飛行場農耕化等ニ関スル資料（陸軍航空本部）」では陸軍飛行場及び陸軍が管理していた逓信省航空局の飛行場一一七施設について、「海軍飛行場一覧表」では海軍飛行場一〇七施設について、農耕や製塩への転用が検討されているほか、「不用飛行場ノ塩田化ニ関スル件」

では塩田への転用候補として陸軍飛行場四三施設、海軍飛行場三〇施設がリストアップされている。また、同じく防衛研究所図書館所蔵の『各都道府県原議　元軍用地ニ関スル調査報告書』（農林省開拓局管理課、一九四五年）では、都道府県ごとに開拓用地候補の旧軍用地がリストアップされており、その中に非常に多くの飛行場が含まれている。

21　例えば愛知県では、逓信省名古屋国際飛行場と陸軍豊場飛行場（米軍第五空軍司令部が駐留、接収解除後一九六〇年に名古屋空港として開港）以外の飛行場跡地は全て開拓用地となった。愛知県開拓史研究会編『愛知県開拓史　戦後開拓地区誌編』（愛知県、一九七八年）から、開拓地として利用された飛行場跡地を抽出すると、陸軍本地原飛行場、陸軍清洲飛行場、陸軍大府（上野）飛行場、陸軍老津飛行場、海軍伊保原飛行場、海軍明治飛行場、海軍枡塚飛行場、海軍河和飛行場、海軍大崎飛行場が挙げられる。この中で、海軍大崎飛行場は、逓信省名古屋国際飛行場と同様に埋立地（豊橋沖）に建設された飛行場であったが、終戦後は塩田（日東製塩株式会社が貸付を受けて操業）と開拓地として利用された。

22　新修名古屋市史編集委員会編『新修名古屋市史　第七巻』（四七～四八頁、名古屋市、一九九八年）

23　前掲注９の二九九～三〇二頁

24　戦災復興計画の立案にあたり名古屋市が基本方針として定めた「名古屋市復興計画の基本」（一九四六年）に、「焼け跡の墓地は一定区へ移転整理せんとす」という墓地移転構想に関する記述がある。

25　戦災復興誌編集委員会編『戦災復興誌』（九三頁、名古屋市計画局、一九八四年）に掲載されている復興土地区画整理事業の「減歩率計算表」によれば、全三四工区の中で、千種地区の旧軍用地に隣接し東墓苑の整備用地となった千種第四工区に次いで、東第二工区の公共減歩率が高い。

26　後藤健太郎・佐藤圭二「名古屋市における戦中の防空対策が都市計画に及ぼした影響」（『一九九〇年度第25回日本都市計画学会学術研究論文集』、四七三～四七四頁、一九九〇年）

27　名古屋大学史編集委員会『名古屋大学五十年史通史二』（四三四～四四二頁、名古屋大学、一九九五年）

28　作道好男・作道克彦『大学の歴史　名古屋大学工学部』（二〇三頁、教育文化出版、一九八六年）

第九章　横須賀市における旧軍用地転用計画とその特質

はじめに

軍港であった横須賀市[1]には、終戦時に総計一八六七・九ヘクタールもの旧軍用地が、建物や機械などとともに遊休国有財産として残された[2]。そして、他の軍港と同様に、一九五〇年制定の旧軍港市転換法に基づいて旧軍港市転換計画（横須賀市転換事業計画。以下、「転換計画」）が作成され、旧軍用財産が様々な用途へと転用されたことが既往研究[3]などから分かる。しかし、終戦直後（〜一九四六年）にも、横須賀市と国のそれぞれによって、具体的な旧軍用財産の転用計画が検討されていた。横須賀市が作成・公表した「横須賀市更生対策要項[4]」（以下、「市更生要項」）、この市更生要項を旧軍用財産の転用に主眼を置いて発展させたと思われる「横須賀市更生総合計画説明書[5]」（以下、「市更生計画」）、大蔵省国有財産部が作成した「横須賀市所在旧陸海軍主要施設転用計画案[6]」（以下、「大蔵省計画」）である。

本章ではこれら四つの旧軍用地転用計画を取り上げる。まず第一節では、終戦直後の三つの転用計画の計画内容及び特徴、またそれぞれの計画の関係を明らかにしていきたい。これによって、都市づくりの主体である横須賀市と、旧軍用財産の処分を行う国（大蔵省）という立場の異なる二つの主体が、旧軍用地をどのように捉えていたのか、知ることができるであろう。また第二節では、横須賀市の戦後復興の道筋を決定づけた総合的な都市整備計画としての転換計画に着目し、この転換計画における旧軍用地の位置づけを明らかにする。さらに、実際の転用状況として、旧軍用地転用がほぼ終了したとされる一九七〇年代半ばの主要転用用途について考察していきたい。

第一節　終戦直後の旧軍用財産の転用計画

第一項　横須賀市に残された旧軍用財産

(1) 旧軍用財産の特定方法

横須賀市に残された旧軍用財産は、一九五四年に大蔵省関東財務局横須賀出張所が作成した「旧軍用財産口座別調書」[7]によれば二四四口座[8]にのぼる。また、この調書に添付された「横須賀市所在旧軍用財産位置」図によって、どこにどのような旧軍用財産があったかを知ることができる。図9－1は、この図に示された旧軍用財産のうち、点ではなく面で示されている比較的規模の大きいもの、本章で扱う三つの転用計画のいずれかに転用案が示されているもの、その他主要なもの[9]について、旧軍用財産の元の種類を分類してプロットしたもの[10]であり、主要な旧軍用財産の位置と従前用途が分かる。なお、旧軍用財産の元の種類については、調書に記載されている旧口座名から判断した。

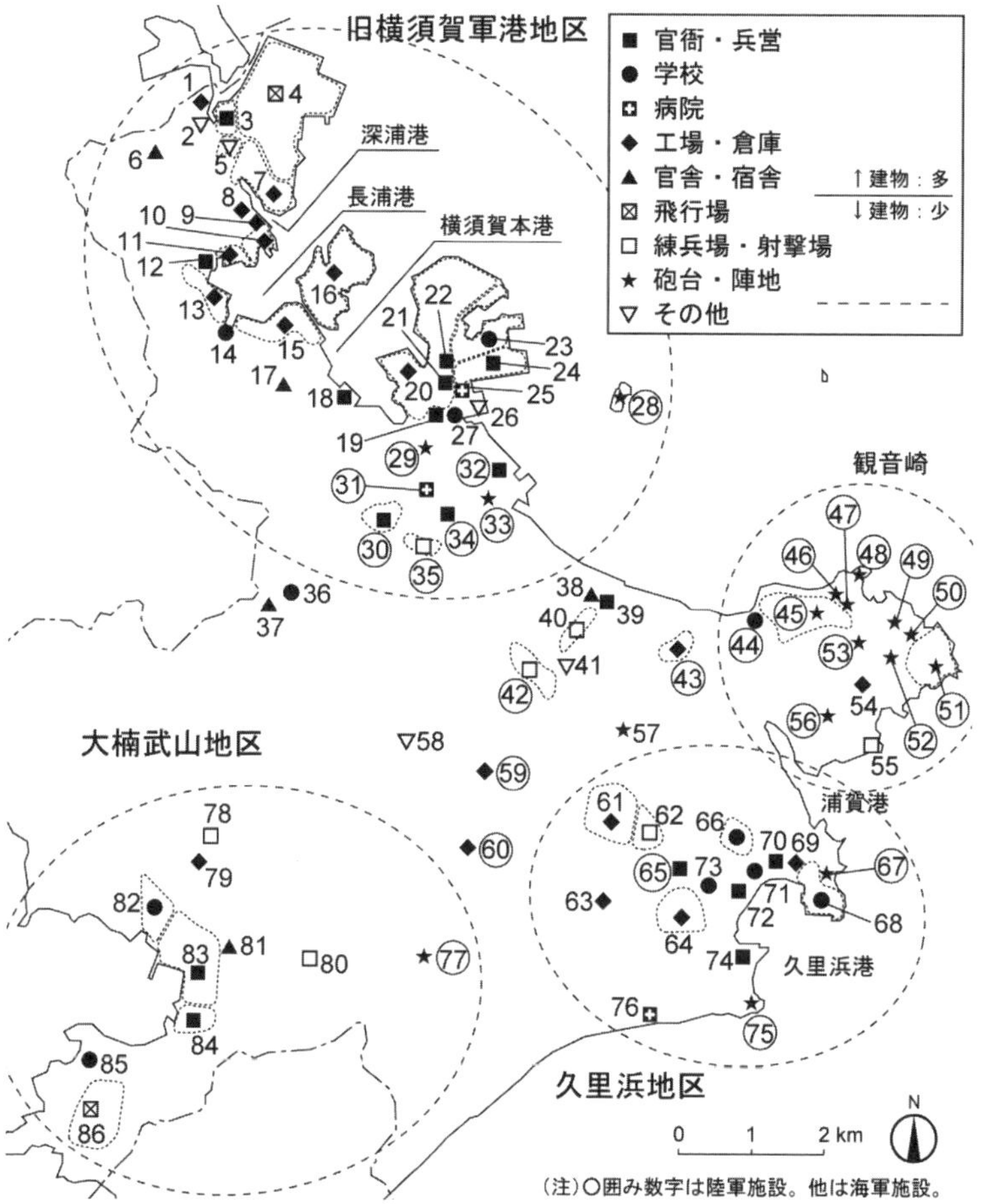

1横須賀第一海軍技術室ノ木工場
2天神海軍用地
3横須賀海軍航空隊
4横須賀海軍航空隊飛行場
5海軍鉈切用地
6追浜高等官宿舎
7横須賀第一海軍技術廠
8海軍運輸部日向地区
9海軍施設部日向作業場
10横須賀海軍々需部貉火薬庫
11横須賀海軍工廠実験部
12横須賀海軍潜水艦基地隊
13横須賀海軍工廠造兵部
14横須賀海軍水雷学校
15横須賀海軍々需部
16横須賀海軍箱崎貯油所
17施設部田浦工員宿舎
18横須賀海軍港務部
19横須賀海軍鎮守府
20横須賀海軍工廠
21横須賀海軍鎮守府文庫
22横須賀海軍軍法会議
23横須賀海軍砲術学校・航海学校
24横須賀海軍海兵団
25横須賀海軍病院
26横須賀海軍三笠保存所
27横須賀海軍工機学校
28横須賀防空砲台
29諏訪山防空砲台
30横須賀重砲兵連隊
31横須賀陸軍病院
32横須賀憲兵隊
33米ヶ浜・田戸・深田演習砲台
34東京湾要塞司令部
35不入斗練兵場
36横廠工員養成所
37横廠池上工員宿舎
38海軍大津官舎
39海軍刑務所
40警備隊大津発射場
41馬門山葬儀場
42大津練兵場
43矢ノ津弾薬本庫
44陸軍重砲兵学校
45小原台演習砲台
46小原高角砲台
47走水第三砲台
48走水第一砲台
49走水第二砲台
50三軒家砲台
51観音崎砲台
52腰越堡塁
53花立砲台
54工廠鴨井倉庫
55工廠鳥ヶ崎大砲発射場
56浄地原砲台
57海軍大津防空砲台
58海軍火葬場 59陸軍倉庫
60陸軍衣笠弾薬庫
61軍需部用地
62横須賀軍港久里浜練兵場
63軍需部第四課地帯
64軍需部第一課地帯
65陸軍憲兵分遣隊
66海軍通信学校
67陸軍千代ヶ崎砲台
68対潜学校
69横廠機雷実験部
70海軍施設部久里浜出張所
71海軍電測学校
72保健班兵舎
73工作学校
74久里浜防備隊
75陸軍千駄ヶ崎砲台
76野比海軍病院
77武山防空砲台
78大楠射撃場
79大楠機関学校倉庫
80武山海兵団射撃場
81施設部工員寄宿舎
82大楠機関学校
83武山海兵団
84武山海兵団長井分団
85砲術学校長井分校
86武山航空隊基地

図9-1　横須賀市に残された主な旧軍用財産

⑵ 旧軍用財産の位置と種類

軍港であった横須賀市には、海軍関係の旧軍用財産が多く残された。さらに、東京湾口という帝都東京の防衛上極めて重要な位置にあり、観音崎の要塞地帯を中心に陸軍が砲台を建設して防衛に当たったこともあり、陸軍関係の旧軍用財産も多い。横須賀市は陸海軍が同居していた軍事都市であり、様々な旧軍用財産が、海岸沿いから内陸部、丘陵地まで、市全域にわたり広範に散在していた（図9－1参照）。

旧軍用財産の種類に着目すると、「学校」「工場・倉庫」「砲台・陣地」が多い。「学校」は、日清戦争前後に横須賀軍港周辺に、海軍水雷術練習所（後の水雷学校、№14）、海軍砲術練習所（後の砲術学校、№23）が開設されたのを皮切りに、特に昭和期の分離・独立によって、多くの海軍諸学校が久里浜地区（№66、71、73）や大楠武山地区（№82、85）に設置された。「工場・倉庫」は、横須賀海軍工廠の関連施設が、横須賀軍港地区に集中して建設されたほか、久里浜港の築港に向けてその後背地に多くの倉庫が建設された。また、陸軍の弾薬庫や倉庫は内陸部に設けられた。「砲台・陣地」は、先述のように観音崎を中心に多く設置された。

⑶ 転用に係る旧軍用財産の特性

横須賀市は非戦災都市であり、無傷で残された多くの旧陸海軍の建物や機械が、利用可能な状況であった。そのため終戦直後の転用計画においては、それら残された建物、機械を最大限活用しようということになる。実際には、機械については賠償指定により、原則として一切の使用が認められなかったが、建物については占領軍の接収解除あるいは使用許可があれば、利用することができた。一般的に、図9－1凡例のうち、「官衙・兵営」から「官舎・宿舎」までは建

表9-1　各転用計画の構成

計画名	横須賀市更生対策要項 （市更生要項）	横須賀市更生総合計画説明書 （市更生計画）	横須賀市所在旧陸海軍主要施設転用計画（大蔵省計画）
作成主体	横須賀市（1945.12）	横須賀市（1946　詳細不明）	大蔵省国有財産部（1946.6）
構　成	前文 主文　一　工業ノ振興 二　商業ノ振興 三　港湾ノ整備 四　観光施設ノ整備拡充 五　学園ノ建設 六　住宅地帯ノ設定 七　交通運輸機関ノ整備拡充 後文	前文 主文　第一　交通運輸機関ノ整備拡充計画 第二　港湾整備ニ依ル工業振興計画 第三　久里浜漁港計画 第四　軍並ビニ軍関係施設ノ転換計画 第五　学園及住宅地帯計画 第六　観光施設ノ整備拡充計画 後文	第一　転用基本方針 第二　転用基本要領 第三　主な具体的転用要領 第四　其の他 第五　具体的転用計画表 甲　旧軍港施設 乙　久里浜地区 丙　大楠武山地区 （甲～丙：（注））

［注］それぞれ、施設名、転用計画、各部の意見、被転用候補者、申請者が記載されている。

物が多く、従前用途を継承すれば、残存する建物や機械を有効かつ容易に活用できると考えられる。また、逆に、「飛行場」から「砲台・陣地」までは、建物が少ないことを活かした転用案が検討されたのではないだろうか。これらの点についての検証は、後述することにしたい。

第二項　各転用計画の構成と内容

表9－1に「市更生要項」「市更生計画」「大蔵省計画」の作成主体や構成などを整理しているので、適宜、参照されたい。

(1) 横須賀市更生対策要項（市更生要項）

一九四五年九月に設置された横須賀市更生対策委員会(11)が作成し、同年一二月に発表したものである。横須賀市を再建するための基本方針を内外に示すものであり、一九五〇年九月の旧軍港市転換事業計画の決定まで、市政の根幹となった。前文、主文、後文によって構成され、前文、後文からは、この要項の実現が旧軍用財産の転用を前提とし、旧軍用財産を所有する国に理解と協力を求めたいという希望が窺える。(12) 主文は政策分野ごとに記述され、七つの項目のうち五つにおいて旧軍用財産の転用に触れられている。この中で、具体的な旧軍用財産名が記されているもの、旧軍用財産の種類から特定できるもの(13)は、「一　工業ノ振興」「四　観光施設ノ整備拡充」「五　学園ノ建設」の三つの項目における計一七件であった。これらを用途で分類し、具体的な記述内容とともに示したものが図9－2である。

まず、「一　工業ノ振興」では、現存施設を有効利用することを前提に、横須賀軍港地区や久里浜地区において、各種工場等への転用を図るとしている。また、「四　観光施設ノ整備拡充」では、三浦半島の国際観光地化という目的のもと、気候風光環境設備等からして理想的として、海軍病院の国際観光ホテルへの転用案が示されている。市民向けには、練兵場等を運動施設へ、さらに要塞地帯として立ち入りが制限されてきた猿島を観興施設へ、という転用案が示されている。「五　学園ノ建設」では、陸海軍の諸学校の活用を前提に、広大な施設を有する場合は大規模な学校・研究所に、他の学校は位置や施設内容を勘案して適当な学校へ転用するとしている。このように、工業振興、観光、学園建設に係る三つの政策に対して具体的な転用案が示されていたが、用途別に集計すれば、「工場・倉庫」七件、「学校」五件、「公園緑地」四件の順に多く、他に「ホテル」一件であった。

(2) 横須賀市更生総合計画説明書（市更生計画）

本書が扱うのは「市更生諸計画書」の一九四六年分綴りに所収されているもので(14)、旧軍用財産の転用に主眼を置いて、市更生要項を発展させたものと思われる。市更生要項と同様に、前文、主文、後文によって構成され、前文、後文には、この計画が旧軍用財産の転用を中心にしていることが明記されている。(15) 主文は政策分野ごと六つの項目に分けられ、項目の並びが違っていたり、項目がまとめられていたりということはあるが、市更生要項に近い構成である。また、「第二

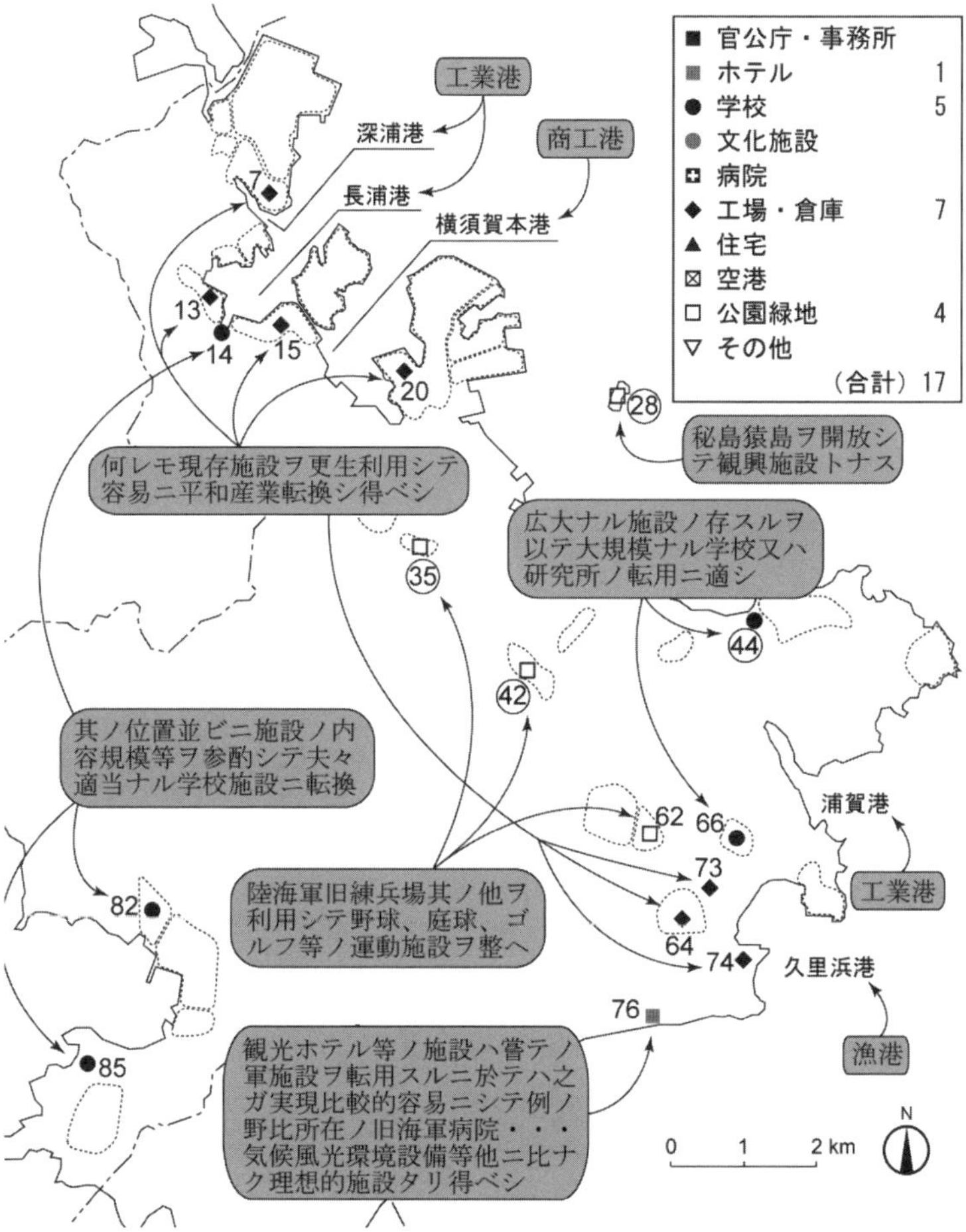

図9-2　市更生要項における旧軍用財産の転用案

［注］凡例の右の数字は、当該用途の転用案の件数。

港湾整備ニ依ル工業振興計画」「第五　学園及住宅地帯計画（但し、学園部分のみ）」「第六　観光施設ノ整備拡充計画」の三つの項目で、旧軍用財産の転用に触れられている点も市更生要項と一致している。なお、個別の旧軍用財産の具体的な転用案は、「第二　港湾整備ニ依ル工業振興計画」中の「旧軍港施設転換計画一覧表」と、港湾整備以外の旧軍施設を対象とした「第四　軍並ビニ軍関係施設ノ転換計画」中の「転換施設一覧表」において、計四三件が示されていた。[16] これらを用途で分類し、具体的な記述内容とともに示したものが図9－3である。

まず、「第二　港湾整備ニ依ル工業振興計画」では、横須賀旧軍港周辺において工場等への転用を図ることが示されている。次に、「第五　学園及住宅地帯計画」では、陸海軍諸学校その他の転用により、南部、西部、東部、中部の四箇所の学園地区を整備することが示されている。「第六　観光施設ノ整備拡充計画」では、要塞地帯であった観音崎や猿島の公園化、練兵場・射撃場を総合運動施設へ転用する案のほか、弾薬庫を公園墓地に転用して、市内に散在する墓地の集約移転を図る案が見られた。さらに海軍病院の国際観光ホテルへの転用案も示されている。なお、用途別に集計すれば、「工場・倉庫」一三件、「学校」一二件、「公園緑地」六件が多く、工業振興、学園建設、観光に係る政策を旧軍用財産の転用によって進めようとしていた意図が窺える。また、これらに加え、「官公庁・事務所」六件、「住宅」四件も比較的多く、他に「文化施設」「病院」「空港」など、様々な用途への転用案が示されている点が特筆される。

(3) 横須賀市所在旧陸海軍主要施設転用計画案（大蔵省計画）

本書で扱うのは、他省庁、県、市に意見照会した結果を踏まえ、大蔵省国有財産部が独自に作成（一九四六年六月二六日付）し、公表しようとしていたものである。[17] また、進駐軍からの返還や転用認可に備え、経済復興や国土計画などの総合的見地から検討したものと考えられる。[18]

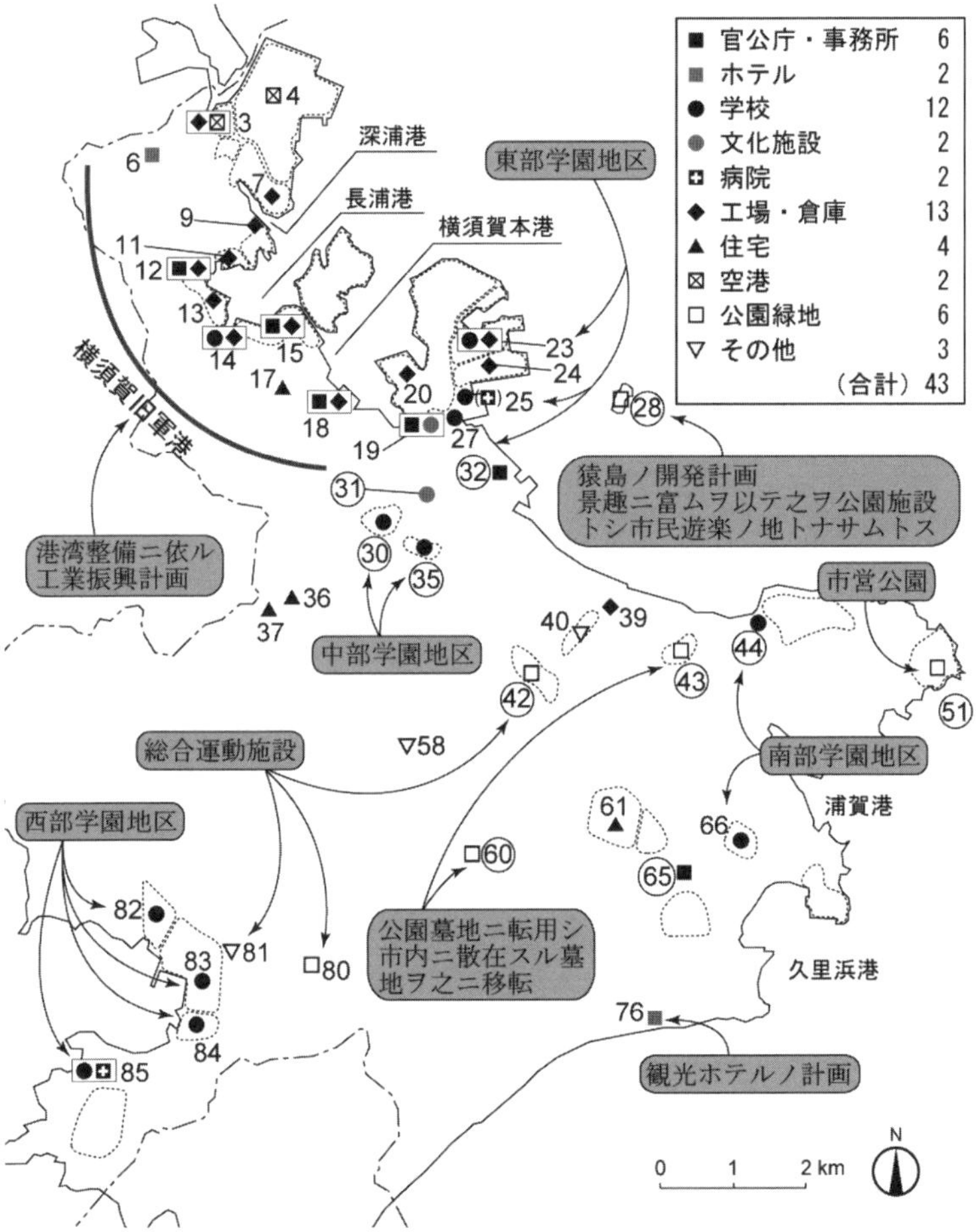

図9-3　市更生計画における旧軍用財産の転用案

［注］凡例の右の数字は、当該用途の転用案の件数。1つの旧軍用財産に対する複数の転用案を重複カウントしているため、合計は一致しない。

市域でも特に旧軍用財産の集積する三地区に限り、地区ごとに「転用基本方針」や「具体的転用計画表」が示されており、横須賀市による二つの計画とまったく構成が異なる。そして、「具体的転用計画表」に示された計三三件について、用途で分類し、各地区の「転用基本方針」とともに示したものが図9－4である。なお、「具体的転用計画表」には、「施設名」「転用計画」「各部の意見」「被転用候補者」「申請者」といった項目が並び、その記載内容をみる限り、個別の旧軍用財産（施設名）に対して、民間を含む多方面から使用希望が出され（申請者）、他省庁、県、市の意見（各部の意見）を踏まえて、具体的な転用案（転用計画）と使用者（被転用候補者）を決定していたことが窺える。なお、当時は特殊物件処理委員会に付議したうえで、一時使用により旧軍用財産の転用が図られることになっていた[19]。

「工業都市兼商港（自由港）学園都市」とされる横須賀軍港地区には、工場や港湾施設への転用(イ)・(ロ)・(ハ)、文化教育施設への転用(ニ)の他、庁舎や兵舎を港湾施設へ転用する案(ホ)が示されていた。一方、久里浜地区では、久里浜港を「漁港兼地方港」とし、後背地の旧軍用財産を水産関係の施設や学校に転用することが考えられていた。また、大楠武山地区では、農業関係の学校や宿舎付きの学校へ、という転用案が示されている。なお、用途別に集計すると、市の二つの転用計画以上に「工場・倉庫」一七件、「学校」一五件が多い一方で、「公園緑地」は一件のみであり、ホテルへの転用案もなかった。即ち、旧軍用財産を工業振興、学園建設に活用しようという姿勢は、大蔵省も市と同じであったが、観光振興に活かすことは考えていなかったと言ってよい。また、転用用途のバリエーションは、市更生計画のように豊富ではなかった。

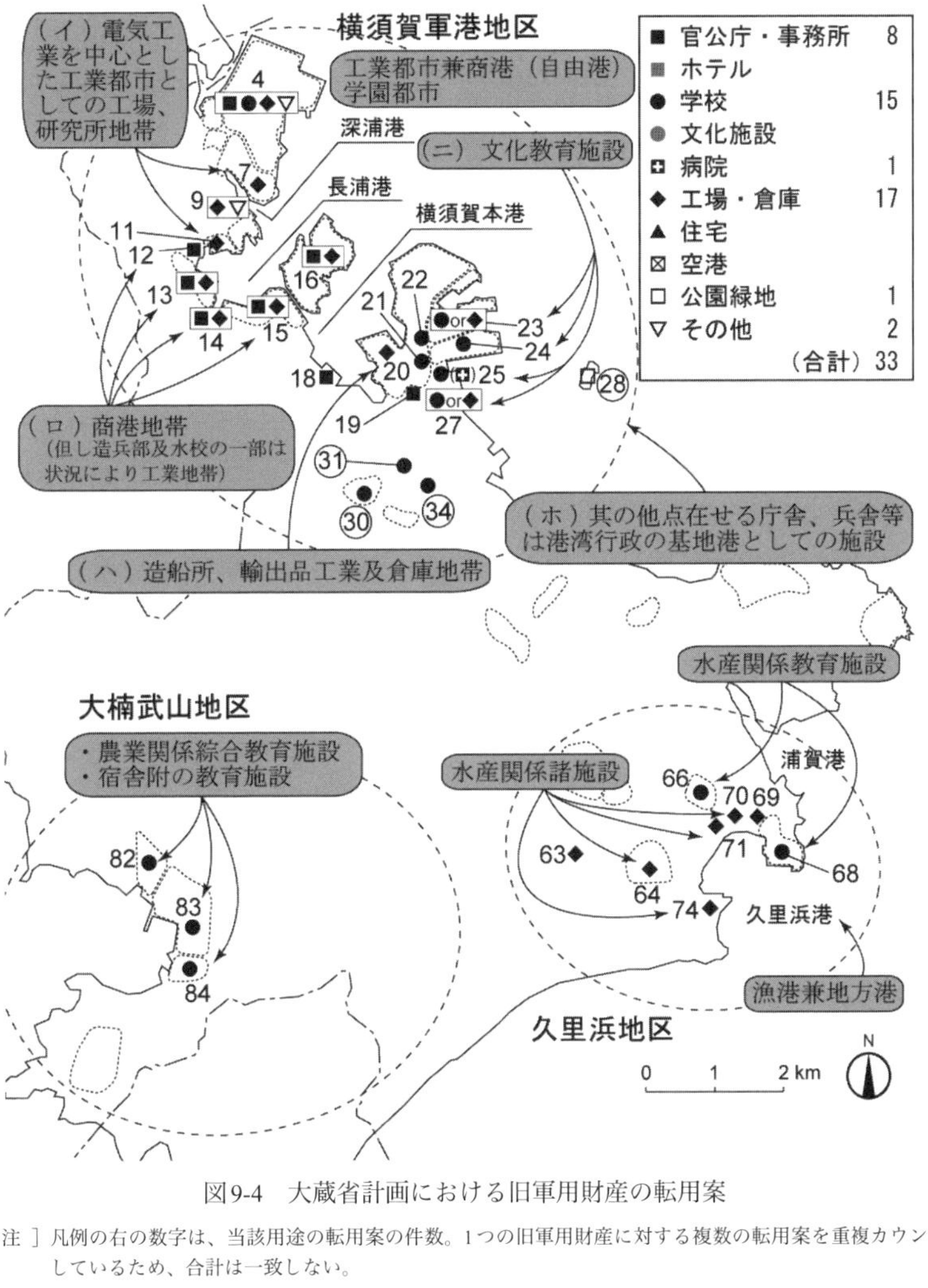

図9-4　大蔵省計画における旧軍用財産の転用案

［注］凡例の右の数字は、当該用途の転用案の件数。1つの旧軍用財産に対する複数の転用案を重複カウントしているため、合計は一致しない。

第三項　旧軍用財産の従前用途と具体的転用案との関係

各転用計画の転用案は、残された建物や機械の活用、建物が少ないなどの土地条件を踏まえたものであったのだろうか。そこで、旧軍用財産の従前用途あるいは土地条件に適する用途[20]と、転用案にみられる用途を対照させ、表9－2の枠組みを用いて継承状況の分析をおこなった（図9－5参照）。

市更生要項では一四件（八二％）が「継承」と判断された。「継承せず」の三件[21]を除けば、学校、工場・倉庫、公園緑地への転用案として、非常によく継承されている。一方、市更生計画と大蔵省計画は、市更生要項と比べれば継承傾向が低くなっている。「継承」と判断されたのは、更生計画で一九件（四四％）、大蔵省計画で一三件（三九％）であり、双方とも四割程度に留まった。さらに「部分継承」「みなし継承」を含めても六割程度であった。このことは、従前用途に合わせて使用するのではなく、政策実現に必要な用途への転用が優先された場合があったことを窺わせる。例えば、大蔵省計画では、学校以外の旧軍用財産にも積極的に「学校」への転用案が示されており、「継承せず」一三件のうち八件が「学校」への転用案であった。

第四項　市及び国の具体的転用案の整合性

(1) 市更生要項から市更生計画への展開

まず、横須賀市による市更生要項と市更生計画について考察してみたい。市更生計画は、市更生要項を発展させたものと思われるが、個別の旧軍用財産の具体的転用案には、どれほどの一致や上積みが見られるのであろうか。

市更生要項に示された一七の旧軍用財産を対象として、市更生計画での一致状況の考察をおこなった（図９—６参照）。

表9-2　継承状況の判断枠組み

判断	旧軍用財産の種類（従前用途）	転用案（用途）
継承	■官衙・兵営 ●学校 ⊞病院 ◆工場・倉庫 ▲官舎・宿舎 ☒飛行場 □練兵場・射撃場／★砲台・陣地 ▽その他	→ ■官公庁・事務所 → ●学校 → ⊞病院 → ◆工場・倉庫 → ▲住宅 → ☒空港 → □公園緑地 → ▽その他（具体的内容で判断）
部分継承	上記いずれかを部分的に含む場合（例：■→■●）	
みなし継承	■官衙・兵営 ●学校	→ ■ホテル → ●文化施設
継承せず	上記いずれにも該当しない場合（例：■→●）	

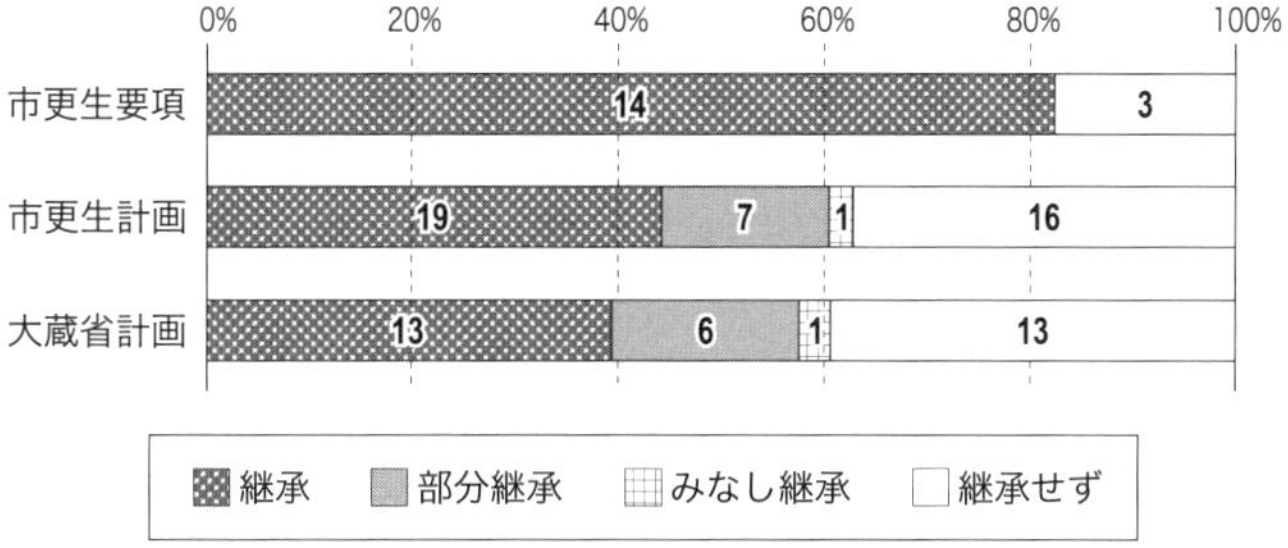

図9-5　旧軍用財産の継承状況

［注］図中の数字は件数。

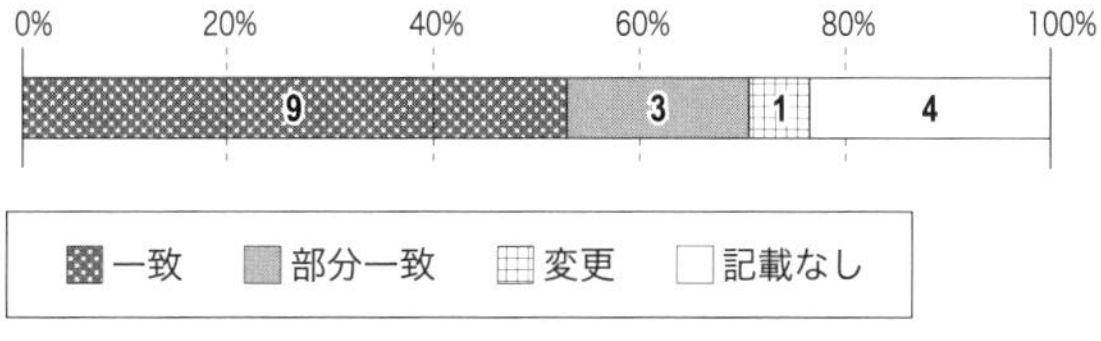

図9-6　市更生要項と市更生計画の転用案の一致状況

［注1］図中の数字は件数。総数17件。

［注2］一致状況の判断は次の通り。

「一致」：更生要項と同じ転用案（用途）の場合（例：■→■）

「部分一致」：上記プラス他の転用案（用途）を含む場合（例：■→■●）

「変更」：更生要項と異なる転用案（用途）の場合（例：■→●）

「記載なし」：当該旧軍用財産に対する転用案の記載がない場合

その結果、九件（五三％）が「一致」と判断でき、「部分一致」の三件も含めれば、市更生要項で示された転用案の七割は、市更生計画においても踏襲されたことになる。「変更」は僅かに一件で、練兵場（№35）を公園緑地に転用する案が、学校に変更されたものであった。なお、「記載なし」の四件はいずれも久里浜港周辺の旧軍用財産であり、市更生計画においては久里浜漁港計画に係る旧軍用財産の具体的転用案が一覧表にないことを考慮すれば、「変更」一件を除き、市更生要項における学校、工場・倉庫、公園緑地、ホテルへの転用案は、市更生計画に引き継がれたと見てよい。

次に、市更生計画において新たに示された三〇か所の旧軍用財産の転用案も加えて、市更生要項からの上積み状況を考察した。図9－2、図9－3に示した用途別の転用案数を比較すれば、市更生要項で示された転用案の四用途はいずれも、市更生計画において上積みが見られ、市更生要項の狙いが強化されていることが分かる。しかも、市更生計画には、新たに「官公庁・事務所」「住宅」をはじめ、様々な用途への転用案が盛り込まれており、旧軍用財産の転用に関して、市更生要項を引き継いだうえで、他の政策分野に対しても旧軍用財産転用の道筋を付けた発展案と言える。そこで次では、市更生計画を横須賀市が作成した具体的転用案の代表として、大蔵省計画との整合性を考察する。

⑵ 市更生計画と大蔵省計画の整合性

まず、具体的転用案の示された旧軍用財産数について検討すると、市更生計画が四三件であるのに対して、大蔵省計画は、横須賀軍港地区、久里浜地区、大楠武山地区に絞っているためか、三三件とやや少ない。個別にみていくと、双方の計画に転用案が記載されている旧軍用財産は二二件にすぎず、市更生計画記載の転用案の約半数、大蔵省計画記載の転用案の三分の一は、それぞれの計画にのみ記載されていたものであった。そのため、全体としては、両計画の整合は必ずしも図られていなかったと言えるが、一方にのみ記載されていることは、転用案が重なっていないという点で問題とはならない。むしろ問題となるのは、齟齬の可能性のある、双方の計画に記載されている転用案である。

そこで、同一の旧軍用財産で、双方の計画に記載されていた転用案二二件を対象として一致状況を分析してみると、一一件（五〇％）が「一致」[22]と判断され、これに「部分一致」「みなし一致」の九件も含めれば、約九割の転用案は、ほぼ整合がとれていたことになる（図９－７参照）。「一致せず」と判断されたのは、横須賀海軍航空隊飛行場（№４）と横須賀海軍海兵団（№24）の二件であった。前者は、市更生計画では従前用途を継承して「空港」とされていたが、大蔵省計画では、「官公庁・事務所、学校、工場・倉庫、その他（農耕・製塩）」であった。後者では、市更生計画の「工場・倉庫」（製罐・製塩・食品工業）に対し、大蔵省計画では「学校」であった。大蔵省計画の「各部の意見」欄をみると、いずれも、市更生計画での転用案が市の要望として記載されているものの、何らかの理由で聞き入れられていない。例えば、前者については、全国の空港がＧＨＱにより閉鎖され、食糧増産のために農耕地化が計画されていたこと[23]などが背景にあることが推察され、大蔵省計画の決定には、ＧＨＱへの配慮や国家的見地があったことが示唆される。

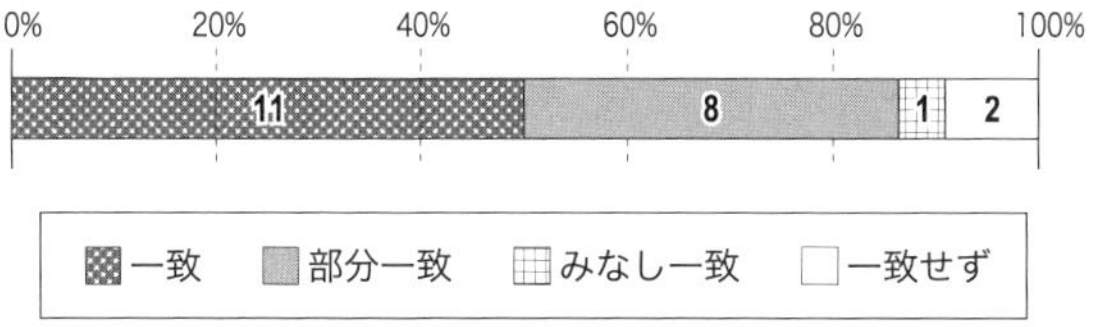

図9-7　市更生計画と大蔵省計画の転用案の一致状況

［注１］図中の数字は件数。総数22件。
［注２］一致状況の判断は次の通り。
「一致」：同じ転用案（用途）の場合（例：■⇔■）
「部分一致」：一部が同じ転用案（用途）の場合（例：■⇔■●）
「みなし一致」：似ている転用案（用途）の場合（例：●⇔●）
「一致せず」：異なる転用案（用途）の場合（例：■⇔●）

第二節　旧軍港市転換計画と旧軍用地

第一項　一九五〇年時点での旧軍用地の転用状況

旧軍港市転換計画（以下、転換計画）が作成される時点において、横須賀市ではどのような旧軍用地転用がなされていたのだろうか。これを知り得る貴重な史料として、横須賀市企画審議室作成の「転換施設一覧表」[24]があるので、これを手掛かりに転用状況を概観してみたい。「本市使用中」「転換工場」「本市並びに転換工場以外」「未処理（農耕地含む）」に分けて、総計一七〇件[25]が整理されており、転用施設名、旧軍施設名、土地坪数などが記載された一覧表となっている。記載されている土地坪数を集計すると合計で約四七六ヘクタールであり、横須賀市が引き継いだ総量一八六七・九ヘクタールのうち、二五・五％が既に利用されていたことになる。「本市使用中」が四七件、約一七〇・四ヘクタールもあり、当時、既に横須賀市が積極的に旧軍用地の公的利用に取り組んでいたことが分かる。また、「転換工場」は八三件、九六・七ヘクタールに及び、市域北部の田浦地区、追浜地区を中心に、民間事業者の進出もかなり見られた[26]。

さらに、転用施設名から転用用途を判断し、用途ごとに集計した（図９－８参照）。工場・倉庫が八五件で件数の半数を占め、面積でも一〇三・七ヘクタールで二二％を占めた。面積では、続いて学校五六・三ヘクタール、公園四一・三ヘクタール、官公庁三八・六ヘクタールへの転用量が大きい。なお、住宅への転用は二〇件あるが、多くは内陸の工員宿舎などを使用しており、建物のみの使用許可のため土地坪数の記載がない場合が多いこともあって、集計面積は小さく

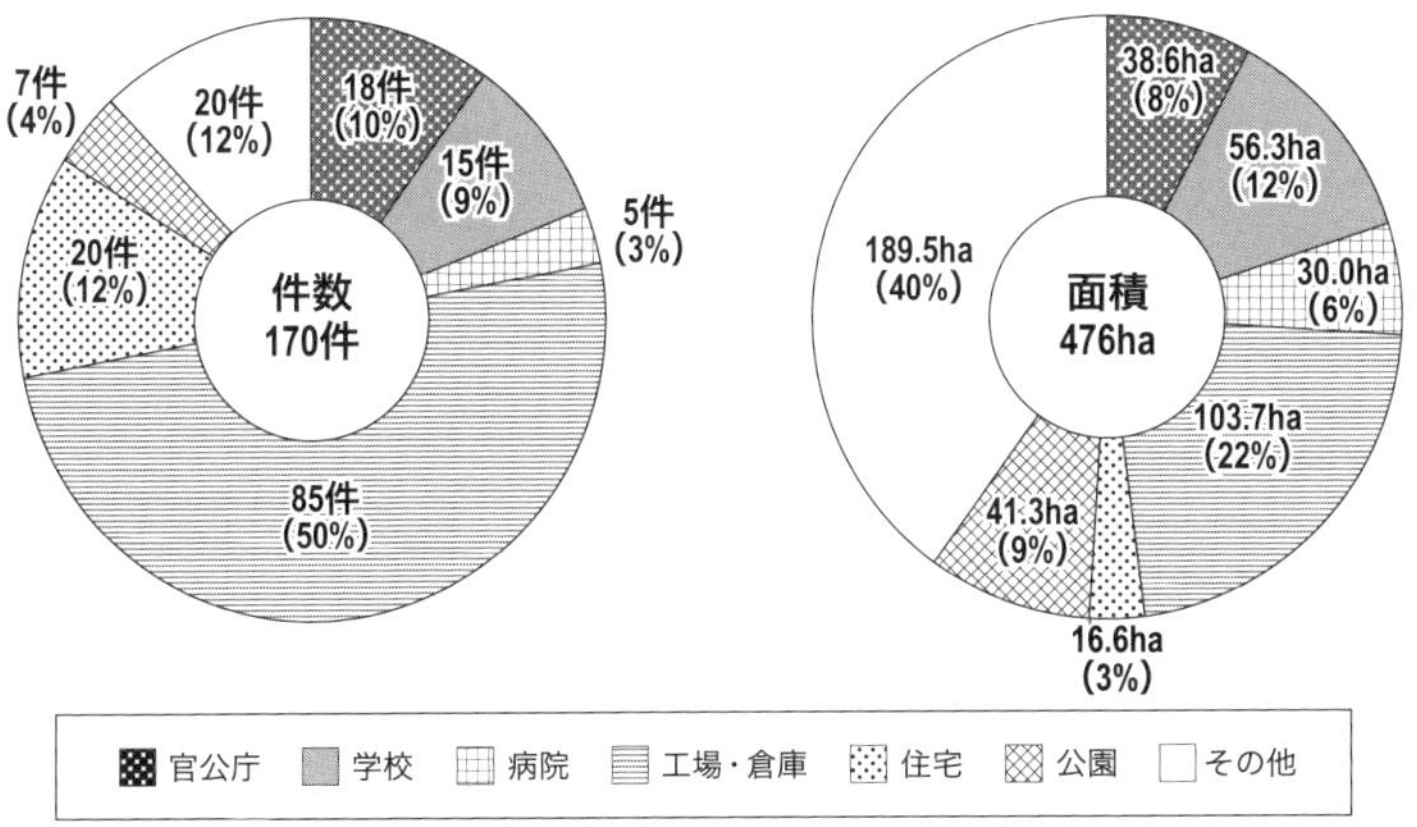

図9-8　1950年時点での旧軍用地の転用用途

［注］面積は土地坪数の記載のない17件を除く153件での集計（官公庁16件、学校14件、病院5件、工場・倉庫82件、住宅11件、公園7件、その他18件）。

なっている。また、面積では、その他が一八九・五ヘクタールにも及んでいるが、この中で大きいのは農耕地（八四・九ヘクタール）と墓地（八一・三ヘクタール）である。前者については、終戦直後の閣議決定(27)において示された、練兵場等の建物の少ない旧軍用地を開拓農地へ転用する方針を受け、各地域の農業協同組合が練兵場の跡地などを借り受けて農耕地として使用していたものである。

旧軍施設名から位置を特定する作業をおこない、転用用途ごとの旧軍用地の分布状況を把握した（図9―9参照）。そもそも旧軍用地が集積しているという点もあろうが、周辺に市街地が広がっていて都市施設需要のある区域、即ち、市北部の追浜地区から横須賀地区にかけてと久里浜地区において、既に多くの旧軍用地が転用されていたことが分かる。官公庁、工場・倉庫への転用（継承）については、特に陸海軍の官衙、海軍工廠関係の工場・倉庫の集積していた海岸部においてよく見られる。一方、学校、病院、公園への転用については、海岸部だけでなく内陸部でも見られ、しかも比較的広範囲にわたり進められていた。住宅への転用については、工員宿舎を継承したものが多いため、それらの立地する内陸部に多いという傾向が見られる。

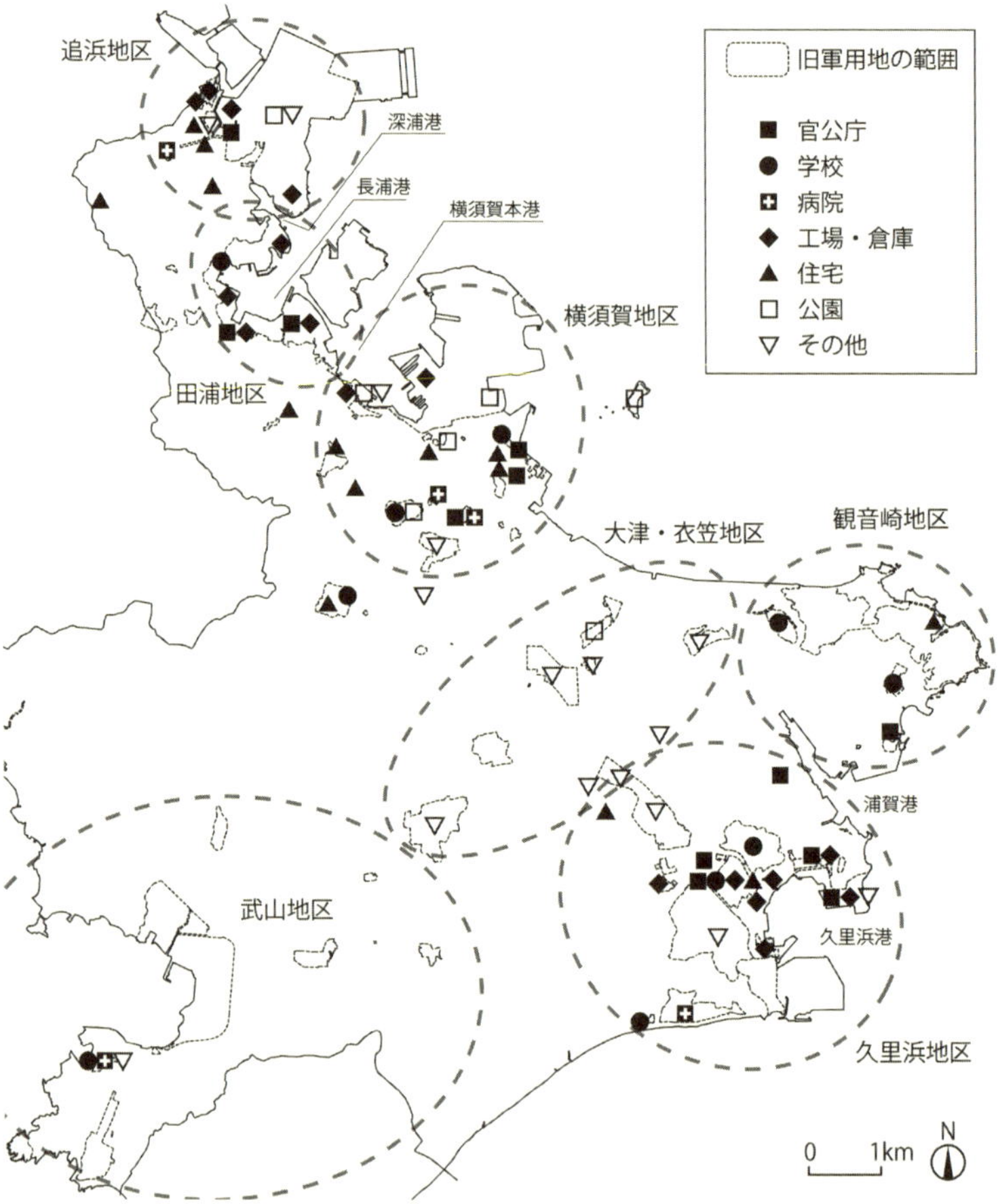

図9-9　転換計画前の旧軍用地の転用状況

［注］旧軍施設ごとにプロットしている。例えば、1つの旧軍施設に複数の「工場・倉庫」が立地していても、1つの◆記号で表示している。

このように、横須賀市では転換計画の作成時点（一九五〇年）において、市街地周辺を中心として、工場・倉庫をはじめ、官公庁、学校、公園など、既に一定の旧軍用地が転用され、都市施設需要に応えていたのである。一方で、食糧増産のために農耕地として利用されていた旧軍用地もかなりあったと言える。

第二項　横須賀市転換事業計画における旧軍用地の位置づけ

(1) 転換計画の位置づけと構成

本章で扱う転換計画[28]は、旧軍港市転換法に基づき、横須賀市転換計画審議会によって一九五〇年九月に決定されたものであり、旧軍用地の転用を前提とした横須賀市再興のための都市計画であった。総説と一八の具体的な事業によって構成されている（表9－3参照）。総説では、この転換計画が終戦直後に作成された市政の基本方針である「横須賀市更生対策要項」に再検討を加えて作成された後継計画であることが示されており、横須賀市政の根幹をなす計画という位置づけもあった。総説に続く一八の事業計画には、各事業の概要とさらに細かな事業区分ごとに、数量、事業費、摘要が示されている。そして摘要の欄に、旧軍施設名が記載されている場合や「旧軍用地」と書かれている場合もあるが、それは僅かであり、転換計画だけ見ても旧軍用地で実施される事業がどれなのか殆ど分からな

表9-3　横須賀市転換事業計画の構成

総説
1. 港湾整備事業計画
2. 街路網整備事業計画
3. 都市水利施設事業計画
4. 公共施設整備事業計画※
5. 住宅地造成事業計画※
6. 住宅建設事業計画
7. 都市災害復旧事業計画
8. 上水道拡張整備事業計画
9. 下水道整備事業計画
10. 交通事業整備事業計画
11. 通信施設整備事業計画
12. 産業経済施設事業計画
13. 平和産業転換誘致事業計画※
14. 観光施設事業計画
15. 公安施設事業計画※
16. 社会保健施設事業計画
17. 教育文化施設整備事業計画※
18. 国、其の他に要望する事業

［注］旧軍用地での計画が確認できる事業に※を印した。

い。そこで、「横須賀市転換事業計画図」[29]と旧軍用地の範囲を照合する作業、「旧軍港市国有財産処理審議会」での決定事項[30]から旧軍用地に係るものを抽出して転換計画記載の事業と照合する作業を併せておこない、旧軍用地に計画された事業を特定した。

なお、この転換計画には、細かな事業区分ごとに事業費が見積もられた「横須賀市転換事業計画一覧表」が付されていることから、転換計画に記載の事業は、公共投資により実施する事業に限られていることが分かる。

(2) 旧軍用地に計画された事業

先述した方法により旧軍用地での計画が確認できたのは、五事業のみであった（表9－3の※印）。以下、転換計画作成時の転用状況との関係にも触れながら、各事業における旧軍用地の位置づけを考察していきたい[31]（図9－10参照）。

「4．公共施設整備事業計画」では、公園及び運動場一五箇所が計画されているが、半数以上の八箇所が旧軍用地での計画であった。このうち、既に公園として使用されていたのは三箇所だけである。要塞地帯として終戦まで立入禁止であった観音崎公園をはじめ、四箇所が砲台跡地の丘陵に計画されていた。また、飛行場、射的場、練兵場の跡地も含めると、一箇所を除く七箇所が建物の少ない旧軍用地に計画されていたこととなり、非戦災都市でありながら、戦災復興院の方針（建物の少ない旧軍用地は公園に決定すること）[32]に合致した計画となっていた。

「5．住宅地造成事業計画」は、七箇所三三〇ヘクタールの計画のうち、四箇所一五八・四ヘクタールが旧軍用地のものである。終戦直後の工員宿舎を利用した住宅確保と異なり、人口増加に対応すべく新たな宅地の確保を目的としたもので、平作川沿いの平坦な土地に立地していた広大な旧軍用地が主な対象となっている。まとまった旧軍用地を活用して、非常に大規模な住宅地開発を行おうとしていたことが分かる。

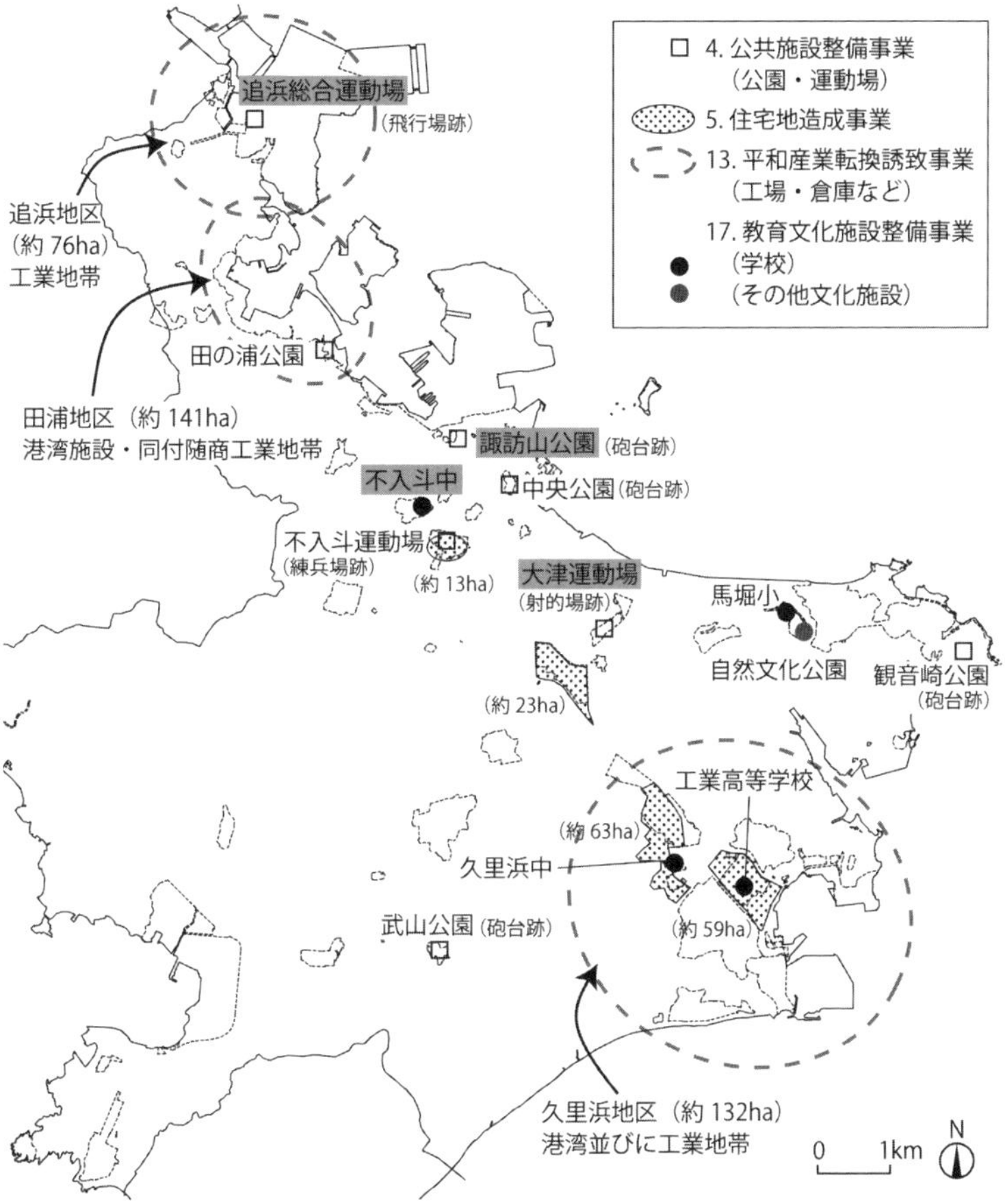

図9-10　転換計画において旧軍用地に計画された事業

［注 1］学校や公園などの名称で、グレーの網掛けがされているものは、転換計画作成時に既に転用されていたもの。

［注 2］「15. 公安施設事業計画」において、拳銃射撃場、警察署を旧軍用地に整備することとなっているが、場所が特定できないため図示していない。

「13．平和産業転換誘致事業計画」では、田浦地区（一四〇・六ヘクタール）、追浜地区（一〇八・九ヘクタール）、久里浜地区（一三二ヘクタール）において、「旧軍用財産の処理其の他各方面亘り工場経営の援助育成を図る」とされている。工場誘致のための用地は、基本的にこれら三地区の旧軍用地で賄うことにしていたのである。先に見たように、これらの地区の旧軍用地には既に進出していた工場も多く、既転用分と合わせて巨大な工業地帯を形成しようとしていたことが分かる。

「17．教育文化施設整備事業計画」は、小・中・高一二校の計画のうち三分の一に相当する四校が旧軍用地での計画であった。不入斗中以外の既転用一四校は転換計画に位置づけられていない。なお、学校以外では、自然文化公園が馬堀小と同じ陸軍重砲兵学校跡地に計画されている。

このように、転換計画で旧軍用地の位置づけが確認できる事業は限られているが、工業用地整備についてはほぼ旧軍用地に頼っており、公園整備、住宅地整備についても、その過半は旧軍用地の転用によって実現する計画となっていた。なお、既に転用したものがかなりあった学校の整備については、旧軍用地を位置づけたものは限られていた。

第三項　転用傾向と主要転用用途

一九七五年発行の住宅地図を用いて、転用用途を「官公庁（庁舎）」「官公庁（庁舎以外）」「商業・業務」「公園」「学校」「文化施設・運動施設」「病院」「福祉」「公的住宅・公的宿舎」「一般住宅」「工場・倉庫」「インフラ」「その他都市的用途」「自衛隊」「米軍」「その他（農地含む）」の一六種類で把握した。その結果、「工場・倉庫」「学校」「公園」への転用が多く見られたため[(33)]、ここでは、この三つの主要転用用途ごとに、転換計画との関係、転用の経緯・背景、分布状況など、具体的な転用実態を考察するとともに、旧軍港市転換法による特別措置の効果を検証してみたい。

(1) 工場・倉庫への転用

転換計画との関係では、「13．平和産業転換誘致事業計画」で示された三地区のほか、武山地区でも見られた（図9－11参照）。

追浜地区は一〇〇ヘクタール以上を使用する日産自動車を中核として、極めて大規模な工場集積地となっている。これらの多くは一九五九～一九六四年度に払下げられたものであるが[34]、追浜地区での転用は、一九四七年の一部接収解除より進められている。例えば、第一海軍技術廠跡地には一九五一年時点で二二社が進出しており、早くから海軍工廠に代わる工業生産の一大拠点となった[35]。一時、米軍による再接収で工業地としての歩みを中断したが、解除後には追浜工業団地として再興している[36]。隣接する横須賀海軍航空隊跡地についても一九四八年より特需会社（米軍車両の修理工場）が進出し、特需終了後には日産自動車が代わって立地した[37]。

田浦地区には、自衛隊用地によって分断されるようにして、大規模工場と倉庫群（元海軍軍需部の倉庫を活用）が立地している。一九五八年から数次に渡り部分的に接収解除を受け、そのたびに大規模工場が立地した結果である[38]。

久里浜地区では、主に内陸の軍需部用地跡地に整備された久里浜工業団地で工場・倉庫への転用が進められた。この中には市内の中小鉄工業者を集めた久里浜鉄工団地（約三ヘクタール）がある。他には、漁業基地となった久里浜港に近い海軍防備隊跡地の水産関係施設や、工作学校跡地の小規模な工場の立地がある。

武山地区では、大楠機関学校跡地の進駐軍が一九五八年に撤退後、公共施設用地と研究施設用地が確保され、立教大学原子力研究所を含む電力系研究施設の集積が進んだ[39]。

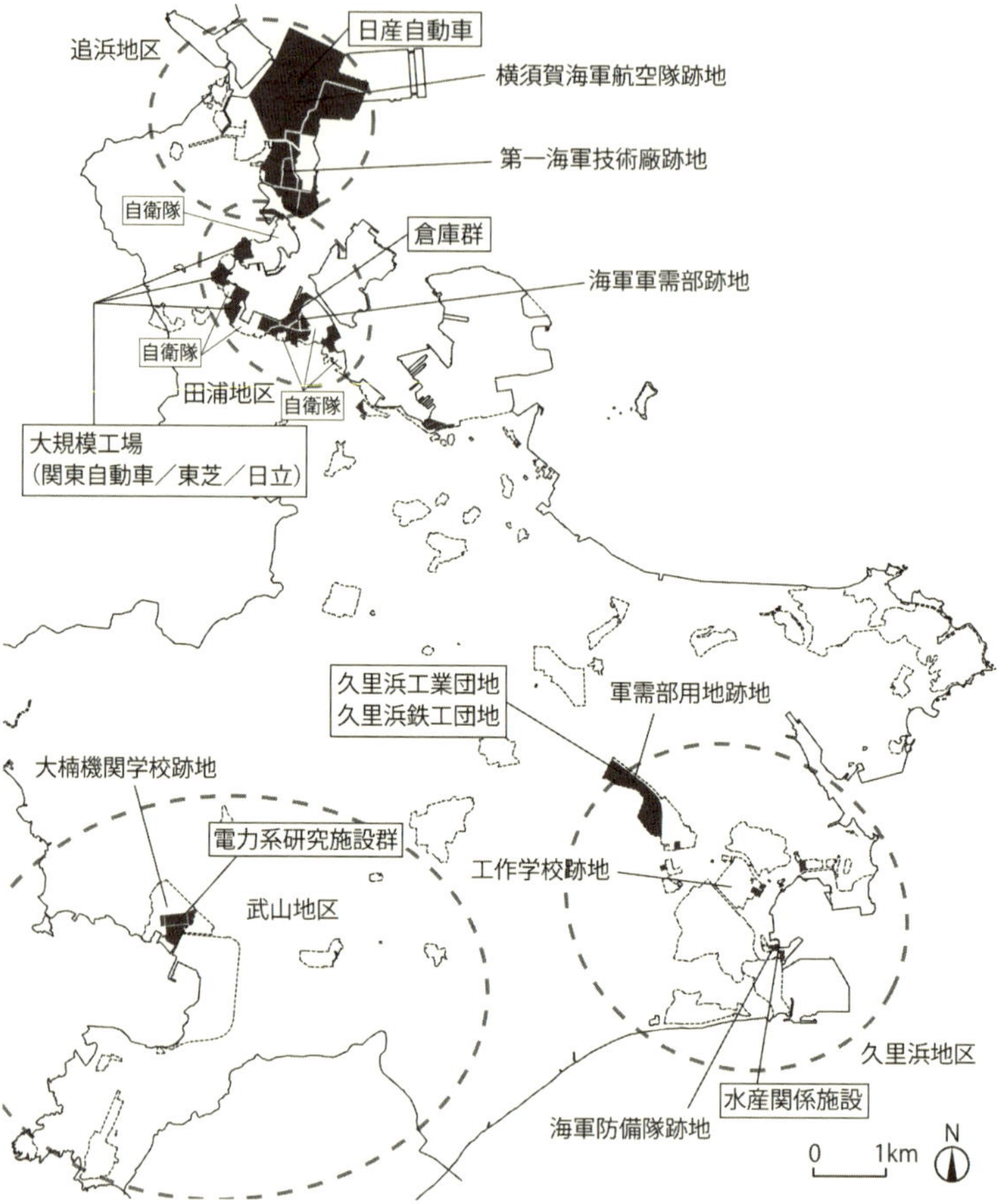

図9-11　旧軍用地を転用した工場・倉庫（1975年）

(2) 学校への転用

公立校だけでも小学校一〇校、中学校一二校、高校五校が旧軍用地に確認でき、転換計画の「17．教育文化施設整備事業計画」記載の四校はいずれも実現していた（図9－12参照）。さらに、私立の中高併設校が二校ある。また、大学の小規模なキャンパスや運動場、研究所なども点在し、小原台演習砲台跡地には防衛大学の立地も見られるが、特にここでは、校数の多い公立の小・中学校に着目してみたい。

まず、旧軍用地を転用した小・中学校数が多い背景として、何が考えられるだろうか。横須賀市は戦災を受けていないので、罹災校舎の代替施設というわけではない。横須賀市の場合、終戦からしばらくは、疎開児童が戻ってきたことによる児童数の回復、学制改革による新制中学校の新設への対応が緊急課題であった。当時は、旧軍用地の建物が目当てであり、例えば、一〇校の新制中学校のうち六校が旧軍用地で開校し[40]、残存建物を改修して校舎として利用した[41]。さらに、特需景気から高度経済成長期にかけては、人口増加に対応するため、新たな小中学校の用地が必要となった。丘陵がちの横須賀市にあって既に造成済みのまとまった用地であり、譲与が受けられるため用地取得費用のかからない旧軍用地に目が向けられたのであった。

こういった状況に、旧軍用地が市全域に散在していたという条件が加わって、多くの旧軍用地を転用した小中学校が、市全域に広範に見られることになったと考えられる。その一方で、同一の旧軍用地に隣接して複数の小学校あるいは中学校が立地しているケースが見られた。これには二つのパターンがある。一つは、新制中学校として一九四七年に同時に開校した当初から隣接していたケースで、陸軍重砲兵連隊跡地の兵舎をそれぞれ使用した不入斗中学校と坂本中学校が該当する。もう一つは、児童数の増加に伴い、隣接地に分校を設置し、それが独立したケースである。海軍工作学校

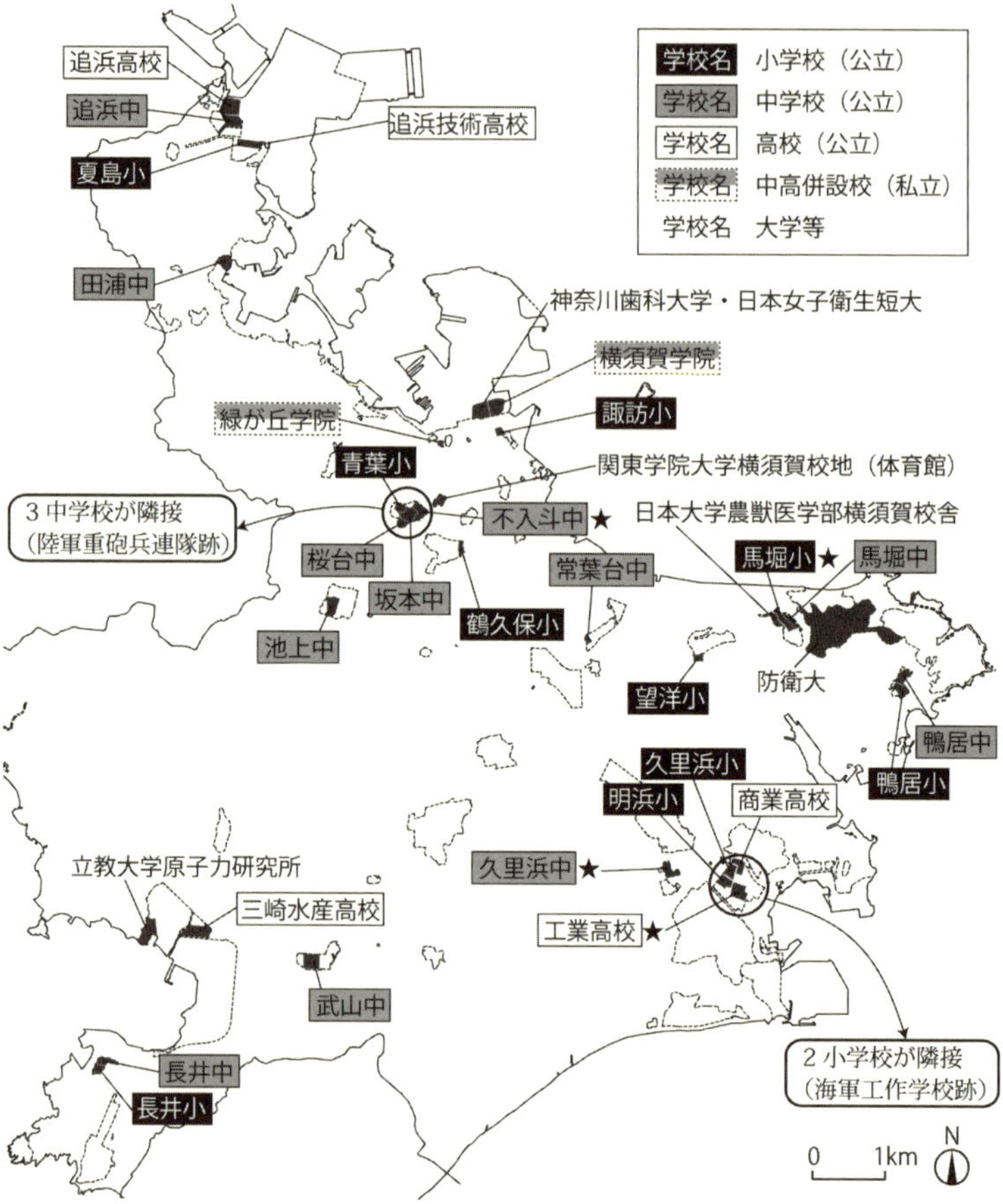

図9-12　旧軍用地を転用した学校（1975年）

［注 1］学校名の右に★印があるのは、転換計画に示されていた学校。
［注 2］幼稚園及び養護学校等の特殊学校は対象外としている。

跡地において久里浜小学校から明浜小学校が、陸軍重砲兵連隊跡地において不入斗中学校から桜台中学校が独立したというケースが該当する。いずれのケースであっても隣接することは、学校配置の観点から好ましくないが、特に重砲兵連隊跡地では、不入斗、坂本、桜台の三中学校が隣接する特異な状況が出現していた。

(3) 公園への転用

転換計画の「4．公共施設整備事業計画」に示された八箇所のうち、武山公園を除く七箇所が確認できた（図9－13参照）。旧軍用地を転用した公園は、この他に一〇箇所ほど確認でき、合わせて一八箇所にも及んだ。県立公園として開設された観音崎公園や運動公園として整備された不入斗公園など一〇ヘクタール超の大規模な公園をはじめ、追浜公園、大津公園など、一一箇所が一ヘクタール超の規模の基幹的公園である。

旧軍用地に整備された公園の分布をみると、転換計画に示されていたか否かに関わらず、市域北部から中部にかけての市街地周辺に多い。一方、市域南部での公園への転用は、久里浜公園と富浦公園の二箇所のみで、いずれも一九七〇年代に処分が決定された比較的新しいものであった[42]。このことから、人口集積のある地域において、優先的、重点的に旧軍用地の公園への転用が進められたことが分かる。

転換計画に示されていなかった公園については、旧軍施設名から判断すると、いずれも建物が少ないとは考えにくい旧軍用地であった。つまり、転換計画に示されたものとは異なり、先述した戦災復興院の方針と合っていないのである。また、これらの処分決定年度は比較的早い時期（一九五〇年代）のものが八箇所と多い[43]。これらから、転換計画において旧軍用地での公園計画を位置づける際に戦災復興院の方針が考慮された可能性がある点、一九五〇年代には転換計画とは別に旧軍用地を転用した公園整備が進められた一面がある点を指摘できる。

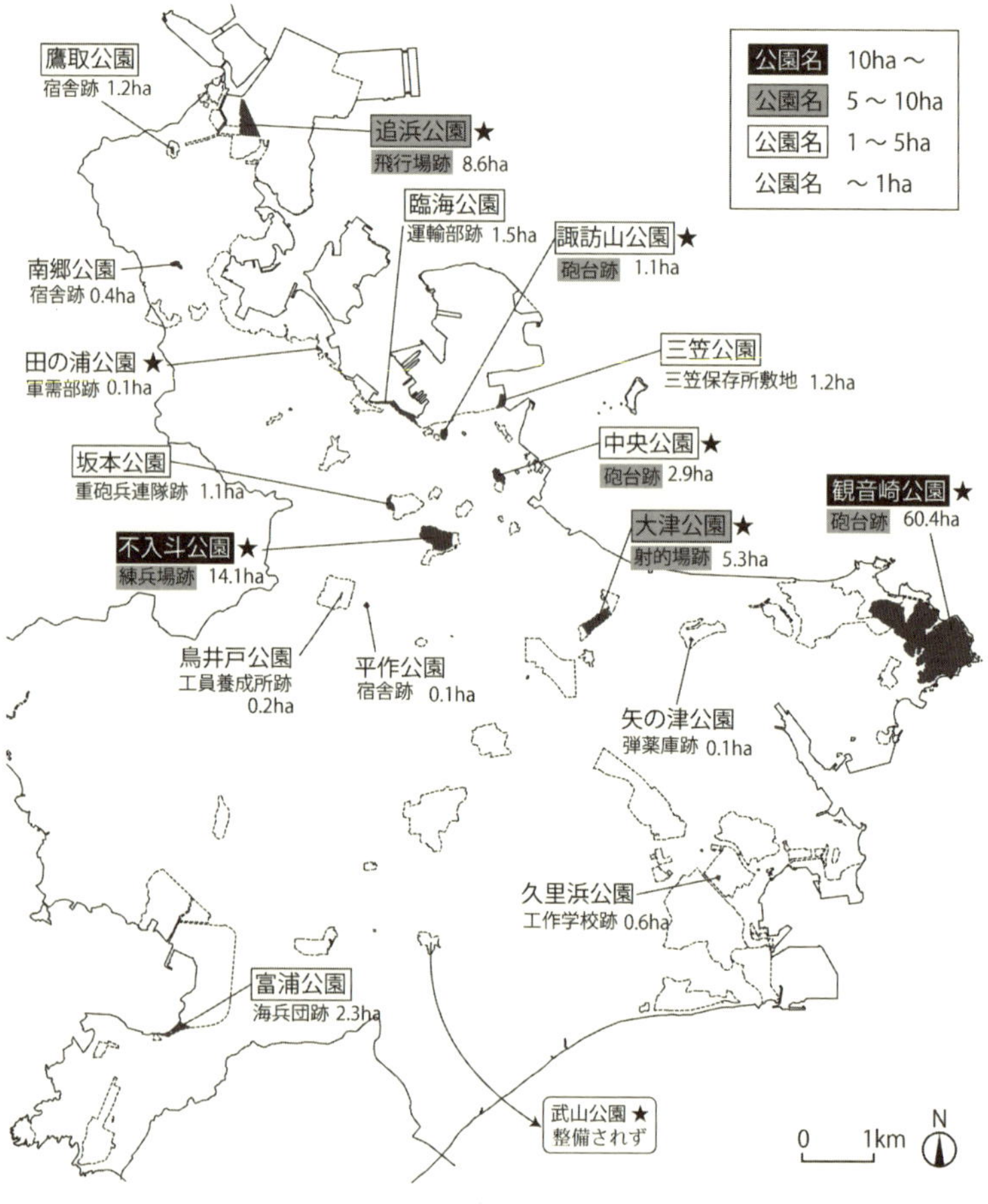

図9-13　旧軍用地を転用した公園（1975年）

［注1］公園面積は、旧軍港市振興協議会編『旧軍港市国有財産処理審議会決定事項総覧』（旧軍港市振興協議会、1977年）の処分決定面積による。

［注2］公園名の右に★印があるのは、転換計画に示されていた公園。

［注3］公園名の下の旧軍施設名で、グレーの網掛のあるものは、一般的に建物が少ないと考えられる旧軍用地。

(4) 旧軍港市転換法の特別措置の効果

旧軍港市振興協議会編『旧軍港市国有財産処理審議会決定事項総覧』（旧軍港市振興協議会、一九七七年）で処分方法をみると、工場・倉庫への転用については、特例措置がないため全て譲渡（払下）によるものであったが、学校への転用については、処分方法不明の二校[44]を除く公立小・中・高二五校のうち二四校が譲与、公園への転用については、観音崎公園が無償貸付で、他の一七箇所は全て譲与によっており[45]、旧軍港市転換法の特別措置はかなり積極的に利用されていたことが分かる。

おわりに

都市づくりの主体として戦後復興を進める立場にある横須賀市が作成した市更生要項と市更生計画は、双方とも政策分野ごとの構成となっており、特に、工業振興、観光、学園建設に係る政策を旧軍用財産の転用によって進めようとしていた意図が窺える。なお、具体的転用案をみてみると、市更生計画は市更生要項を引き継ぎ、さらに他の政策分野についても旧軍用財産転用の道筋を付けた発展案とみなすことができる。一方、旧軍用財産の処分を行う国が作成した大蔵省計画は、特に旧軍用財産の集積している三地区について転用方針と具体的転用案を示す構成となっており、各方面からの使用希望と関係機関（他省庁、県、市）の意見を踏まえて転用案を決定していたことが窺える。横須賀市が作成した二つの転用計画と比べてみると、その構成や転用案の決定の仕方は異なっていたが、「工場・倉庫」「学校」への転用案が主な内容であった点は共通である。また、旧軍用財産の従前用途と転用案の関係をみてみると、終戦年作成の市更生要項では比較的よく継承されていたが、翌年作成の市更生計画と大蔵省計画では継承の傾向は相対的に低くなっていた。従前用途に照らして何に利用するかというより、政策的に必要な用途は何かを検討した結果として、転用案が決められていたケースがありそうである。

同年に作成された市更生計画と大蔵省計画の具体的転用案を照合させてみると、一方にのみ記載されている転用案が比較的多かったが、それでも双方に記載されている転用案はほぼ一致しており、この点でほぼ整合がとれていたと言うことができる。なお、同一の旧軍用財産に全く異なる転用案が示されているという齟齬は二件だけであった。大蔵省計画においては、市の更生計画に記載された転用案も、市の意見として検討材料になっていたようだが、聞き入れられていなかった。代わりにＧＨＱへの配慮や国家的見地が、転用案決定の背景にあったのではないかと思われる。

旧軍港市転換法に基づいて作成された転換計画をみてみると、産業振興を担う工場用地の確保については、ほぼ旧軍用地を充てることとし、人口増加の受け皿としての住宅地造成についても、過半はまとまった旧軍用地に計画していた。これらの点で、職住に係る重要な事業については、旧軍用地に極めて重要な位置づけが与えられていたと言える。また、公園についても、過半を旧軍用地に計画しており、公園整備における旧軍用地への期待が窺える。この点で、非戦災都市でありながら、建物の少ない旧軍用地を公園として決定するという、戦災復興院の方針が考慮されていた可能性が指摘できる。

一九七〇年代半ばにおける実際の旧軍用地転用状況について、主要転用用途ごとにみてみると、次のようなことが言えそうである。

横須賀市が旧軍用地に最も期待をかけていたと考えられる工場・倉庫への転用については、転換計画で位置づけた三地区のうち、自動車産業を中心に一大産業拠点となった追浜地区は大きな成果を挙げられたと言える。しかし、自衛隊用地に分断された田浦地区、ほぼ久里浜工業団地のみに留まった久里浜地区は、期待通りとはいかなかった。その一方で、学校や公園への転用については、転換計画に位置づけられたもの以外に、実際には多くの転用が行われた。市全域に散在する旧軍用地は、各地域で公立の小中学校として大いに活用された。しかし、旧軍用地に頼りすぎた結果か、同一旧軍用地で中学校三校が隣接するという、学校の適正配置を考えた場合に問題となるようなケースが出現した。市域北部から中部にかけては、旧軍用地が多くの基幹的な公園として活用されており、まとまった公園用地を確保することが困難な市街地周辺において、旧軍用地が大きな役割を担った。なお、学校や公園などへの転用については、転換計画では具体的に想定されなかった旧軍用地も含め、ほぼ譲与によるものであった。横須賀市の戦後復興においては、公共用地の確保のために、旧軍港市転換法に基づく特別措置がかなり積極的に利用されていたと言えよう。

注

1　一九四三年の編入から一九五〇年の分離まで逗子市（当時、逗子町）域も横須賀市だが、本書では含めない。なお、本書で扱う三つの旧軍用財産の転用計画でも逗子市域の旧軍用財産への言及は、ほぼ見当たらない。

2　横須賀市編『横須賀市史　市制施行八〇周年記念〈下巻〉』（二〇六頁、横須賀市、一九八八年）による。大蔵省の調査では、一八八四ヘクタールとされる（第五章第一節参照）。

3　沢田裕之「横須賀市の地域構造の変容に関する予備的考察」『地域研究』14巻2号、二六〜三五頁、一九七三年

4　神奈川県企画調整部県史編集室編『神奈川県史資料編12　近代・現代（2）』（三七九～三八二頁、神奈川県、一九七七年）

5　「市更生諸計画書　昭和二一年」（横須賀市港湾課、『横須賀市役所資料37』、神奈川県立公文書館蔵）

6　大蔵省関東財務局横浜財務部横須賀出張所『創立三十年概史』（八七～九五頁、大蔵省関東財務局横浜財務部横須賀出張所、一九七八年）

7　「旧軍用財産口座別調書」（大蔵省関東財務局横須賀出張所『旧軍港要港内の施設について』、一九五四年、防衛省防衛研究所図書館蔵）

8　位置確認をしたところ、この調書記載二五四口座のうち一〇口座は横浜市に位置し、横須賀市内所在は二四四口座であった。

9　前掲注2の二〇八頁の「表―1　終戦時の主な旧軍用財産」に示されている四三の旧軍用財産とした。何れも面積七ヘクタール超の大規模なものであった。

10　『陸軍省統計年報』（一九三七年、防衛省防衛研究所図書館蔵）によれば、陸軍では「官衙」「兵営」「学校」「病院」「工場」「倉庫」「作業場」「射撃場」「練兵場」「演習場」「飛行場」「牧場」「埋葬地」「その他」の一四種類に分類していた。これを参考に、建物の用途や土地特性を考慮して、図9―1に示した九分類とした。

11　市長を会長とし、各界の代表を網羅した三〇人の委員で構成されていた。

12　前文には「厖大ナル嘗テノ軍施設其ノ儘残存シ（略）更生対策及ビ之ガ実現ニ資スベキ残存施設ノ転活用ニ関シ概述セントス」とある。また後文には「軍用ノ諸財産ヲ最高度ニ新日本建設ニ活用シ（略）政府並ニ関係諸官憲ノ同情アル理解ノ下大方各位ノ賛助協力ヲ冀ヒ其ノ実現ヲ期セントスル」とある。

13　例えば、「陸海軍旧練兵場（略）ヲ利用シテ野球、庭球、ゴルフ等ノ運動施設ヲ整ヘ」との記述を旧練兵場三箇所を「公園緑地」へ転用する具体案と解している。

14　一九四六年の何月に、誰（部局）によって作成されたのか詳細は不明である。

15　前文には「更生総合計画ノ一部トシテ専ラ旧軍施設ノ転換活用ヲ主眼トシタル措置計画ナリ」とある。また後文には「本案ハ専ラ旧軍施設ノ転換ヲ中心ニ之ガ外貌ヲ図上ニ「セット」シタルモノ」とある。

16 逗子市（計画作成当時、逗子町）及び三浦市（計画作成当時、三崎町）所在の旧軍用財産（三箇所）、海仁会などの民間財産（六箇所）は、ここでは除いた。

17 この計画案は七月一一日の次官会議に諮られているが、国立公文書館所蔵の七月一一日付計画案には「第五　具体的転用計画表」が見られない。

18 一九四五年八月二五日、大蔵省が作成した『国有財産ニ関スル善後措置並ニ今後ノ活用方策』では、「陸海軍所管国有財産及各省所管国有財産中戦争終結ニ伴ヒ本来ノ用途ヲ廃止セラルルモノハ（略）国民経済ノ復興、国土計画等ノ綜合的見地ヨリ特別計画ヲ樹立シテ急速ニ適正ナル再分配ヲ断行」すると記されており、また、意見照会の依頼文『横須賀市所在旧陸海軍主要施設の転用計画に関する件』には「転用の総合的な基本計画を予め慎重に決定して置き進駐軍からの返還又は転用認可の都度右計画の一環として速やかに具体的な転用者を決定し、一日も早く有効適切な活用を図りたい」とある。

19 「特殊物件処分大綱」（一九四五年一〇月三日閣議決定）に基づく。なお、旧軍用財産処分に関する特別措置は、一九四八年の新国有財産法、旧軍用財産の貸付及譲渡の特例等に関する法律の制定を待たねばならなかった。

20 具体的には、「練兵場・射撃場」「砲台・陣地」を「公園緑地」へと転用する場合。横須賀市は非戦災都市のため関係ないが、戦災都市に対しては、戦災復興院から通牒「軍用跡地ヲ都市計画緑地ニ決定スルノ件」（一九四六年五月三〇日）が出され、「旧演習場、練兵場ナドデ、建築物ノ少ナイ軍用跡地ハ、此ノ際都市計画緑地ニ決定シテオクコト。」「旧要塞地帯ナドデ地方計画上存置ノ必要ガアル景勝地ノヨウナ所ハ、県立公園等ノ保勝地トシテ永ク確保スル」とされていた。

21 この三件は、久里浜港の漁業基地化に向けて、後背地の学校（№73）と兵営（№74）を水産加工工業に転用する案と、観光地化のために海辺の海軍病院（№76）をホテルに転用する案であった。

22 「一致」であったのは、№7、11、15、20、25、28、30、66、82、83、84。このうち七件が「学校」、三件が「工場・倉庫」であった。

23　「飛行場農耕化等ニ関スル資料」（陸軍航空本部）、「海軍飛行場一覧表」等。いずれも『陸軍土地建物施設処分委員会綴（一九四五年九月～一〇月）』（防衛省防衛研究所図書館蔵）所収。

24　「転換施設一覧表」（横須賀市企画審議室、『旧軍港都市転換法・横浜国際港都建設法関係綴』、一九五〇年七月二五日調、神奈川県立公文書館蔵）

25　リストは一七一件あるが、「接収中なれど未使用」との記載のある一件は、転用案件ではないので除いた。

26　地区ごとの集計では、横須賀港臨海地区（四件、六・〇ヘクタール）、田浦地区（二八件、四九・〇ヘクタール）、追浜地区（二六件、三〇・〇ヘクタール）、久里浜地区（二五件、一一・七ヘクタール）であった。

27　閣議決定「緊急開拓事業実施要領」（一九四五年一一月九日）では、「軍用地中農耕適地ハ自作農創設ノ為急速ニ開発セシメ可及的速ニ払下等ノ処分ヲナシ旧耕作者及新入植者ニ譲渡スル」ことが明記され、食糧の自給化と工員や軍人等の離職者の帰農を促進するために、軍馬補充部用地（牧場）、演習場、飛行場、練兵場、作業場などの建物の少ない旧軍用地が開拓農地の対象となった。また、続く一一月一三日の閣議決定「食糧増産確保ニ関スル緊急措置ニ関スル件」にも、未曽有の食糧需給逼迫という窮状打開のために講じる非常措置の一つとして、「飛行場、錬兵場等」の開墾が挙げられていた。

28　「横須賀市転換事業計画書」（横須賀市、『旧軍港都市転換法・横浜国際港都建設法関係綴』、一九五〇年九月、神奈川県立公文書館蔵）

29　一九五〇年一〇月、横須賀市発行（横須賀市立中央図書館蔵）。表9－3の一八事業のうち、1、2、4、5、9、14の六事業について、場所が示されている。

30　旧軍港市振興協議会編『旧軍港市国有財産処理審議会決定事項総覧』（旧軍港市振興協議会、一九七七年）

31　「15．公安施設事業計画」については、拳銃射撃場、警察署が旧軍用地に整備されることとなっているが、場所等が不明であるため、ここでは考察対象から外している。

32　前掲注20参照。

33　転換計画との関係、転用の経緯・背景、分布などを考察するには、転用用途ごとにみていく必要があるが、前掲注30から横須賀市に係るデータを抽出すると、この三用途で処分案件数一九九件のうちの七七％、処分決定面積五九一ヘクタールのうちの七七％を占めることからも分かるように、この三用途で横須賀市での旧軍用地転用の大部分を知ることができる。
34　前掲注30の分析による。
35　横須賀市編『横須賀市史　市制施行八〇周年記念〈上巻〉』（五八〇頁、横須賀市、一九八八年）
36　第一海軍技術廠跡地は、一九五二年に一部を除き、米軍兵器廠として再接収されたが、一九五九年に接収解除となった。
37　前掲注35の五八〇〜五八二頁
38　前掲注2の二六六頁
39　前掲注2の二一六頁
40　長井中学校（海軍砲術学校長井分校）、坂本中学校及び不入斗中学校（陸軍重砲兵連隊）、馬堀中学校（陸軍重砲兵学校）、野比中学校（海軍対潜学校）、池上中学校（海軍工廠工員養成所）。
41　横須賀市教育研究所編『戦後横須賀教育史』（七八頁、横須賀市教育研究所、一九六九年）
42　前掲注30の分析による。
43　前掲注30の分析による。
44　鴨居中、桜台中の二校。
45　前掲注30でカバーし得ない一九七六年度以降に処分が決定した諏訪小、富浦公園も、横須賀市資料により補足して含めた。

第一〇章　佐世保市における旧軍用地転用計画とその特質

はじめに

軍港であった佐世保市には、終戦時に三五六九ヘクタールにも及ぶ莫大な旧軍用地が遊休国有地として残された(1)。この量は旧軍港市四都市のなかで最大であり、第九章で取り上げた横須賀市（一八六七・九ヘクタール）の約二倍に相当する量であった。そして、この旧軍用地を如何に活用して、海軍工廠という基幹産業を失った都市を再興させるとともに、都市施設の整備を図るかが、戦災復興期における佐世保市政最大の課題であった。

このような背景のもと、一九五〇年制定の旧軍港市転換法に基づき、旧軍港市転換計画（以下、転換計画）が作成された。この転換計画は、旧軍港市に残された莫大な旧軍用地を積極的に転用し、軍港から平和産業都市への転換を図るための都市計画であった。尚、転換計画には、都市計画法または特別都市計画法が適用され（旧軍港市転換法第二条）、旧軍港市転換事業の用に供するために必要があると認められる場合、公共施設、港湾施設、教育施設、保健衛生施設などの整備にあたり、公共団体に対して旧軍用地が譲与、つまり無償で譲渡されるという特別措置が設けられていた（旧軍港市転換法第四条）。

1 水源地
2 皆瀬水源地
3 相当水源地
4 八天岳高射砲台
5 詰所
6 工廠員宿舎
7 施設部工員宿舎
8 山の田練兵場
9 工廠員宿舎
10 大野浄水場
11 山田水源地
12 減圧所
13 柚木水源地
14 柚木取水場
15 三本木取水所
16 川谷水源地
17 特務艦敷島繋留所
18 相浦海兵団
19 軍人住宅
20 浄水地
21 相浦捕虜収容所
22 受信所
23 衛兵詰所
24 但馬岳防空砲台
25 水源地
26 高等商船宿舎
27 横尾町雇員記録員宿舎
28 軍人住宅
29 施設部職員宿舎
30 佐世保重砲兵連隊
31 花園衛兵詰所
32 演習場（東凡蔵）
33 満場受信所
34 満場戦闘射撃場
35 施設工員宿舎
36 軍人住宅
37 海軍工廠工員宿舎
38 海軍工廠
39 海軍文庫
40 佐世保鎮守府
41 矢岳練兵場
42 水交社
43 高等官宿舎
44 海軍記念館
45 海軍病院
46 警備部
47 佐世保海兵団
48 港湾部
49 下士官集会所
50 海軍共済組合病院
51 海仁会病院
52 海軍施設予定地
53 初級技術部士官共同宿舎
54 松川町衛兵詰所
55 佐世保憲兵隊宿舎
56 防備隊
57 施設部工員宿舎
58 施設部工員宿舎
59 陸軍墓地
60 須田尾町軍人住宅
61 木風町軍人住宅
62 二十一航空廠宿舎
63 材料置場
64 軍人住宅
65 軍需部工員宿舎
66 軍需部工員宿舎
67 軍需部倉庫
68 鎮守府小銃射撃場
69 猫山高射砲台
70 貯木場
71 施設部工員宿舎
72 鴛浦隧道
73 赤崎燃料置場
74 潜水艦基地
75 大黒町工員宿舎
76 干尽燃料置場
77 前畑火薬庫
78 工廠工員宿舎
79 海軍墓地
80 天神岳高射砲台
81 施設部材料集積所
82 施設部材料置場
83 施設部工員宿舎
84 軍需部火薬庫（第六区）
85 大塔材料置場
86 施設部資材倉庫
87 設営隊用宿舎
88 軍需部倉庫
89 施設部工員宿舎
90 施設部工員宿舎
91 施設部人夫宿舎
92 庵浦機銃砲台
93 施設部工員宿舎
94 佐世保海軍航空隊
95 短波方位測定所
96 東浜材料置場
97 工員宿舎
98 二十一航空廠
99 火薬庫
100 安久ノ浦造兵部火工工場
101 施設部工員宿舎
102 二十一空廠安久ノ浦弾薬庫
103 早岐電線用鉄塔敷地
104 海軍共済組合病院早岐分院
105 江上電線用鉄塔敷地
106 早岐食糧補給所
107 早岐材料置場
108 早岐工員宿舎
109 施設部自動車置場
110 向後崎防御区
111 防御区
112 俵ヶ浦防御区
113 庵崎重油槽
114 朽木崎防空見張所
115 浦頭消毒所
116 針尾海兵団
117 設営隊用宿舎
118 鯛浦軍需部倉庫
119 送信所
120 針尾分遣隊
121 錐崎高射砲台
122 軍需部

第九章でみたように、横須賀市では、転換計画に位置づけられた旧軍用地は限られていたが、果たして佐世保市の場合はどうであったろうか。また、佐世保市では転換計画以前に戦災復興計画が作成されていた。戦災復興計画と転換計画の双方が作成されたのは、戦災都市指定を受けた旧軍港市に限られており、佐世保市の他には呉市だけである。佐世保市では、旧軍用地の公園への転用については、転換計画を作成する以前、戦災復興計画において検討されていたと考えられる。

そこで本章では、佐世保市を対象に、まず戦災復興公園計画と旧軍用地との関係を考察し、さらに転換計画作成前の旧軍用地の転用状況を概観したうえで、転換計画における旧軍用地の位置づけを明らかにしたい。

旧軍用地の範囲特定にあたっては、佐世保市基地政策局提供の『旧軍財産位置図』を用いた。この図には、旧軍用地の範囲とともに旧軍施設名も記載されている。しかし、実際には抜け落ちも多くみられるため、市史等の周辺文献により補足することとした。図10―1は、『旧軍財産位置図』[2]などで把握した旧軍用地の範囲をトレースし、旧軍施設名から元の用途、つまり軍用地の種類を分類してプロットしたものである。

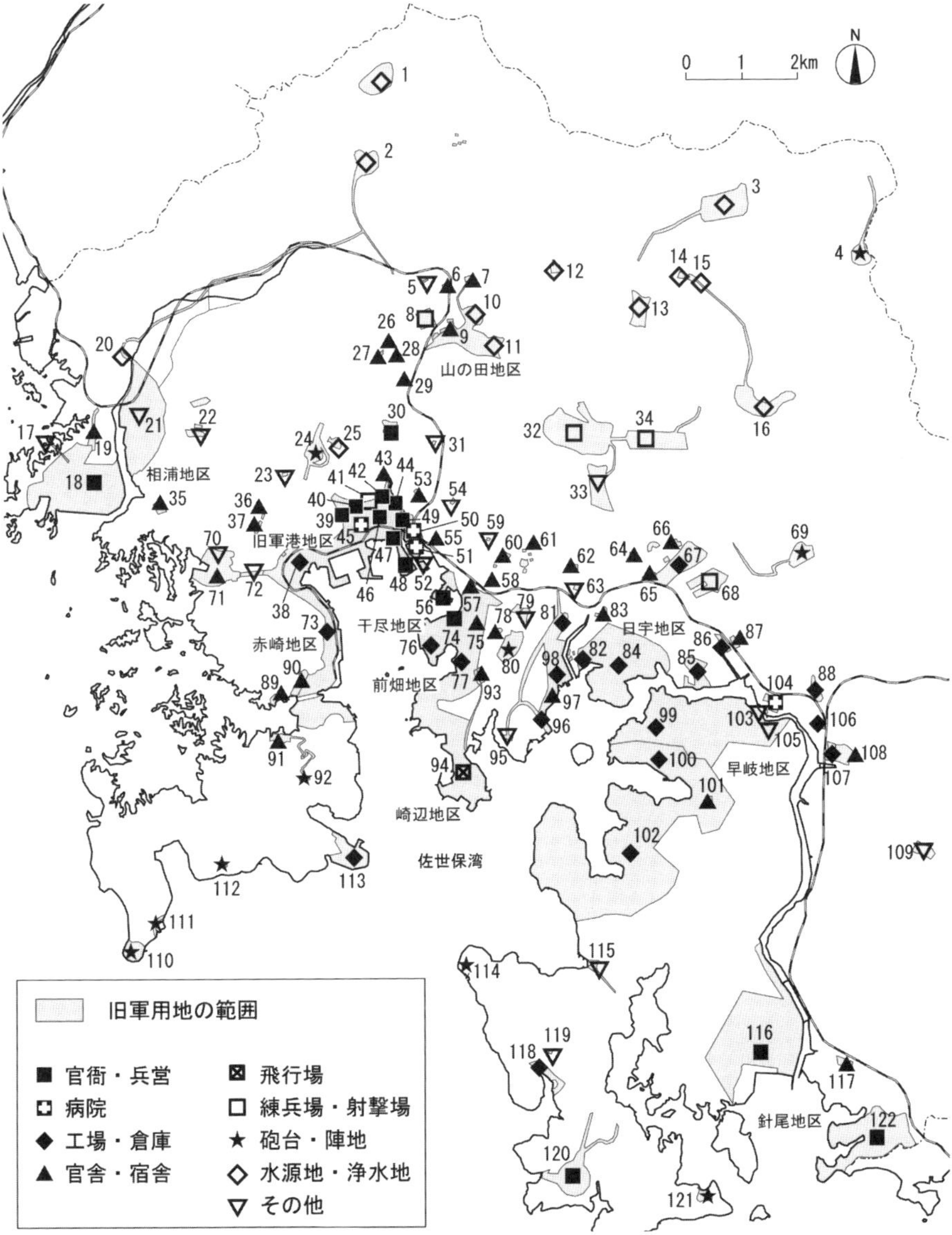

図10-1　佐世保市域内の旧軍用地の範囲と種類

[注] 佐世保市基地政策局提供『旧軍財産位置図』をもとに筆者作成。なお、旧軍施設名については、『旧軍財産位置図』に加え、他の文献で補足している。

第一節　戦災復興公園計画における旧軍用地の位置づけ

第一項　佐世保市に残された旧軍用地

(1) 旧軍用地の位置と種類

海岸沿いを中心にしながら内陸の丘陵地や山間部まで、市全域にわたり様々な種類の旧軍用地が散在していたが、旧軍用地の種類によって、立地場所に一定の傾向がある（図10－1参照）。

まず、佐世保湾に面した海岸沿いには、「官衙・兵営」や大規模な「工場・倉庫」が置かれていた。鎮守府（No.40）、警備部（No.46）、港湾部（No.48）、佐世保海兵団（No.47）防備隊（No.56）といった佐世保鎮守府の中枢施設や配下の部隊、海軍工廠（No.38）や航空廠（No.98）といった大規模官営工場と、火薬庫（No.77、84、99）、弾薬庫（No.102）、燃料置場（No.73、76、113）、材料置場（No.84、96、107）などの関連施設である。また、主に水上機を運用した佐世保海軍航空隊（飛行場：No.94）も海岸部に置かれていた。これら海岸部の旧軍用地に近隣接する内陸部には、いわゆる軍人住宅（No.19、28ほか計一三箇所）や工員宿舎（No.6、7ほか計二〇箇所）などの「官舎・宿舎」が数多く点在し、「病院」（No.45、50、51、104）や「練兵場・射撃場」（No.8、32、34、41、68）もあった。この他、佐世保湾以外の海岸部、すなわち相浦地区や針尾地区にも海兵団（No.18、116）や捕虜収容所（No.21）、軍需部（No.122）など、大規模な旧軍施設が置かれていた。さらに、湾口を見下ろす岬は要塞地帯とされ、また空襲に備えて高射砲が配備されるなど、軍港防備のために岬の突端や内陸の山頂・山腹には「砲台・

陣地」（№4、24ほか、計一〇箇所）が置かれていた。なお山間部には、海軍工廠や艦船に大量の上水を供給するため、軍用水道の「水源地・浄水地」（№1、2ほか計一二箇所）も多かった。

⑵ 転用に係る旧軍用地の特性

佐世保市は戦災都市であるが、空襲で焼失したのは佐世保川河口付近に広がっていた市街地であり、図10－3の復興土地区画整理事業区域が、おおよその罹災区域である。隣接していた鎮守府（№40）や海軍病院（№45）などは罹災したが、海軍工廠をはじめとする軍事施設は罹災を免れ、旧軍用地には多くの建物や機械が利用可能な状況で残されていた。このうち、機械に関しては賠償指定により、原則として一切の使用が認められなかった[3]が、建物に関しては占領軍の接収解除あるいは使用許可があれば、利用することができた。また、海軍工廠（№38）のドックも無傷のまま残され、終戦直後から占領軍の艦船の修理に使用された。軍用水道もそのまま民生転用が可能な状態にあった。

第二項　戦災復興公園計画における旧軍用地の位置づけ

『佐世保戦災復興誌』[4]に整理された公園計画の一覧表にある町名から、旧軍用地での計画と推測されるものを抽出した。佐世保市では、一九四七年四月に、三六箇所、計二八・八ヘクタールが計画決定されているが、このうち旧軍用地での計画は五箇所の小規模公園、計一・六ヘクタール（五・六％）に限られた（図10－2参照）。第三章第三節で取り上げた他の戦災都市をみてみると、旧軍用地を含む公園の計画面積は、当初計画において、仙台四一・〇ヘクタール、名古屋二八三・七ヘクタール、大阪一六四・五ヘクタール、広島一〇〇・八ヘクタール、熊本一四二・三ヘクタール、姫路

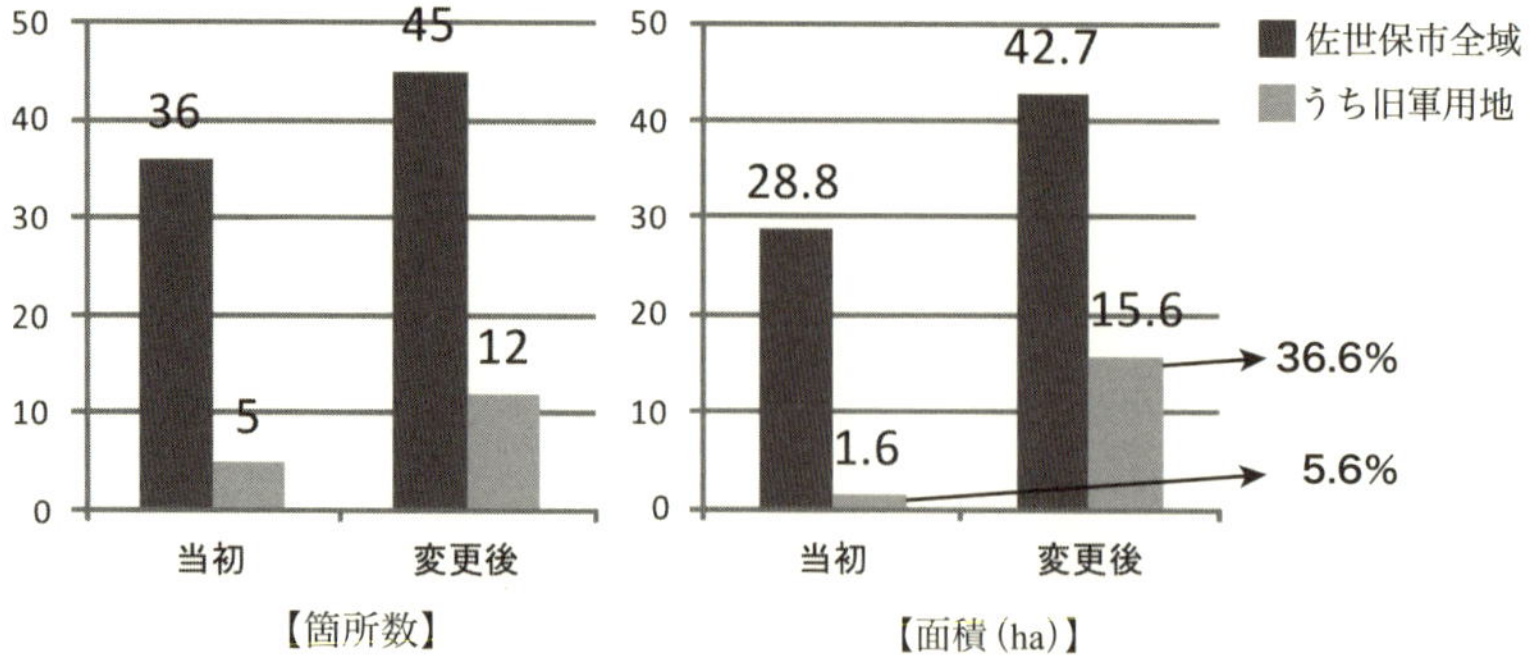

図10-2　戦災復興計画における公園箇所数・面積

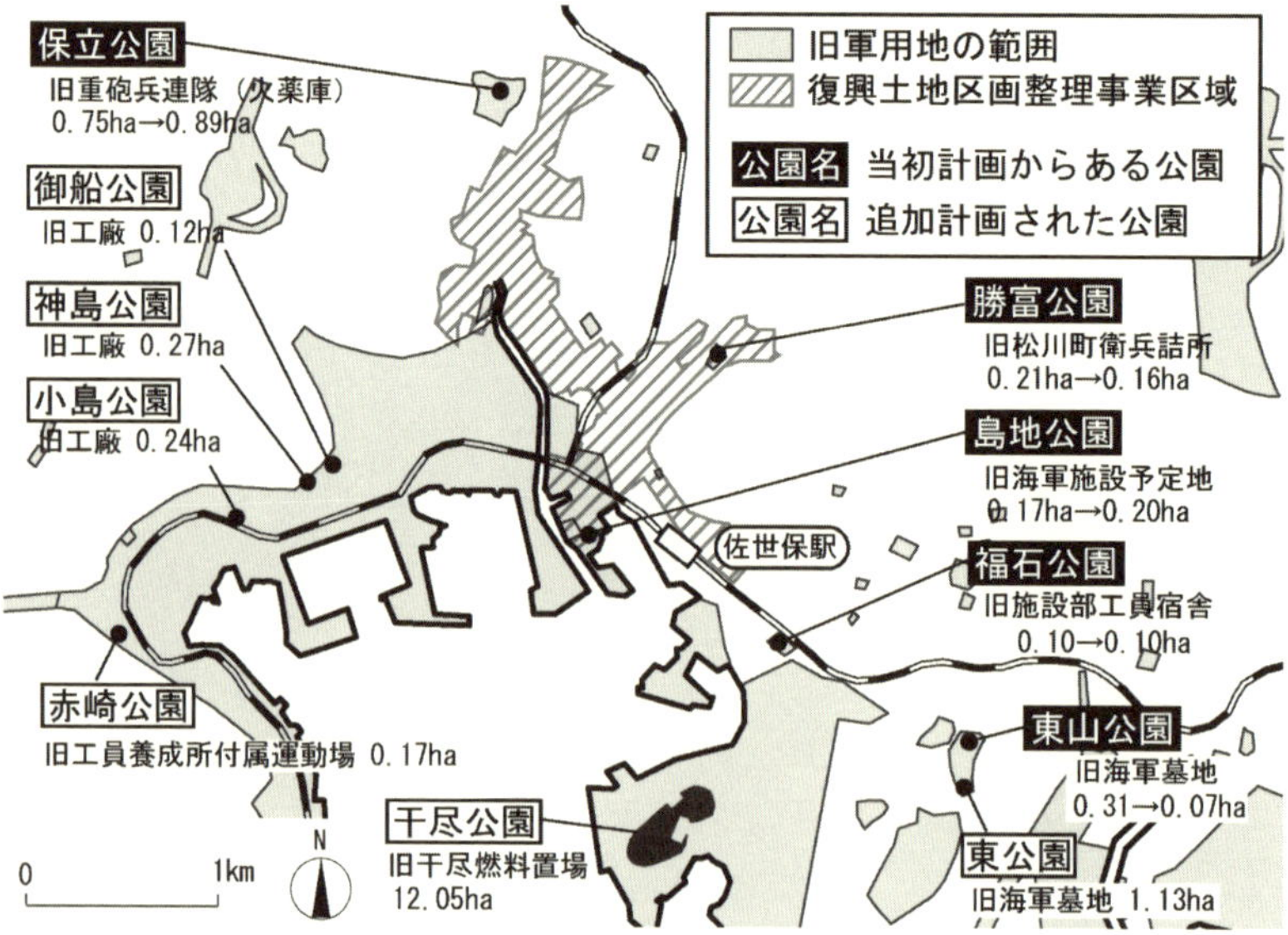

図10-3　旧軍用地に計画された戦災復興公園

［注1］他に図外の山の田地区に春日公園（追加、旧山の田練兵場、0.23ha）。
［注2］数値は計画面積で、矢印付きは、当初面積→変更後面積を表す。

三〇二・一ヘクタール、久留米一八・六ヘクタールであり、これらと比べても非常に少ない。また、戦災復興院が公園として決定するよう指示[5]していた旧演習場や旧練兵場に計画されたものもなかった。なお、当初計画においては、復興区画整理事業区域内か、その近隣の旧軍用地を位置づけられたものが中心であった（図10－3参照）。

転換計画の作成後になるが、一九五八年に区域変更・廃止・追加がおこなわれ、四五箇所、計四二・七ヘクタールとなった。このうち一二箇所、計一五・六ヘクタール（三六・五％）が旧軍用地での計画であり、当初計画と比べて箇所数、面積とも大幅に増加した。市内最大の基幹公園として、旧干尽燃料置場敷地内の丘陵部分に干尽公園（一二・〇五ヘクタール）が計画決定されたほか、既成市街地からやや離れた旧軍用地に小規模な公園が追加計画されており、より郊外の旧軍用地も公園として位置づけられた。

第二節　旧軍港市転換計画と旧軍用地

第一項　一九五〇年時点での旧軍用地の転用状況

まず、転換計画作成前の旧軍用地の転用状況を概観しておきたい。なお、佐世保市では一九五〇年一一月時点での旧軍用地と旧軍建物の転用状況について、「旧軍用地土地、建物一時使用調書」[6]として整理しているので、これを用いて考察する。この調書は、所在、数量（坪数）、元用途名（旧軍施設名）、現在用途名などが記載された一覧表となっており、計三五件、土地面積では約四二・八ヘクタールの旧軍用地が一時使用されていたことが分かる。[7]

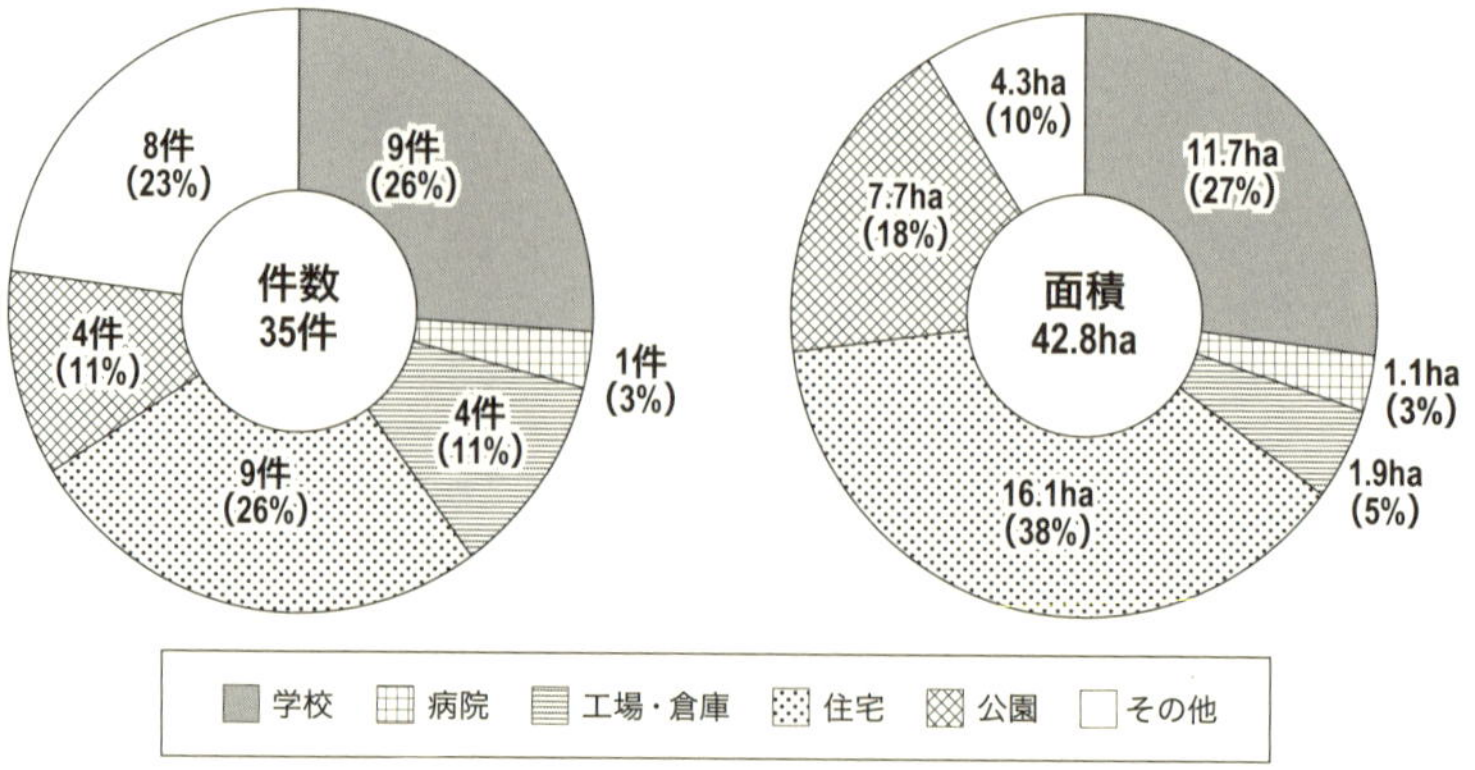

図10-4　1950年時点での旧軍用地の転用用途

［注］面積は、記載なし3件（学校、住宅、その他各1件）を除く32件で集計。

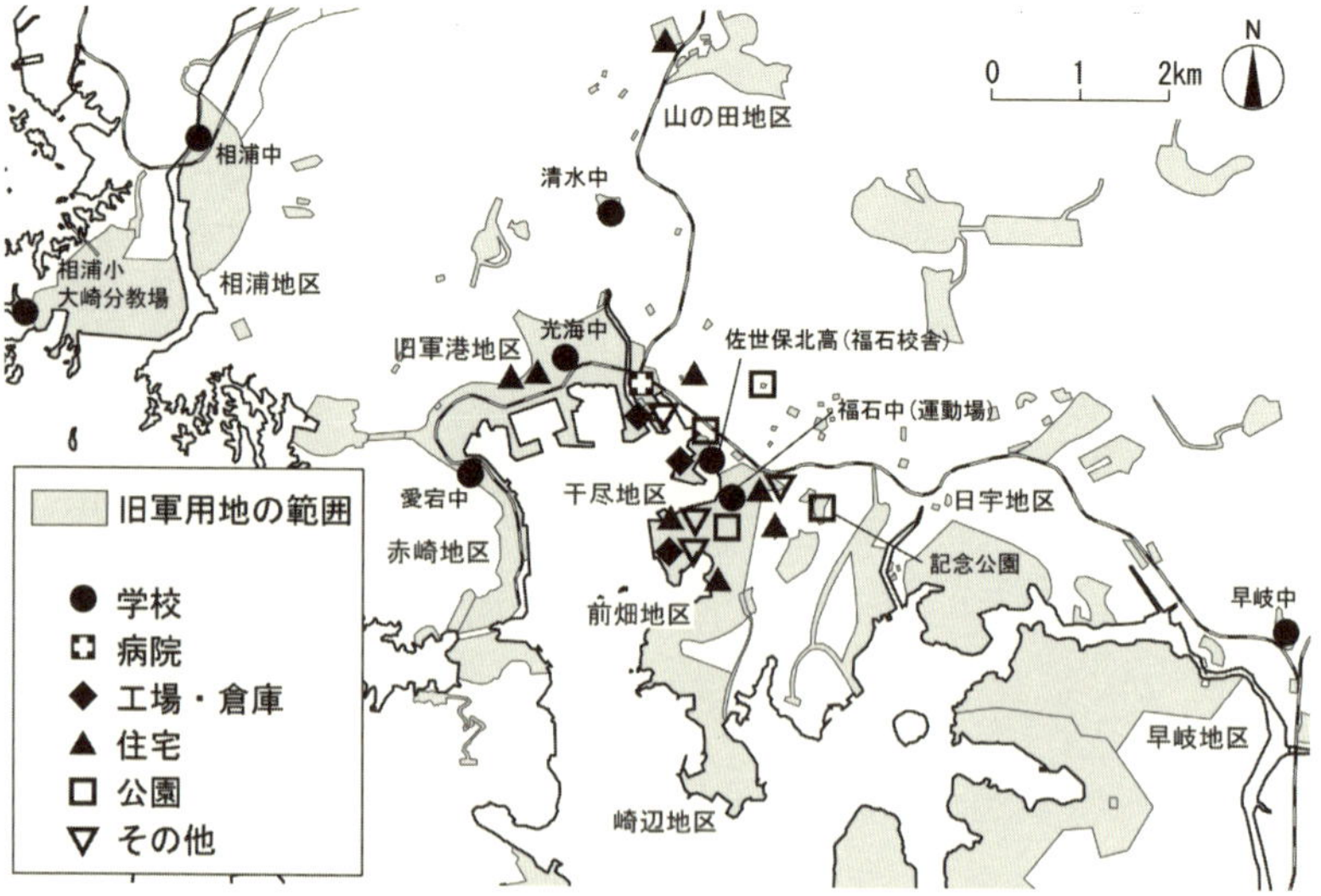

図10-5　転換計画前の旧軍用地の一時使用状況

［注1］他に図外の島嶼部に学校1件（相浦小高島分教場：旧高島番岳砲台）。
［注2］同一旧軍施設に同一用途が複数ある場合、1つのプロットとしている。

転用用途別にみると、件数、面積とも「住宅」「学校」が多い（図10－4参照）。「住宅」とは、工員宿舎などの建物が引揚者住宅や漁船員宿舎に転用された、あるいは罹災者のために庶民住宅が旧軍用地に建てられたものである。「学校」は、主に新制中学校によるもの（九箇所中六箇所）であり、そのうち五箇所は校舎として旧軍建物を利用していた。なお、第　六章でみたような罹災学校の代替施設としての旧軍建物利用は確認できないが、実際には罹災した九校の国民学校のうち三校が旧工員宿舎を代替施設として利用し、旧軍建物の移築や資材利用によって、一九四九年までに全ての罹災学校が旧校地に戻ったという経緯がある。(8)「工場・倉庫」については、魚市場に付随する水産倉庫や、生花市場に付随する青果倉庫のほか、自動車修理工場と民間利用が一件ずつだけであったが、実際には佐世保船舶工業（一九四六年設立）が旧海軍工廠のドックを使用していたように、他にもあったはずである。(9)

旧軍施設名から位置を特定して、転用用途ごとに一時使用されていた旧軍用地の分布状況を把握した（図10－5参照）。一時使用されている旧軍用地は、旧軍港地区から干尽地区、前畑地区にかけて集中しており、既成市街地に隣接した海岸部の旧軍用地を中心に使用されていたと言える。ただし、新制中学校などの「学校」は、相浦地区や早岐地区にもみられた。また、既成市街地に近接する旧軍用地では、小規模ながら公園や緑地帯として使用されているものがあったが、戦災復興公園に該当すると考えられるものは、旧海軍墓地の記念公園だけであった。(10)

第二項　旧軍港市転換計画における旧軍用地の位置づけ

⑴　転換計画の構成と旧軍用地における事業の抽出方法

本書で扱う転換計画(11)は、旧軍港市転換法に基づき、一九五一年一月に決定されたものである。転換計画は、「総説」「計画概要」「市域外に亙る重要施設」「旧軍港市転換事業費年次計画」から成り、このうち「計画概要」に七種類の都市施設ごとに事業内容が示されている。具体的には、各都市施設について、名称、数量（坪数）などが記載された一覧表となっており、摘要欄に旧軍施設名が記載されているものは、旧軍用地での計画と判断できる。そして、この旧軍施設名と図10－1とを照合して位置を特定した。また、摘要欄に旧軍施設名の記載がない場合であっても、地名や都市施設名称から位置を特定することができたものについては、旧軍用地での計画かどうかが判断している。摘要欄に建物転用との表記あるものについては、旧軍用地だけでなく、旧軍建物を利用する計画と判断した。

上記方法により旧軍用地における事業を抽出したところ、都市施設七種類中六種類において、計四三件が旧軍用地での計画であった。転換計画の記載方法に相違があるため単純比較は難しいとはいえ、第九章第二節でみたように、横須賀市の転換計画では一九件[12]であるので、佐世保市の転換計画には如何に多くの旧軍用地が位置づけられていたかが分かる。非常に多くの計画が旧軍用地に位置づけられており、この点は旧軍用地での計画が限られていた横須賀市の転換計画と異なる。なお、転換計画作成以前から転用（一時使用）されていたものは記載されておらず、転換計画は、未使用の旧軍用地に対する利用計画であった。

次からは、旧軍用地での計画が確認できた六種類の都市施設ごとに、その計画内容をみていくこととする。

⑵　港湾施設

港湾施設については、転換計画と同時に作成されたと思われる「旧軍港港湾地域利用計画」（以下、港湾計画）があるので、併せて考察する。この港湾計画は、「概論」「港湾地域利用計画」「附表（港湾施設概要）」から成り、「佐世保港湾地域利用計画図」及び「佐世保港転換計画俯瞰図」が付随している。このうち「港湾地域利用計画」において、佐世保湾

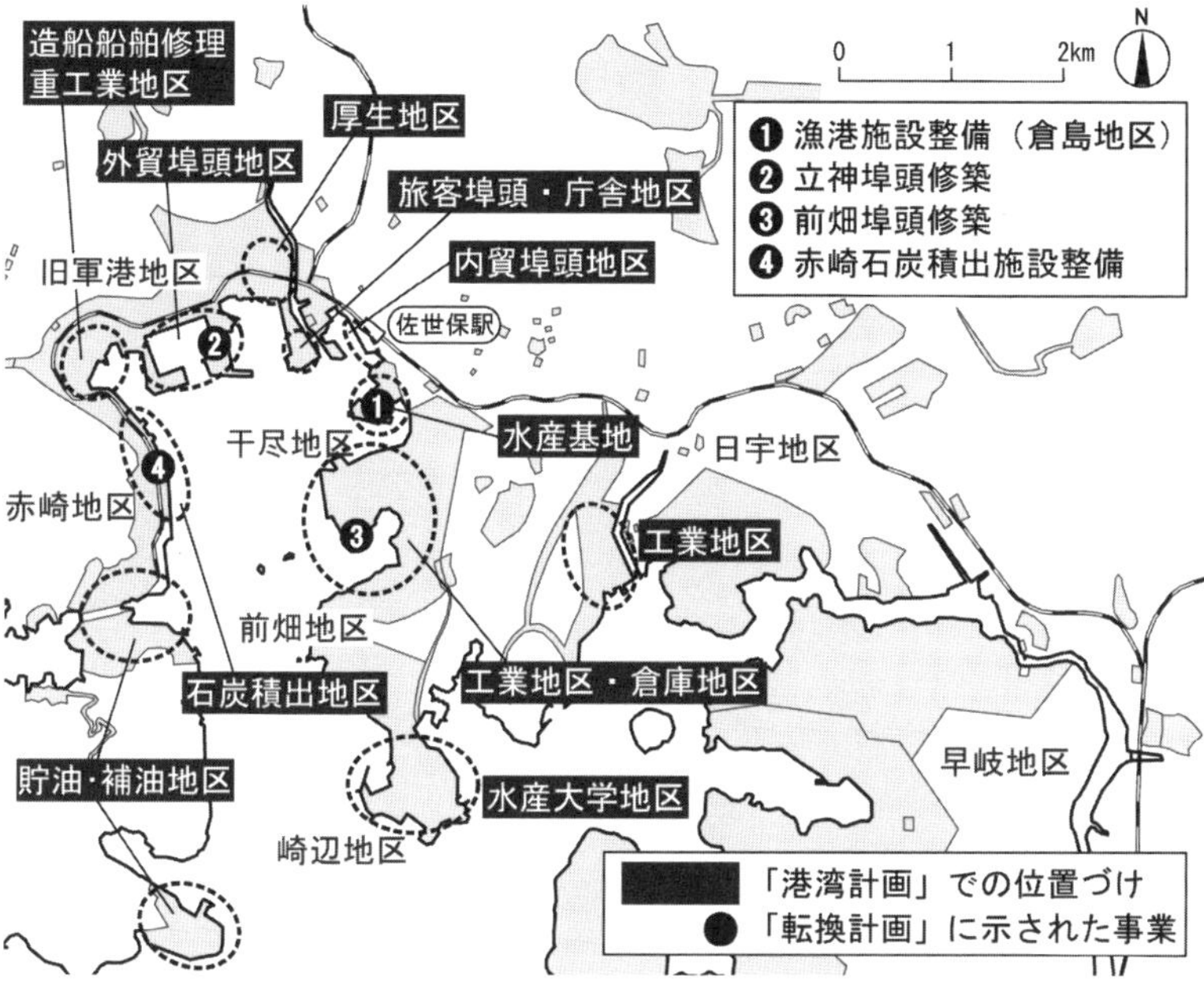

図10-6　旧軍用地に位置づけられた港湾施設

［注］他に図外の横瀬（市域外）が、貯油・補油地区として位置づけられている。

に面した一三地区の具体的な利用計画が示されている。このうち佐世保駅裏に当たる内貿埠頭地区以外は、全て旧軍用地である。造船舶修理・重工業地区（旧海軍工廠ドック）、貯油・補油地区（旧海軍燃料タンク）、工業地区（旧第二一航空廠）など、旧軍の残した施設設備の利用を前提に、従来用途を継承した位置づけが与えられた地区がある一方で、水産基地（旧防備隊）、水産大学地区（旧航空隊）、厚生地区（旧鎮守府、海兵団等）など、まったく新たな位置づけが与えられた地区もあった（図10－6参照）。このうち、水産大学地区については、既に一九五〇年六月より長崎大学水産学部が旧航空隊の残存建物を転用して開校しており、当時、臨海実験所、水産研究所等の設置計画があった。また、厚生地区については、旧鎮守府を各国領事館と外国商社、旧海軍病院を市民病院、旧海兵団を金融市場街、美術館、水族館、国立大学、体育館などが囲む公園地帯とするとともに、ホテル、物産陳列館、貿易振興会館も設置し、将来的には中央停車場も設ける予定としている。

このような位置づけがなされている中で、転換計画には八箇所の港湾整備事業が示されており、うち四箇所が旧軍用地（旧軍港）での施設整備で、具体的には次のようなものであった。水産基地として位置づけられた倉島地区では、遠洋トロール船の荷揚地区とすべく岸壁整備が計画されていた。外貿埠頭地区として位置づけられた立神埠頭では、食糧輸入を中心とした外貿拡大に向け、さらなる岸壁や引込線の整備が計画されていた。尚、佐世保港は一九五〇年四月に食糧輸入港に指定され、立神埠頭が食糧輸入の埠頭として利用されていた。工業地区・倉庫地区と位置づけられた前畑埠頭では、岸壁を整備して工業用埠頭とし、引込線や臨港道路を整備して水産加工場を置く計画であった。石炭積出地区と位置づけられた赤崎地区では、市内北松炭田で産出される石炭の積出施設として、岸壁や総合貯炭場（約一ヘクタール）の整備が計画されていた。以上から、港湾計画での位置づけに沿って、必要な施設整備を図り、商業港、工業港、漁港へ転換しようとしていたことが分かる。

(3)　土木施設

土木施設は、街路、公園、土地区画整理、下水道、上水道、治山治水の六種類に細分されて記載されている。その中で、旧軍用地での計画が確認できたのは、公園と土地区画整理であった。公園については、五箇所中四箇所が旧軍用地での計画である。尚、もう一箇所は、海上公園として計画された九十九島公園（一〇四九ヘクタール）であり、一九五五年指定の西海国立公園の一部となるものである。そのため、都市施設としての公園計画は、全て旧軍用地に計画されたと言ってよい。また、計画面積一〇〇ヘクタール超の大公園が二箇所計画されている点が特筆される（図10－7参照）。先述したように、旧軍用地に計画された戦災復興公園（当初計画）は、既成市街地周辺での小規模公園ばかりであったが、転

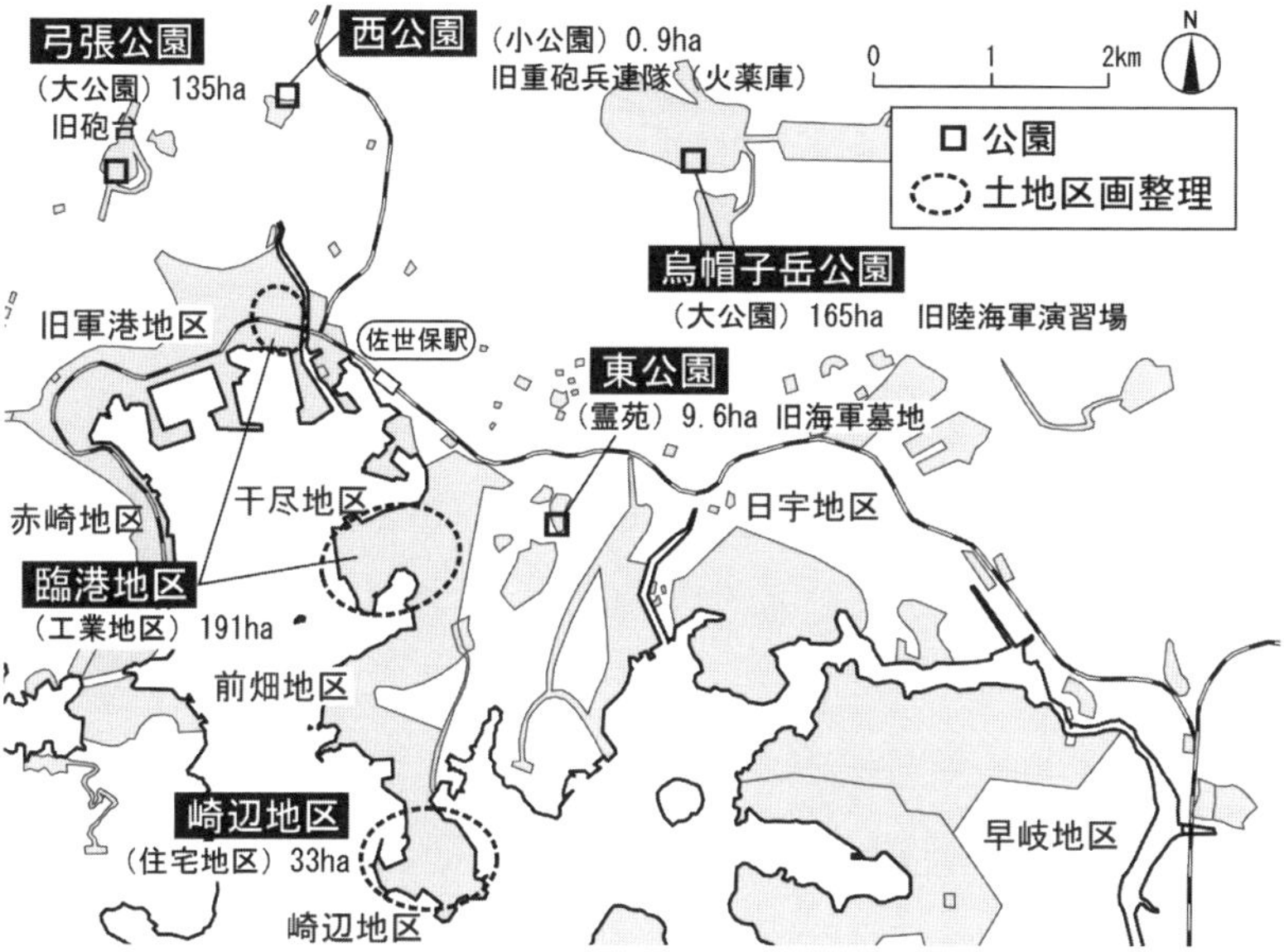

図10-7　旧軍用地に位置づけられた土木施設

換計画においては、山間部の旧軍用地が大規模公園として位置づけられた。元の用途は、旧陸海軍演習場（烏帽子岳公園）と旧砲台（弓張公園）であり、戦災復興院から出された通牒にあった「旧要塞地帯ナドデ地方計画上存置ノ必要ガアル景勝地ノヨウナ所ハ、県立公園等ノ保勝地トシテ永ク確保スル」ことに沿っていたと言えよう[13]。なお、戦災復興公園計画と一致するのは西公園と東公園のみであり、両計画の整合は図られていなかった[14]。

土地区画整理については、「軍用施設を整理し整然たる街区を整え未建築敷地に対して統制ある開発をなす[15]」ため、臨港地区（旧海兵団地区、干尽地区）と崎辺地区に計画された。前者は、先の港湾計画において、厚生地区と工業地区・倉庫地区に位置づけられた区域で、計一九一ヘクタールもの工業地区を創出する計画であった。一方、後者は水産大学地区として位置づけられた区域であり、三三ヘクタールの住宅地区として計画された。これらから、港湾計画での位置づけに沿って、基盤整備が計画されていたことが分かる。

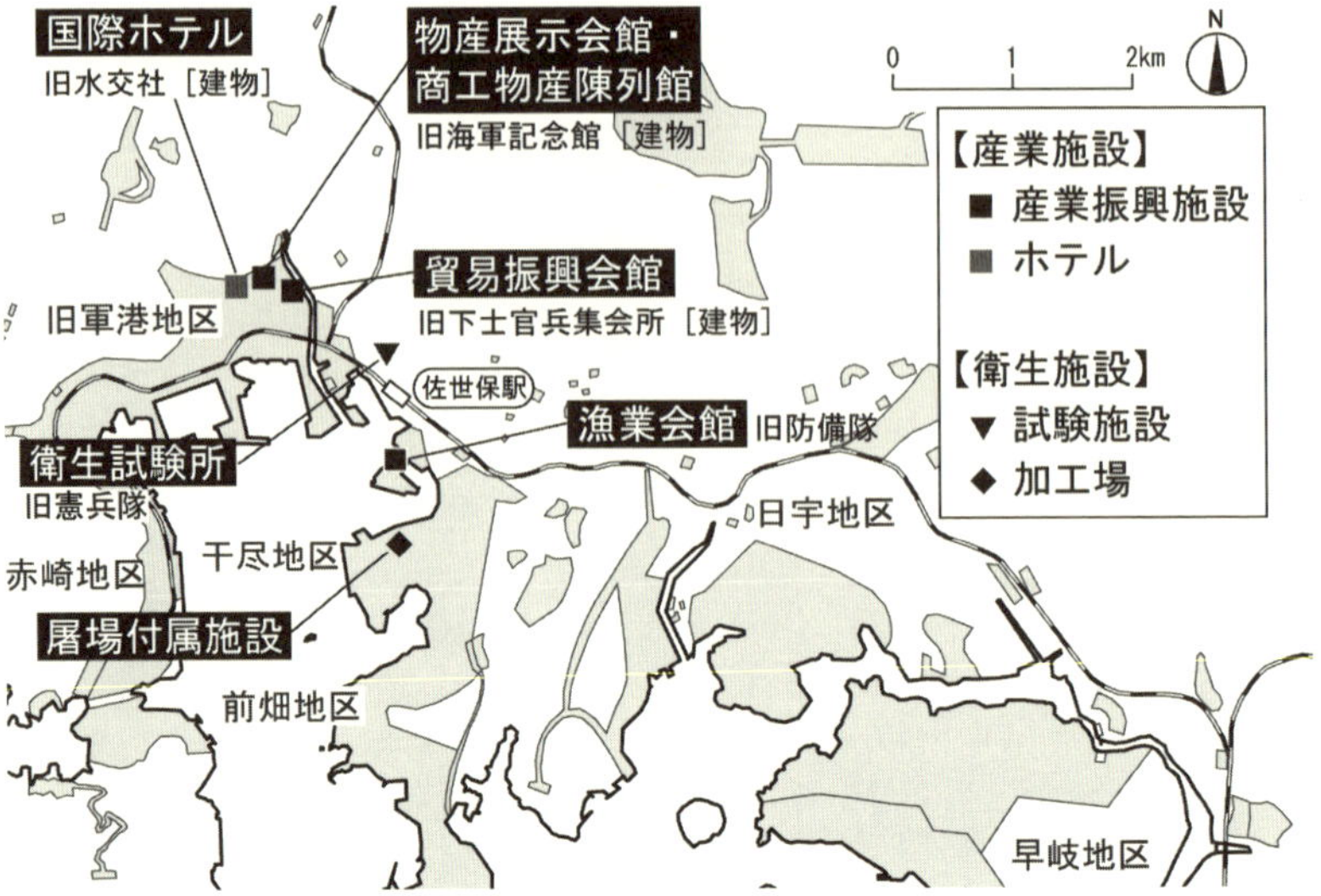

図10-8　旧軍用地に位置づけられた産業施設・衛生施設

［注］精神病院、伝染病院、乳児診察所、行路病舎（旧大塔町造兵部電気疎開工場）については、場所を特定できないため、記載していない。

(4) 産業施設

「旧軍港転換の中心は旧軍施設の転用による各種産業の誘致育成にあり、これがための産業振興の機関としての商工奨励施設並に内外貿易業者のためのホテル、交通機関等の整備」[16]が必要とされた。そのため、物産展示会館・商工物産陳列館、貿易振興会館、国際ホテルが、港湾計画における外貿埠頭地区、旅客埠頭・庁舎地区に隣接する厚生地区に計画された（図10—8参照）。旧海軍記念館、旧下士官兵集会所、旧水交社の建物を転用することになっており、いずれも来訪者向けに、旧軍建物としては瀟洒なものが選ばれた。また、漁業会館については、港湾計画において水産基地として位置づけられた倉島地区に計画された。以上のように、産業施設もまた、港湾計画での位置づけに沿っていた。

(5) 衛生施設

九箇所中六箇所が旧軍用地での計画であったが、位置を

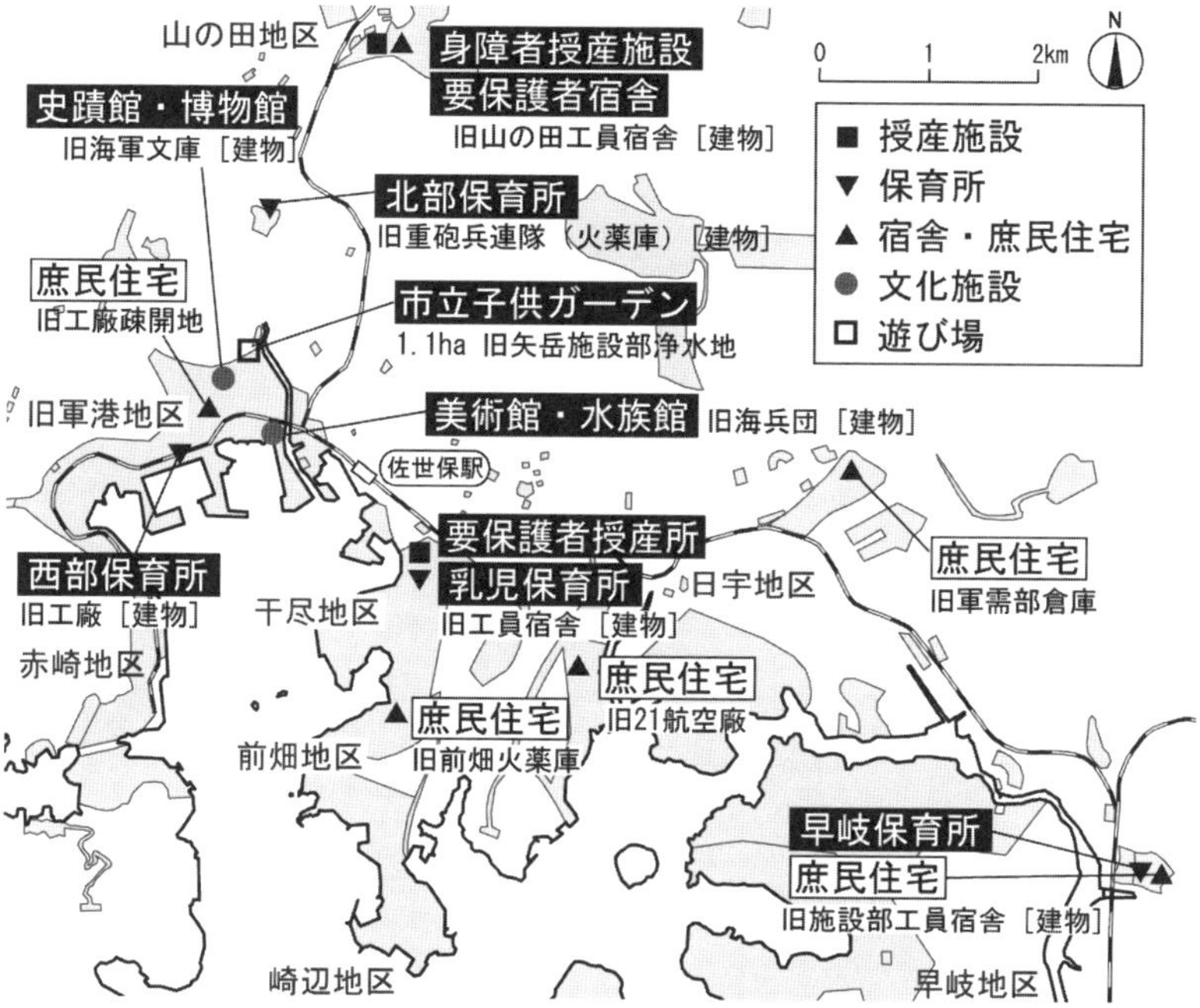

図10-9　旧軍用地に位置づけられた社会施設

［注1］他に図外の相浦地区に保育所1箇所（相浦保育所：旧施設部［建物］）。
［注2］□は「旧軍用財産利用計画調書」に掲載されていたもの。

特定できたのは、衛生試験所と屠場付属施設だけであった（図10－8参照）。他の四箇所の具体的な場所は特定できなかったものの、摘要欄の旧軍施設名が同一（大塔町造兵部電気疎開工場）であったことから、精神病院、伝染病院、乳児診察所、行路病舎を揃えた医療団地を郊外部の大塔町（日宇地区）所在の旧軍用地を転用して整備する計画があったことが分かる。

(6) 社会施設

授産施設は三箇所全て、保育所は六箇所中五箇所、要保護者向けの宿舎・寮二箇所、文化施設は四箇所中二箇所が旧軍用地での計画であった（図10－9参照）。いずれも旧軍建物を転用することとなっていた。他に幼児向けの遊び場一箇所も旧軍用地での計画であった。なお、文化施設は、港湾計画の厚生地区を構成するものであった。

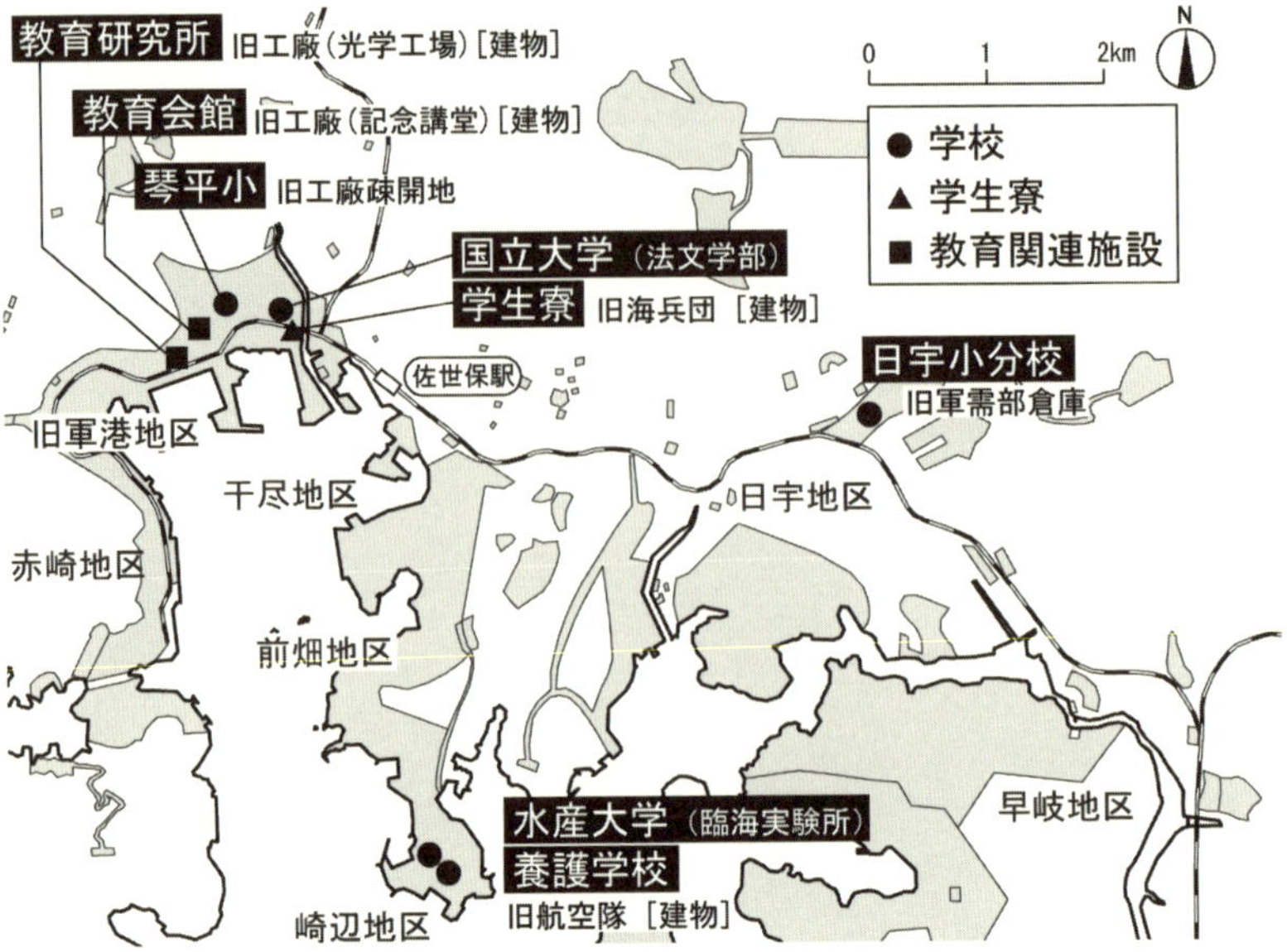

図10-10　旧軍用地に位置づけられた教育施設

［注］職業指導所（大和町現復員局［建物］）も旧軍用地と思われるが、場所を特定できないため、記載していない。

また、全戸数の約四割に当たる約一万二〇〇〇戸を焼失した佐世保市では、終戦後五年を経過してもなお住宅不足は深刻で、転換計画においても、罹災者向けの庶民住宅を二〇〇〇戸供給するとされていた。これについて転換計画では、その位置についての記述はないが、付随していた「旧軍用財産利用計画調書」(17)から抽出したところ、五箇所の旧軍用地が庶民住宅の建設敷地とされていた。

なお、授産施設、保育施設、庶民住宅については、旧軍港地区や干尽地区ばかりでなく、郊外の旧軍用地においても転用が計画されていた点が特筆される。

(7) 教育施設

九箇所全てが旧軍用地での計画であった（図10―10参照）。このうち、学校の計画は小学校二校、大学二校（及び学生寮）、養護学校一校であった。なお、転換計画作成前に対応済みであったため、罹災学校の代替、新制中学校新設に伴うものはなかった。なお、先述した港湾計画との関連では、国立大学（法文学部）は厚生地区、水産大学（臨海実験所）は水産大学地区を構成するものであった。また、教員向けの施設として、教育研究所と教育会館が旧工廠の建物転用として計画されていた。

おわりに

佐世保市の場合、戦災復興公園計画の当初計画においては、旧軍用地に計画された公園は限られており、旧軍用地を公園緑地として決定するという戦災復興院の指示に沿っていたとは言えない。また、計画決定された公園をみても、主に既成市街地周辺の旧軍用地が小規模な公園として計画されており、これらの点は陸軍師団設置都市での戦災復興公園計画と異なる。しかし、公園計画の変更後は、全公園計画面積に占める旧軍用地での公園計画面積の割合が高くなっており、また、市内最大の公園も旧軍用地で計画されていることから、旧軍用地が戦災復興公園計画の重要な位置を占めることになったと言える。

一方、転換計画については、まず、既に使用されていた旧軍用地については計画対象から除かれていたことから、概ね旧軍用地の新たな転用を前提としていたと言える。また、転換計画には、非常に多くの旧軍用地が位置づけられていた。これらの点は、横須賀市の転換計画と異なる。同時に作成されたと思われる港湾計画において、佐世保湾岸の旧軍用地の位置づけがなされ、それに沿った事業が転換計画において展開されていた点も特徴的である。そのため、転換計画で位置づけられた旧軍用地は、全体的にみれば佐世保湾岸に集中し、それ以外の郊外の旧軍用地は、分散配置の必要のある学校や保育所など、一部用途に限って、転換計画の中で位置づけられていた。
また、旧軍用地のみならず旧軍建物を転用することとなっていた計画が多かったことが指摘できる。特に、産業施設、社会施設、教育施設において顕著で、終戦後五年を経過した時点でも、残存建物が重宝されていたことが分かる。公園については、山間部の旧軍用地に大規模公園が計画されており、戦災復興計画よりも転換計画のほうが、旧軍用地を公園緑地として決定するという戦災復興院の方針に沿ったものであった。

注

1 大蔵省財政史室編『昭和財政史―終戦から講和まで―第一九巻（統計）』（三三八頁、東洋経済新報社、一九七八年）による。
2 『陸軍省統計年報』（一九三七年、防衛省防衛研究所図書館蔵）によれば、陸軍では「官衙」「兵営」「学校」「病院」「工場」「倉庫」「作業場」「射撃場」「練兵場」「演習場」「飛行場」「牧場」「埋葬地」「その他」の一四種類に分類していた。これを参考に、建物の用途や土地特性を考慮して、図10－1に示した九分類とした。なお、佐世保市には「学校」はなかった。
3 GHQ覚書「日本航空機工場、工廠及び研究所の管理、統制、保守に関する件」（一九四六年一月二〇日）により、機械類は、賠償のために撤去・引渡しが行われるまで適切に保守管理されることとなったが、一九四九年五月に賠償撤去は中止されて、機械類が利用できるようになった。第二章第四節参照。
4 佐世保市編『佐世保戦災復興誌』佐世保市、一九六〇年
5 第三章第一節参照。
6 「旧軍用地土地、建物一時使用調書」佐世保市、『旧軍港市転換資料』（一九五〇年、長崎県立図書館藤野文庫蔵）
7 第九章第二節でみたように、同じ旧軍港市である横須賀市では、一九五〇年時点で約四七六ヘクタールの旧軍用地が利用さ

れており、これに比べるとあまりにも少ない。この調書には、相当の漏れがあると推測できるが、特に民間事業者による工場・倉庫としての利用がほとんど掲載されておらず、ほぼ公的利用に絞った調書と思われる。

8　佐世保総務部庶務課編『佐世保市史政治行政編』（三六三頁、佐世保市、一九五七年）

9　例えば、「旧軍港港湾地域利用計画」（『旧軍港市転換資料』、佐世保市、一九五一年、長崎県立図書館藤野文庫蔵）には、工業地区・倉庫地区に位置づけられた区域（干尽・前畑・崎辺地区）で操業中の事業者の一覧表があり、一一事業者が五七棟、約六万平方メートルもの旧軍建物を使用していたことが分かる。

10　一時使用調書での使用面積（二・九ヘクタール）と戦災復興公園計画での計画面積（東山公園：〇・三一ヘクタール）とにかなりの乖離があるので、同一でない可能性もある。

11　「旧軍港市転換計画」（『旧軍港市転換資料』、佐世保市、一九五一年、長崎県立図書館藤野文庫蔵）

12　公園・運動場八箇所、住宅造成四箇所、平和産業転換三箇所、学校四箇所。

13　第三章第一節参照。

14　西公園は、戦災復興公園計画での保立公園である。東公園については、転換計画（霊苑、九・六ヘクタール）と戦災復興公園計画（一・一三ヘクタール）とで、計画面積にかなりの乖離があるので、同一でない可能性もある。

15　前掲注11

16　前掲注11

17　「旧軍用財産利用計画調書」（『旧軍港市転換資料』、佐世保市、一九五一年、長崎県立図書館藤野文庫蔵）

結　章

第一節　戦後日本の都市における旧軍用地転用の特質

第一項　主客概念からの整理

(1) 旧軍用地の利用主体について

まず、都市部の旧軍用地については、公的利用が主流であったことが指摘できる。都市部の旧軍用地の多くは、官公庁施設、公園・緑地、学校、公的住宅などとして、国あるいは公共団体によって利用された。終戦直後の国の財政は逼迫しており、国有地であった旧軍用地の売却による財源確保も目論見の一つであった[1]が、大蔵省は、ほぼ一貫して公的機関による利用を優先させた。また、公的利用を促すために、公共団体に対しては国有財産法や国有財産特別措置法などで、旧軍用地活用のためのインセンティブを与えていた。そのため、例えば一九五六～一九六五年度の国有財産地方審議会において処分が決定された都市的用途案件の場合、件数、面積ともに六割以上が公的機関への処分であったように、民間事業者への払下げが増大した高度経済成長期であっても、公的利用が主流となっていた。

旧軍用地を継承した国公有地は現在も多い。公営住宅や公務員宿舎など、現在では低利用状態となっている場合もあり、国公有地の有効活用という面で問題はあるが、土地資源に限りのある都市部において、国や公共団体が直接コントロール可能な土地の存在は、将来の市民にとっても財産である。しかも、旧軍用地の規模は非常に大きかったため、分割利用された場合でもまとまった規模を維持している場合が多く、大規模国公有地として非常に貴重である。

一方、民間利用された旧軍用地も存在した。特に高度経済成長期には、市街地縁辺部や港湾部にあり、賠償指定を解除された旧陸軍造兵廠などの軍需工場が、民間事業者に払下げられて工場や倉庫として活用された。その後、市街地縁辺部では、市街化の進行により周辺が住宅市街地へと変貌して公害問題が危惧されるようになると、工場・倉庫は郊外に移転していった。そして、その跡地において個別に商業開発や住宅開発が進むことで、住商工の用途混在といった問題も起きている。また、港湾部の場合は、今後、工場閉鎖に伴う遊休地化が進み、その有効活用が問題となることが予想される。

民間事業者によって工場・倉庫として活用された旧軍用地は、その役目を終え、改めて土地利用転換の方向が模索され始めている。そして、民有地であるために各所有者の判断で処分され、個別に商業開発や住宅開発が進むという状況にある。

(2) 各旧軍施設に固有の条件を勘案した活用について

客体である旧軍施設の状況と転用の関係をみると、建物や機械設備などの旧軍施設の残存状況など、各旧軍施設に固有の条件が勘案されていたことが指摘できる。

終戦直後には残存していた、官衙、学校、兵営、倉庫などの旧軍建物が罹災した学校の校舎や寄宿舎、戦災者を収容するための越冬住宅として重宝された。また、陸海軍の病院が国立病院として再発足したほか、高度経済成長期には陸軍造兵廠などの軍需工場が民間事業者に工場として払い下げられ、陸海軍の飛行場が地方空港として再整備されるなど、従前用途が継承された旧軍施設も多かった。貯油施設を有していた旧燃料廠が国策によって石油コンビナートへ転換されたように、特殊な設備が有効活用された場合もあった。

資材不足、資金不足の中で、応急利用に求められた迅速さやコストを抑えるという課題に対し、残存施設を最大限に活用しようとしていたと言える。

第二項　空間概念からの整理

(1) 地方ごとの旧軍用地転用の特徴について

全国レベルで旧軍用地の転用状況が把握できる高度経済成長期前半を例にとると、地方によって異なる都市施設需要や産業政策を背景に、各地方の特性に応じて旧軍用地の活用がなされていたことが指摘できる。一九五六〜一九六五年度の国有財産地方審議会において処分が決定された都市的用途案件について、財務局別・用途別に件数を集計したところ、例えば、関東では官公庁系が、近畿では文教系が、東北、東海、中国、北九州では産業系が、日本列島の両端に当たる北海道、南九州ではインフラ系が、最多の用途であった。

国有地であった旧軍用地は、まずは国家的見地から転用が検討されるものであった。そのため、当時の国土計画や大都市圏計画との関連において、各地方の旧軍用地を大規模工業用地やニュータウン用地などとして活用することが検討されていたと考えられる。

(2) 都市内における立地特性を踏まえた旧軍用地の活用について

師団設置一三都市を対象とした考察において、立地類型ごとに一定の転用傾向が見られたことから、立地特性に応じて旧軍用地の活用がなされていたことが指摘できる。立地類型ごとの一九七五年前後の典型的な用途を挙げれば、城郭部では都市の顔となるような城址公園と官庁街、周辺市街地との調和が求められた市街地縁辺部（市街地内）では文教・住宅市街地、市街地に近い割に制約の少ない市街地縁辺部（市街地近隣接）では文教・住宅市街地のほか、研究・試験施設や学校・研修施設、工場・倉庫、自衛隊駐屯地としての利用も多く、利便性に劣る郊外部では自衛隊用地、港湾機能を活かせる港湾部では工場・倉庫であった。

各都市においてエアポケットとして出現した旧軍用地は、転用されることで都市構造の中に組み込まれていったのだが、大きな傾向としては、立地場所との関係において転用用途が決定されていたと言える。但し、陸軍病院を継承した国立病院、軍需工場を継承した民間工場のように、立地場所というより従前用途との関係によっていた場合もあった。

第三項　時間概念からの整理

(1) 社会経済情勢の変化に対応した活用について

終戦から戦災復興期、高度経済成長期へといったような社会経済情勢の変化に伴い、都市施設需要も変化していったが、その変化する都市施設需要の受け皿として旧軍用地を柔軟に活用してきたことが指摘できる。

終戦直後に出された旧軍施設の転用方針――学校、住居、工場への転用方針――は、いずれも戦災からの復旧・復興のためのもので、旧軍施設の利用方法は応急措置を前提とした一時使用であり、上物である旧軍建物が転用の主な対象であった。戦災復興期以降、戦後の制度改革が本格化すると、新制度が喚起した新たな都市施設需要に対して、旧軍用地が転用されることになる。この場合には、旧軍用地の使用方法は恒久的な使用を前提とした処分（払下、所管換など）となり、土地が転用対象として価値をもつようになり、老朽化した旧軍建物はもはや無用であった。さらに、一九五〇年代後半からの高度経済成長期には、急激な都市化への対応も大きな課題となり、旧軍用地は公的利用だけでなく民間利用も含む様々な都市施設需要の受け皿となっていった。

僅か十数年の間に、終戦直後の混乱、戦後の制度改革、都市化に伴う都市問題が、全国の都市に押し寄せ、目まぐるしく変化する社会的ニーズに対応するために、利用方法（一時使用か、恒久的な使用か）や転用対象（建物か、土地か）も変えながら、旧軍用地が転用されていった。如何なる用途としても利用可能な遊休地であった旧軍用地が、変化への対応を可能にしたのであった。

第二節　戦後日本の都市づくりにおいて旧軍用地が果たした役割

第一項　短期的視点・個別のニーズに対応した都市づくり

終戦直後、罹災した学校や住宅の代替施設が必要となった際に、残存していた旧軍建物を改造したり、旧軍用地に応急簡易住宅などを建設したりすることで、応急的な対応が図られた。さらに、高度経済成長期、急速な都市化により逼迫していた公園、学校、公営住宅などの都市施設の整備には、旧軍用地を活用することで対応していった。罹災という緊急事態に対する応急措置として、あるいは各都市で発生した都市問題への対症療法として、旧軍建物や旧軍用地が活用されたのであった。また、戦後の制度改革や新たな住宅政策、産業政策に関連する法律や計画に基づき、新たに発生した都市施設需要に対しても、その受け皿となる施設整備用地として、個別に旧軍用地が転用されていった。

罹災という緊急事態や急速な市街化への対応、あるいは制度改革や都市・地域政策などの早期実現のためには、短期的な視点からの迅速な対応や個別のニーズへの柔軟な対応が必要とされ、旧軍用地がこれに充てられた。即ち、遊休国有地という大量の旧軍用地の存在が、戦後日本において様々に発生した土地需要への柔軟な対応を可能にし、土地問題をソフトランディングさせたという側面が見出せるのである。この点において、旧軍用地は、短期的な視点に基づく都市政策や個別の土地需要に柔軟に対応するためのリザーブ（reserve）用地として機能していたと言える。

第二項　長期的視点・全体的視野をもった都市づくり

百年の計として立案された戦災復興計画においては、多くの旧軍用地が公園緑地として計画決定され、国有財産法第二二条の規定による無償貸付を受けて実現していった。また、名古屋市の場合には、公園緑地の配置バランスや水運との関係などを勘案しつつ、旧軍用地は、都市計画的見地から戦災復興計画をはじめとした都市計画に位置づけられ、公園緑地系統の実現、官庁街の建設、文教・住宅市街地の形成、工業地域の形成に役立てられたとともに、墓地移転用地となったことが復興土地区画整理事業を促進したという側面もあり、都市構造の再編に直接的・間接的に貢献したと言える。この他、師団設置都市を対象とした考察では、二つの特徴的な転用形態――城郭部の旧軍用地における官庁街の建設、城郭部や市街地縁辺部の旧軍用地における大学を核とした様々な学校の集積（学園都市への転換）――が見られ、旧軍用地を活用して新たな都市核を創出することで、都市構造を改編させていったことが明らかになった。

終戦によって出現した旧軍用地は、各都市が新たな都市づくりを構想する上で、非常に重要な都市ストックとなった。その理由は、第一に、旧軍用地は遊休国有地であったために公的な観点からの活用が比較的容易であったこと、そして第二に、城郭部や港湾部など都市の重要な場所が軍から解放されたとであった。即ち、都市構造を考える上で重要な位置にあった旧軍用地が、長期的視点あるいは全体的視野から位置づけられ、活用されたことで、都市構造再編が実現されたという側面が見出せるのである。この点において、旧軍用地は、長期的な視点や全体的視野をもって都市構造の再編を図るための重要な土地資源（resource）として機能していたと言える。

第三項　二つの視点から求められた旧軍用地の役割の両立

上述したように旧軍用地には、短期的視点・個別のニーズへ柔軟に対応したことと、長期的視点・全体的視野をもった都市づくりに活かされたことの二つの役割が認められる。しかし、長期的視点・全体的視野から旧軍用地を位置づけながらも、短期的視点・個別のニーズに対応するために、位置づけた用途とは異なる利用をしなければならないという場合もあった。この二つの視点から求められた旧軍用地の役割を如何に両立するかという課題に対し、二つの方法が見られた。

まず一つ目は、一時利用である。例えば、終戦直後に出された「学校、兵営、倉庫、廠舎等ヲ文部省管下学校ニ使用セシムル件案」や「元軍用土地及ビ建物ノ應急利用ニ關スル件」では、いずれも一時利用が前提とされた。また、長期的視点・全体的視野から立案される戦災復興計画においても、「戦災復興土地区画整理ニ伴フ軍用跡地等国有地ノ措置ニ関スル件」によって、事業化までの期間は旧軍用地を仮設住宅用地などに一時利用できることとなっていた。このように、終戦直後の罹災対応という緊急的な短期的ニーズに対しては、積極的に旧軍施設を一時利用することで対応しようとしていた。

また、罹災した名古屋大学は代替校舎として旧軍施設を一時利用する傍らで、大学の集約移転事業を進めたが、これは都市施設の更新や移転のために遊休国公有地を一時利用に有効活用した萌芽的事例と言える(2)。旧軍用地を一時利用しながら他の都市計画事業を進めた同様の事例としては、広島城地区の官庁街建設にあたって、広島兵器補給廠跡地を広島県庁として一時利用していたことも確認された。

このように旧軍用地の一時利用が有効であった事例が見られた一方で、当時は、一時利用に関する担保措置が不十分であったため、一時利用のはずの学校や応急簡易住宅（後の公営住宅）、あるいは農地が継続的に旧軍用地を利用することになり、長期的視点に基づいて決定していた都市計画の変更を余儀なくさせるといった問題が発生することもあった。

方法のもう一つは、特別な都市計画的な配慮である。例えば名古屋市では、城郭部の旧軍用地において官庁街を建設する際、戦災復興計画で城址公園として決定した計画を縮小することになることから、国・県・市の間で景観形成のための申し合わせ事項を取り決めて建築制限を行い、公園的風致を創出する試みがなされた。同様に、公園計画を縮小しての下水処理施設の整備においても、上部にテニスコートを設けることで公園としての機能を担保した。このような都市計画的な配慮がなされたことによって、当初の公園計画が大きく縮小されながらも、城郭部の旧軍用地全体で公園的雰囲気が保たれた。短期的あるいは個別の需要に柔軟に対応するために、長期的あるいは全体的視野に基づいた計画を変更したが、それでも都市計画的な配慮を施すことで、当初計画の目指した構想に近づける努力がなされていたと言えよう。

第三節　旧軍用地からの展望

人口減少・市街地縮小時代を迎えた現在、施設の統廃合により公共施設跡地などの遊休国公有地が今後は増加することが予想され、その有効活用が望まれている。前項での考察を受けて、我が国の都市づくりにおける現代的課題である遊休国公有地の活用問題に目を向けたとき、どういった方向性、方法が考えられるだろうか。

旧軍用地に倣えば、遊休国公有地にも、短期的視点・個別ニーズへ対応するリザーブ（reserve）用地としての機能と、長期的視点・全体的視野から積極的に活かすべき土地資源（resource）としての機能の双方が期待されるとともに、双方の両立が求められる。

まず、遊休国公有地のリザーブ（reserve）用地としての役割を考えてみたい。

全国で都市化の進んだ高度経済成長期のように、多くの公共施設需要（公共利用による都市施設需要）が発生することは、人口減少・市街地縮小時代においては一般的に考えにくい。逆に、これから迎えようとしているのは、公共施設跡地などの遊休国公有地が増加する時代である。公共施設用地の逼迫感が薄れていく中で、遊休国公有地にリザーブ用地としての役割が大きく求められることはないであろう。

しかし、旧軍用地が戦後の制度改革や産業政策に伴う都市施設需要の受け皿となったことを考えれば、今後の制度改革や都市・地域政策によっては、新たな都市施設需要が喚起される可能性もある。また、終戦直後には、旧軍施設が罹災した建物の代替施設として重宝されたことを考えれば、例えば、地震などによる大災害に備えて、仮設庁舎や仮設住宅の建設地として利用できるよう、用途を固定化しないでおく恒久的なリザーブ用地として、遊休国公有地を残しておくことがあってもよい。

旧軍用地が変化する社会的ニーズに対応するために利用されたように、今後も、予測不可能な時代変化に柔軟に対応するために、遊休国公有地にリザーブ用地としての役割が一定程度求められる。五〇年先、一〇〇年先の都市施設需要を見通すことは容易ではないが、それ故に、短期的視点から「今」の需要だけに捉われるのではなく、「将来」の不確定要素をも踏まえて検討する、即ち、長期的視点に立った都市のリスクマネジメントの問題として、遊休国公有地のリザーブ用地としての役割を評価する必要がある。

次に、遊休国公有地が担うべきもう一つの役割、即ち都市構造の再編を図るための土地資源（resource）としての役割を考えてみたい。

人口減少・市街地縮小時代の入り口という大きな転機を迎えた現在、コンパクトな市街地の形成に向けた都市構造再編の必要性が高まりつつある。旧軍用地が、戦災復興計画の中で長期的視点・全体的視野から位置づけられ、都市構造の再編に活かされたことを考えると、遊休国公有地も人口減少・市街地縮小時代に向けた都市構造再編のために、如何に活用できるか、もっと真剣に検討されてもよい。実際に、旧軍用地を継承した国公有地を活用した都市構造再編プロジェクトが、名古屋では進められた(3)。都市計画マスタープランを含め、長期的視点・全体的視野に立った都市計画において、都市構造再編のために遊休国公有地を位置づけ、如何に活用していくか検討している公共団体が、どれ程あるだろうか。遊休国公有地の土地資源としての役割を認識する必要がある。

旧軍用地が活用されたのは、人口増加・市街地拡大時代における都市構造再編であったため、本論文が明らかにしてきた旧軍用地の転用と都市づくりとの関係の中に、これからの人口減少・市街地縮小時代に具体的に適用できる方法を見出すのは難しい。ただ、旧軍用地が都市構造の再編に対して直接的・間接的双方の影響を与えていたことから、考え方の一つとして言えるのは、遊休国公有地に新たな核となる機能をもたせることで直接的に都市構造再編に活かすことだけでなく、例えば、庁舎建替えによる官庁街再編のために一時的な仮庁舎用地として使用するなど、間接的に活かすことを考える必要もあるということである。

また、遊休国公有地を今後も、出来る限り国や公共団体が直接コントロール可能な国公有地として維持することで、将来的に公的利用の可能性を担保しておくことも、長期的視点に立った都市づくりにとっては重要であろう。社会的ニーズは時代とともに変化するものであって、将来、何らかの新たな公的ニーズが発生した際、あるいは都市構造の再編が必要となった際、国や公共団体が直接利用できる土地が存在することは大きな利点となる。国公有地は、将来の国民あるいは市民の財産でもあるのだから、近視眼的な価値判断によって財源確保のために処分することは、ストックをフローに換えて消化してしまうという点で問題である。旧軍用地の多くも公的利用されたことが、結果的に、現在の国民あるいは市民のために公的利用できる財産を遺してくれたことになった。

しかし、塩漬け状態や低利用状態で放置しておくのであれば、国公有地の有効活用の観点から問題である。そこには土地経営の視点が求められる。そこで例えば、民間活力による一時利用（暫定的利用）が考えられないだろうか。旧軍用地の一時利用では、一時利用の長期化や既得権益化という問題も発生したが、現在は定期借地権やＰＦＩのような制度も整えられたことで、期限付きでの民間活力の活用がしやすくなっている。また、長期保有による資産価値の上昇が望めなくなってきている中で、民間事業者の土地に対する評価は利用価値に重点が移ってきており、必ずしも事業用地の取得を望んでいない。遊休国公有地の払下げを受けることなく、期限付きで有効活用しようという機運が民間事業者に醸成されつつあるため、国公有地のままでの民間利用のニーズも比較的期待できるのではないか。

勿論、遊休国公有地を全て、国公有地として維持すべきと言っているわけではない。当然、民間事業者に払下げる遊休国公有地があってもよい。但し、財源確保を優先するあまりに、周辺市街地と調和を欠くような利用や転売目的で塩漬けされるといったことが起きないよう、配慮する必要がある。

また、当該遊休国公有地に具体的に都市計画的な位置づけを与えた上で、インセンティブによって誘導を図ることも考えられる。国有財産法や国有財産特別措置法に基づく特別措置による財政的支援は、原則として公共団体に対するものであったが、民間事業者に対しても税制上の優遇措置など、何らかのインセンティブが検討されてもよいのではないだろうか。尚、誘導すべき機能は各都市で異なるであろうから、このインセンティブは全国一律ではなく、都市ごとに定めるものであってよい。

旧軍用地の活用問題と、現代的な遊休国公有地の活用問題とでは、その背景となる社会経済情勢があまりにも違うのではないか、という指摘もあろう。この点について、本書が十分に応えるものとなっているとは言い難い。しかし、旧軍用地という遊休国有地の大量出現から七〇余年を経て、都市における旧軍用地転用の特質と旧軍用地が都市づくりに果たした役割を明らかにした本書は、財政運営上の短期的視点から、ややもすれば売却促進に傾斜しがちな遊休国公有地の活用問題に対し、今一度、都市づくりを主眼においた長期的な視点から、活用の方向性と方法を再検討するきっかけとなるのではないだろうか。そうあって欲しいと願いつつ筆を置く。

注

1　第二章第一節でも述べたように、一九四五年八月二八日の閣議決定「戦争終結ニ伴フ国有財産ノ処理ニ関スル件」において、旧軍財産は、食糧増産、民生安定、財源確保のために活用するという国の基本姿勢が定められた。

2　師団設置一三都市の旧軍用地が関係する近年の事例では、金沢市において、金沢二水高校（野村地区：野村練兵場跡地）が校舎建替えの際に、金沢大学（城内キャンパス）の移転跡地（金沢城地区：歩兵第7連隊跡地）を仮校舎として一時利用したケースがある。尚、金沢二水高校が元の校地に戻った後、金沢城公園が整備された。

3　名古屋城地区（第五次都市再生プロジェクト：公務員宿舎及び市営住宅の建替による複合都市拠点形成）、千種地区（公務員宿舎及び市営住宅の建替による高度利用）、猫ヶ洞地区（東山の森づくり）が該当する。

初出一覧

序章、第一章、結章は、下記学位論文の一部に大幅に加筆・修正・再構成をおこなったものである。

今村洋一『戦後日本の都市づくりにおいて旧軍用地が果たした役割に関する研究』（東京大学博士学位論文、二〇〇八年三月）

第二章：今村洋一「旧軍用地に係る土地政策と転用実態──終戦直後から戦災復興期の都市部における旧軍用地転用──」（『土地総合研究』23巻3号、一三七～一五九頁、二〇一五年八月）

第三章：今村洋一「戦災復興計画における旧軍用地の転用方針と公園・緑地整備について」（『都市計画論文集』44巻3号、八一七～八二二頁、二〇〇九年一〇月）

第四章：今村洋一・西村幸夫「旧軍用地の転用と戦後の都市施設整備との関係について──一九五六～一九六五年度の国有財産地方審議会における決定事項の考察を通して──」（『都市計画論文集』42巻3号、四二七～四三二頁、二〇〇七年一一月）

第五章：今村洋一「横須賀・呉・佐世保・舞鶴における旧軍用地の転用について──一九五〇～一九七六年度の旧軍港市国有財産処理審議会における決定事項の考察を通して──」（『都市計画論文集』43巻3号、一九三～一九八頁、二〇〇八年一〇月）

第六章：今村洋一「戦後日本における旧軍用地の学校への転用と文教市街地の形成について──陸軍師団司令部の置かれた地方一三都市を事例として──」（『都市計画論文集』49巻1号、四一～四六頁、二〇一四年四月）

第七章：今村洋一「戦災復興期における東京の公園緑地計画に対する旧軍用地の影響について」（『都市計画論文集』47巻3号、七二七～七三二頁、二〇一二年一〇月）

第八章：今村洋一・西村幸夫「旧軍用地の転活用が戦後の都市構造再編に与えた影響について——名古屋市を事例として——」（『都市計画論文集』42巻1号、五七～六二頁、二〇〇七年四月）

第九章第一節：今村洋一「終戦直後の横須賀市における旧軍用財産の転用計画について」（『都市計画論文集』45巻3号、二四七～二五二頁、二〇一〇年一〇月）

第九章第二節：今村洋一「横須賀市における旧軍港市転換計画と旧軍用地転用について」（『都市計画論文集』46巻3号、二七七～二八二頁、二〇一一年一〇月）

第一〇章：今村洋一・川原大輝「佐世保市における旧軍用地の転用計画について——戦災復興計画と旧軍港市転換計画を対象として——」（『都市計画論文集』49巻3号、一〇四七～一〇五二頁、二〇一四年一〇月）

但し、いずれも本書に収録する段階で大幅に加筆・修正・再構成をおこなっている。

あとがき

博士課程に籍を置いたまま名古屋のシンクタンクの研究員となった私は、仕事の打ち合わせに向かう電車の車窓から見える豊川市の景色に、何か不思議な空気を感じていた。城下町のように歴史的な雰囲気があるわけでもなく、ニュータウンのように計画理論が裏側にある雰囲気もない。調べてみると、かつて海軍工廠という官営の軍事工場とその関連施設があって、戦後、その跡地（＝旧軍用地）が市街化されたという。陸海軍の用地は日本中に大量にあり、終戦により遊休国有地となったこともすぐに分かった。そして私は、この旧軍用地が後にどのような用途へと転用されたのかという点と、都市計画は旧軍用地をどのように扱ってきたのかという点に興味を抱いた。序章で述べたように、前者については地理学分野における先行研究があり、陸軍部隊が駐屯していた都市については大方分かった。しかし後者については都市計画史研究を紐解いても殆ど触れられていないことから、自分で調べるしかないと思い立ち、これを博士論文の研究テーマと定めた。二〇〇五年のことである。そして、当時勤めていたシンクタンクを一年三か月ほど休職して博士論文の執筆に専念し、新潟大学の助教、長崎大学の准教授と、研究者の道へ進んでからも、この研究テーマに断続的に取り組んだ。

本書は二〇〇八年三月に東京大学に提出した博士論文『旧軍用地が戦後日本の都市づくりに果たした役割に関する研究』と、平成二一〜二三年度の科学研究費補助金（若手研究B）を受けて進めた研究などを発表した数編の論文をベースとしており、二〇〇五年以来一〇年余りにわたる研究成果を取りまとめたものである。多くの人の支えがあったからこそ、こうして研究成果を出版することができた。

まず、博士課程に在籍した東京大学大学院工学系研究科都市工学専攻の諸先生方にお礼を述べたい。主指導教員であった西村幸夫先生は、足掛け九年にわたる博士課程での研究活動を粘り強く、また暖かい目で見守ってくださった。そして、大変お忙しい身でありながら、定期的に研究指導の機会を作ってくださり、その度に的確なアドバイスで私を導いてくださった。また、大西隆先生、故北澤猛先生、大方潤一郎先生、浅見泰司先生からは、貴重なアドバイスと激励をいただいた。修士課程までの指導教員であり、都市史研究、都市計画史研究の面白さを教えてくださった筑波大学の藤川昌樹先生、新潟大学で十分な研究環境を用意してくださった岡崎篤行先生にもお礼を述べたい。また、博士課程を過ごした都市デザイン研究室の歴代助手の方々、先輩・同輩・後輩らにも感謝している。熱気溢れる研究室に集った俊才たちと、都市や都市計画について語り合い、研究状況を垣間見ることで受けた刺激は大きい。

本書は、日本学術振興会から平成二八年度の科学研究費補助金（研究成果公開促進費）を受けて出版するものである。本書の出版にあたり、企画、校正を担当してくださった中央公論美術出版の鈴木拓士氏にお礼を申し上げたい。当初予定していたスケジュールより大幅に遅れてしまったが、辛抱強くお付き合いいただき、頭が下がるばかりである。

研究者を志した時からの夢であった書籍出版を果たすことができ、大変うれしく思っている。諸先生方や研究仲間に加えて、両親や家族の支えがあって実現できたものである。最後に、長年にわたり私の研究活動を応援し続けてくれた両親と、私の思いを理解し支え続けてくれている妻みどりに、感謝の気持ちを伝えたい。本当にどうも有難う。

ただ一つ残念なのは、母が生きているうちに本書を届けられなかったことだ。郷里の群馬に帰った際、墓前に報告したいと思う。

平成二八年一一月　三菱長崎兵器製作所大橋工場跡地にて

今村洋一

著者略歴

今村 洋一（いまむら・よういち）

昭和49年　群馬県生まれ
平成 9年　筑波大学第三学群社会工学類卒業
平成11年　筑波大学大学院修士課程環境科学研究科環境科学専攻修了
平成14年　東海総合研究所（現三菱UFJリサーチ＆コンサルティング）研究員
平成20年　東京大学大学院博士課程工学系研究科都市工学専攻修了
平成21年　新潟大学大学院自然科学研究科　助教
平成25年　長崎大学大学院工学研究科　准教授

専門は都市計画。博士論文『戦後日本の都市づくりにおいて旧軍用地が果たした役割に関する研究』にて、平成20年度日本不動産学会湯浅賞（研究奨励賞）、『旧軍用地転用に係る都市計画に関する一連の研究』にて、平成26年度日本都市計画学会論文奨励賞を受賞。

旧軍用地と戦後復興 ©

平成二十九年一月 十 日印刷
平成二十九年一月二十五日発行

著　者　今村　洋一
発行者　日野　啓一
印刷 製本　広研印刷株式会社

中央公論美術出版
東京都千代田区神田神保町一−一〇−一
IVYビル6階
電話〇三−五五七七−四七九七

装幀　熊谷　博人

ISBN978-4-8055-0780-3